## natürlich oekom!

Mit diesem Buch halten Sie ein echtes Stück Nachhaltigkeit in den Händen. Durch Ihren Kauf unterstützen Sie eine Produktion mit hohen ökologischen Ansprüchen:

- mineralölfreie Druckfarben
- Verzicht auf Plastikfolie
- Kompensation aller $CO_2$-Emissionen
- kurze Transportwege – in Deutschland gedruckt

Weitere Informationen unter www.natürlich-oekom.de
und #natürlichoekom

Wir danken der Stiftung »Forum für Verantwortung«
für die großzügige Förderung der Publikation.

Bibliografische Information der Deutschen Nationalbibliothek:
Die Deutsche Nationalbibliothek verzeichnet diese Publikation
in der Deutschen Nationalbibliografie; detaillierte bibliografische
Daten sind im Internet über www.dnb.de abrufbar.

© 2021 oekom verlag, München
oekom – Gesellschaft für ökologische Kommunikation mbH
Waltherstraße 29, 80337 München

Umschlaggestaltung: Büro Jorge Schmidt, München
Typografie und Satz: Markus Miller, München
Korrektorat: Maike Specht
Lektorat: Christoph Hirsch, oekom verlag
Druck: Friedrich Pustet GmbH & Co. KG, Regensburg

Alle Rechte vorbehalten
Printed in Germany

ISBN 978-3-96238-285-8

Josef H. Reichholf

# FLUSSNATUR

Ein faszinierender
Lebensraum im Wandel

# Inhalt

## VORWORT
Hochwasserkatastrophen im Sommer 2021  9

## EINFÜHRUNG
## Spaziergänge an Flüssen

Sommerabend am Wildfluss  15 • An der Isar in München  18 • Wasservögel am unteren Inn  21 • Mühlenbäche als Kulturschöpfungen  25 • An der mittleren Elbe in Zeiten der DDR  31 • Hochwasser im oberen Donauraum  34 • Natürliches Niedrigwasser, menschengemachtes Restwasser  36 • Gedanken zur »Flussnatur«  43

## TEIL I
## Der Fluss – eine Kurzcharakteristik

Flüsse und ihre Landschaften  49 • Lebensräume von der Quelle bis zur Mündung  59

## TEIL II
## Wie Flüsse »funktionieren«

Nahrung »für« Fische? 77 • »Flusshumus« – oder: Am Anfang steht der Detritus 82 • Pflanzen als Grundlage selbstnährender Systeme 85 • Nahrungsketten – oder: »Vom Fressen und Gefressenwerden« 92 • »Gewässerdüngung« – früher und heute 99 • Lebensraum in Fluss 106 • Aus dem kurzen Leben der Eintagsfliegen 110 • »Rauchwolken« von Zuckmücken 114 • Blutsaugende Kriebelmücken 120 • Schillernde Flugakrobaten: Libellen 123 • »Feuer unter Wasser« 126 • Kohlendioxid in Fließgewässern 130 • »Ausscheidungsorgan« Fließgewässer 141 • »Sammelbecken« See 144 • Die Illusion vom stabilen Gleichgewicht 150

## TEIL III
## Von Auwäldern und Altwasser

Wenn Bäume nasse Wurzeln bekommen 157 • Frühlingsblumen im Auwald 164 • Silberweiden, Schwarzpappeln und Grauerlen 169 • Die besondere Welt des Altwassers 176 • Flussperlmuscheln und verwandte Arten 186 • Flusskrebse, Fischotter und invasive Krebse 196 • »Exotische« Lagunen 205

## TEIL IV
## Der Mensch greift ein

Vorbemerkung 215 • Wasserbauer Biber 218 • Es klappert die Mühle … 225 • Begradigungen – oder: Rennstrecken für Flüsse 229 • Verockerung – oder: wenn Flüsse rosten 234 • Stausee ist nicht gleich Stausee 237 • Flusswelten am unteren Inn 247 • Artenvielfalt am Stausee 253 • Gefährdete Brutstätten 269

## ZU GUTER LETZT
## Flussnatur zwischen Renaturierung und widerstreitenden Interessen

Zurück zur (Fluss-)Natur 279 • Vielfältige Herausforderungen 288 • Resümee 292

Ein kurzer Dank 297

Über den Autor 298

Literaturhinweise 299

Bildnachweis 302

# Vorwort

## Hochwasserkatastrophen im Sommer 2021

Mehr als 200 Menschen rissen die Fluten in den Tod, die im Juli 2021 über Nordwestdeutschland und die angrenzenden Regionen in den Niederlanden und Belgien, im nördlichen Alpenraum und im südöstlichen Sachsen niedergingen. Zuvor schon trafen extreme Starkniederschläge das über die letzten drei Jahre unter Wassermangel leidende fränkische Maingebiet. Die Sachschäden, die von den Hochwassern verursacht wurden, sind so enorm, dass von der größten Naturkatastrophe in Deutschland seit mehr als einem halben Jahrhundert ausgegangen wird.

Nahezu übereinstimmend wird der Klimawandel als Verursacher genannt. Klar, die großen Regenmengen mit bis über hundert Liter pro Quadratmeter kommen von oben aus den Wolken. Deren Fracht nimmt mit steigender Erwärmung der Atmosphäre zu, stellen die Meteorologen fest. Wer Tropenregen erlebt hat, wird dies nicht bezweifeln. Gewittergüsse können wie Wasserwände fallen. Aber wie schnell sich die Wassermassen sammeln und zu Sturzbächen werden oder Wege und Straßen zu reißenden Flüssen machen, hängt von der Struktur der Flächen ab, auf denen die großen Regenmengen niedergehen.

Grundsätzlich gilt, wo das Wasser schnell abgeleitet wird, verlagert dies die Wucht des Hochwassers flussabwärts. Die zerstörerische Strömungsgeschwindigkeit nimmt zu; je schneller fortgeleitet, desto reißender wird die Strömung. Und je weniger Raum die Wassermassen haben, sich auszubreiten, desto höher steigen die Pegel. Ganz folgerichtig stellten Meteorologen angesichts der Hochwasserschäden fest: »Was uns überrascht, ist die Geschwindigkeit, mit der die Fluten gekommen sind.« Sie kommen immer schneller. Das wissen die Hydrologen längst:

Wer Wasser ableitet, verlagert es woandershin. Aus der Flur und aus dem Wald strömt es hinein in die Ortschaften.

In den 1970er-Jahren stritten wir Naturschützer von der noch jungen Kreisgruppe Rottal-Inn des Bundes Naturschutz in Bayern e. V. mit Vertretern des Wasserwirtschaftsamtes und der Bauern über den Ausbau von Wiesenbächen zur »Abflussertüchtigung« und Entwässerung feuchter Wiesen. Die Folgen kamen ein halbes Jahrhundert später mit der Hochwasserkatastrophe von Simbach am Inn im Juni 2016. Jahrelang, jahrzehntelang kann es gut gehen mit der Wasserableitung. Ebenso in den Weinbaugebieten am Main und in Rheinland-Pfalz mit der dortigen Flurbereinigung der Weinberge. In aller Regel wurde keine hangparallele Neuanlage durchgeführt, sondern eine, die von oben nach unten führt, in der Falllinie. Selbstverständlich fließt das Wasser bei Starkregen dann im Schuss zu Tal, hinein in die Bäche und Flüsse.

In noch viel größerem Umfang geschieht dies beim Maisanbau an Hanglagen. Die Oberfläche des Bodens bleibt unbedeckt von Vegetation; die Maisstängel nehmen nur einen geringen Teil ein. Dadurch ergießen sich bei Wolkenbrüchen Wasser- und Schlammmassen aus solchen Feldern zu Tal, verschlämmen Bäche und Flüsse, tragen das im abgeschwemmten Boden noch enthaltene Gift und die Düngestoffe in die Gewässer. Nicht allein die durchaus zu Recht viel gescholtene Bodenversiegelung, die gewiss nicht so extrem sein müsste, wie sie ist, beschleunigt aus dem Siedlungsraum den Wasserabfluss. In flächenmäßig noch viel größerem Maße kommt auf den Fluren ein ähnlicher Effekt zustande. Noch nie wurde Niederschlagswasser aus unserer Kulturlandschaft so schnell abgeleitet, »entsorgt«, als ob es sich um einen Schadstoff handeln würde, wie in den letzten etwa 50 Jahren. Im Gebirge tragen die frei und »glatt« gehaltenen Skipisten ebenfalls dazu bei.

Zwangsläufig pendeln wir nun in unregelmäßiger und nicht prognostizierbarer Weise zwischen Jahren und Zeiten des Wassermangels und plötzlichen Phasen von Hochwasserfluten. »Ungekannten Ausmaßes« ist zwar übertrieben, aber voll und ganz verständlich, wenn die davon Betroffenen dies so empfinden. Was hilft es ihnen schon, dass die historisch dokumentierten Fluten noch viel größer waren als die gegenwärtigen? Die Hochwassermarken, die in vielen Städten seit alten Zeiten angebracht worden sind, dokumentieren dies. So fand am unteren Inn in Schärding kurz vor dem Zusammenfluss mit der Donau das höchste in ein Gebäude am Fluss eingravierte Hochwasser 1598 statt. In Passau war es 1501 noch übertroffen worden, aber das aller Wahrscheinlichkeit nach größte Hochwasser des letzten Jahrtausends fand 1342 statt. Die große Flut von Anfang Juni 2013 blieb am Inn unter dem Jahrhunderthochwasser von 1954, reichte aber in Passau durch den extremen Rückstau der Donau, den die Wassermassen des Inns verursachten, fast bis zum Jahrtausendhochwasser von 1501.

Nahezu unendlich könnte man fortfahren, alte Hochwassermarken anzuführen und dazu Kalkulationen anstellen, um welche Flutgrößen es sich gehandelt haben könnte. Was für uns aber zählt, sind einerseits die Wahrscheinlichkeiten, dass solche Extremereignisse eintreten, andererseits aber auch, und dies noch viel mehr, wie sehr die Veränderungen in der Landschaftsstruktur auf die Hochwasserhöhe und die Häufigkeit von Hochwässern wirken. Dies darf nicht beiseitegeschoben werden. Es nützt so gut wie nichts, »den Klimawandel« verantwortlich zu machen, auch wenn seine Treiber – höhere Temperaturen durch höhere Gehalte an klimawirksamen Gasen in der Atmosphäre – Umfang und Häufigkeit von Starkniederschlägen beeinflussen. Denn gefährliches Wetter wird nicht bei uns »gemacht«. Die atmosphärische Zirkulation ist ein globaler, zudem reichlich chaotischer Prozess, der sich nicht direkt beeinflussen lässt, schon gar nicht in der eigentlich gebotenen Kürze der Zeit. Den Klimawandel zu begrenzen oder gar die Erhöhung der Durchschnittstemperaturen wieder rückgängig zu machen stellt ein Langzeitprojekt für die Menschheit dar.

Es wird viele, zu viele lokale und regionale Wetterkatastrophen geben, bis die Abschwächung der Klimaerwärmung wirksam wird. Wie es auch viele Naturkatastrophen in früheren Zeiten vor den menschengemachten Veränderungen der Erdatmosphäre gegeben hat. Daher gilt es, insbesondere gegen Hochwasser und Dürre Vorsorge zu treffen, ganz direkt und unmittelbar. Dies ist die Herausforderung, der sich alle stellen müssen; alle, ausnahmslos. Auch die Nutznießer der (zu) schnellen Entwässerung der Landschaften.

Fließgewässer sind mehr als nur ein Ableitungssystem von Wasser, das »ertüchtigt« werden muss, wie man bis in unsere Zeit gemeint hatte, oder ein Mittel für den Ferntransport schwerer Waren. Auch für Freizeit und Erholung sind sie nicht »gemacht«, sehr wohl aber nutzbar, wie auch für viele andere Zwecke. Worum es sich bei der »Flussnatur« handelt, das soll dieses Buch nahebringen. Und ihre oft problematische Wechselwirkung mit den Zielen und Ansprüchen von uns Menschen verdeutlichen. Hochwasserkatastrophen und Dürren lassen sich nicht gänzlich verhindern. Aber (stark) abgeschwächt können sie werden. Das liegt in unser aller Interesse.

Einführung

**Spaziergänge an Flüssen**

# Sommerabend am Wildfluss

Flammendes Goldrot des Sonnenuntergangs schimmert, gespiegelt von Wolken, auf dem Wasser der Isar. Murmelnd schießt es im flachen Bogen vorbei an einer mächtigen Kiesbank. Das starke Hochwasser von 2002 hatte diese aufgeschüttet. Eine fast fünf Meter hohe Steilwand war dabei aus dem Ufer gegenüber herausgebrochen. Dort sitzen wir und genießen die Abendstimmung. Mit der Strömung zieht etwas kühlere Luft durchs Tal. Der Tag war sommerlich warm, nahezu mediterran, und sehr lang. Denn es ist die Zeit der Sommersonnenwende. Einige Schwalben eilen mit zackigem Flug flussaufwärts. Von den Fichtengipfeln am jenseitigen Ufer kommt der Gesang einer Amsel. Ziemlich lustlos hört er sich an. Die Intensität der Vogelgesänge nimmt ab, wenn der Sonnenbogen seinen Höhepunkt überschritten hat. Nur die Lieder der Rotkehlchen klingen genauso perlend ruhig wie seit Anfang März, als sie zu singen angefangen hatten. Von Zeit zu Zeit löst sich ein Stein aus dem eiszeitlichen Schotter, an dem tief unter unseren Füßen die Isar auch mit kleinen Wellen weiter nagt. Jeder Laut, nicht nur das Klicken der Steine, fällt auf in dieser Abendstille. Kaum zu glauben, dass man hier noch fast an der Peripherie der Millionenstadt ist. Erreichbar bei einer Abendtour mit dem Fahrrad.

Jetzt fahren keine Schlauchboote oder Kajaks mehr die Isar hinunter. Bei schwindender Sicht wird es auf der Wildflussstrecke riskant. Ein Stockentenpaar lässt sich von der Strömung flussabwärts tragen. Das Weibchen quäkt laut, als es uns sieht. Das Männchen sagt nichts. Die Enten sind Menschen gewohnt. Wie auch die Gänsesäger, von denen wir heute mehrere Weibchen mit Jungen gesehen hatten. Sie wissen, dass sie von den Sonnenanbetern am Ufer nichts zu befürchten haben.

Auch nicht von den vielen Booten, die bei schönem Wetter ab dem späten Vormittag den Fluss herabkommen. Mitunter verbreiten sie viel Lärm, wenn die Insassen schon trunken sind, allerdings nicht von der großartigen Szenerie des Flusses. Menschen, die Ruhe und Erholung am Wildfluss suchen, empfinden das Gegröle ungleich störender als die Enten und viele andere Wasservögel. Ihre Feinde nähern sich möglichst unhörbar. Gefährlich wird es, wenn sie ganz plötzlich erscheinen. Darüber hatten wir uns noch unterhalten, als am späten Nachmittag die letzten Schlauchboote mit ziemlich angeheiterten Insassen vorbeifuhren.

»Flussidylle« in der Großstadt: Unweit des Zentrums ist die Isar naturnah geworden und hat sich zum beliebten Naherholungsgebiet entwickelt.

Welche zeitlichen Beschränkungen wären nötig zum Schutz der seltenen Vögel hier im Naturschutzgebiet? Wie stark wird der Erholungsbetrieb noch weiter zunehmen? Wird die Renaturierung der Isar bis nach München hinein bloß mehr Kulisse schaffen, weil der Flussnatur der Druck der Menschenmassen zu groß wird? Wann hört Naturgenuss auf, Genuss zu sein, wenn zu viele Menschen anwesend sind? Deckt sich das, was wir als störend empfinden, objektiv genug mit Befunden zur Beeinträchtigung der Natur? Verstehen wir die Flussnatur gut genug, um brauchbare Konzepte für den Umgang mit ihr entwickeln zu können? Gut Gemeintes wird nicht immer auch gut. Das lehrt die

Erfahrung, die man so nach und nach sammelt. Manches fachlich überzeugend wirkende Konzept muss man dann relativieren. Oder aufgeben.

Darüber wollten wir uns an diesem selten schönen Frühsommerabend aber nicht mehr den Kopf zerbrechen. Die Minuten der Stille zu genießen, die sich über das stete Rauschen des Wassers gelegt hatte, war wichtiger. Gerade wollten wir uns auf den Heimweg machen, als Insekten am Ufer mit aufglitzernden Flügeln hochstiegen und langsam, wie zu schwach dafür, emporstrebten, bis sie mehrere Meter über dem Wasser waren, in unserer Sitzhöhe oder noch etwas höher. Eintagsfliegen fingen zu schwärmen an. Nichts Besonderes zu dieser Zeit. Sind es die größeren oder die großen Arten, sind sie nicht zu übersehen. Weil sie so markante Tänze vollführen: Einen halben oder einen Meter schwingen sie sich in die Höhe und schweben dann in sanftem Bogen die gleiche Strecke nieder. Und wieder hoch. Und nieder ... Dutzende, Hunderte mitunter, vollführen in lockerem Schwarm diese Tanzflüge. Doch an diesem Abend bahnte sich offenbar mehr an. Die aufsteigenden Eintagsfliegen sammelten sich nicht zu Tanzgruppen. Sie begannen flussaufwärts zu fliegen. Höher als sonst, mindestens in Höhe der Weidenbüsche, die am Ufer wachsen, dann noch höher, vielleicht zehn Meter über dem Fluss. Minuten nach Beginn dieses Fluges erfüllen Tausende, Zehntausende, vielleicht Millionen Eintagsfliegen den Luftraum über der Isar. Wie ein Fluss, der über dem Fluss aufwärtsströmt, streben sie in immer dichter werdenden Massen dahin, silbrig glänzend im Abendlicht. Das Schauspiel wurde atemberaubend. Wir konnten kaum fassen, was sich unseren Augen darbot. Wir schauten und schauten, bis uns die beginnende Dunkelheit dazu zwang, das Isarufer zu verlassen und den Heimweg zu beginnen. Morgen würden wir wiederkommen, um den Fluss der glänzenden Wasserfliegen nochmals zu erleben. Hofften wir.

Anderntags wussten wir, dass es ein einmaliges Schauspiel war. Nichts deutete 24 Stunden später darauf hin, was am Vorabend geschehen war. Der große Schwärmflug war vorbei. Vielleicht werden wir nie wieder das Glück haben, zum einzig richtigen Zeitpunkt an der passenden Stelle zu sein. Starke Flüge von Eintagsfliegen wird es immer wieder mal geben. Aber dass sie diese mit der Wanderung flussaufwärts verbinden und dabei zum lebendigen Fluss über dem Wasser werden, bleibt die große Ausnahme. Nötig ist sie, denn mit der Zeit würde die Strömung unweigerlich die Larven flussabwärts verlagern, bis es irgendwann nach Jahren keine mehr oben im Fluss gäbe. Die Wanderung flussaufwärts muss stattfinden. Aber sie entzieht sich einer Vorhersage. Wie so viel in der Dynamik der Flussnatur unvorhersehbar ist. Nur ein weiteres Mal in zwanzig Jahren waren wir zur Stelle, als Eintagsfliegen an einem Sommerabend in großen Mengen schwärmten. Doch da wanderten sie nicht, sondern tanzten nur.

## An der Isar in München

Auf die Frage, was München charakterisiert, gibt es recht unterschiedliche Antworten, je nachdem, was die Gefragten selbst für attraktiv und wichtig halten. Die Isar wird oft mit dabei sein. Denn sie ist nicht austauschbar, wie das Bauwerke, Museen, Biergärten oder andere menschengemachte Besonderheiten sind. Als Fluss teilt die Isar die Stadt nicht wirklich. Dazu ist sie zu klein. An vielen Stellen kann man sie durchwaten, wenn man möchte. Und wenn sie nicht gerade Hochwasser führt, sieht die Isar eher lieblich aus, obgleich sie als Wildfluss, der sie seit Jahren wieder sein darf, »wild« wirken sollte. Die Münchner und viele Gäste nutzen die Isar vom Frühjahr bis weit in den Herbst hinein als Erholungsgebiet. Wovon man sich erholen muss oder möchte, steht nicht zur Debatte. Ein Isarnachmittag oder -abend gehört zur Lebensqualität. Vor allem seit der Renaturierung, die so viele neue attraktive Plätze am Fluss geschaffen hat. Kein Vergleich mehr mit dem früheren begradigten, weitgehend kanalisierten Zustand.

Doch selbst diesen fanden die Münchner gar nicht so übel, die Menschen wie auch die tierischen Mitbewohner der Stadt. Es ließ sich viel erleben an den Ufern, bei jedem Spaziergang, auch nachts, wenn die

Beleuchtung der Brücken und der Uferstraßen das Geschehen sichtbar machte. Da schwammen Biber kreuz und quer, stiegen ans Ufer, schüttelten sich das Wasser aus dem Fell und fingen an, Weidentriebe abzunagen. Mit mehreren solchen zwischen den Zähnen schwammen sie gelegentlich zu einer anderen Stelle, beispielsweise an der Insel, auf der das Deutsche Museum steht, und fügten die Zweige zu ihrer Burg, einen mehrere Meter breiten und bis eineinhalb Meter hohen Bau, oder nagten einfach vor dieser die Rinde ab. Oft schauten sie am Abend zuerst an einer bestimmten Uferstelle nach, ob von dort wieder so Leckeres kommt wie Karotten oder reife Äpfel. Denn die Münchner Biber haben Fans, die kommen und auf die großen Nager warten. Sie bringen ihnen solche Leckerbissen mit.

Von 2000 bis 2011 wurde die Isar im Münchner Stadtgebiet unter dem Motto »Neues Leben für die Isar« naturnah gestaltet. Totholz und »Störsteine« sorgen für vielfältige Flussstrukturen.

Hier, mitten in der Großstadt, bedroht lediglich die Wucht eines Hochwassers die Biber. Zwangsläufig schießt es am Deutschen Museum wie durch eine Düse, weil die Bebauung zu nahe an den Fluss gerückt ist.

Auch die Renaturierung konnte dies nicht mehr rückgängig machen. Starke Hochwasser, wie sie alle zehn bis zwanzig Jahre kommen, zerstörten immer wieder die Biberburgen. Die Biber gaben deswegen nicht auf. Auch an naturbelassenen Flüssen sind sie den Gefahren von Fluten ausgesetzt. Die vielen Jahre günstiger Wasserführung gleichen hochwasserbedingte Verluste im Biberbestand aus. In der Großstadt zu leben war und ist für Spezialisten, wie es die Biber sind, kein wirkliches Problem. Entscheidend ist vielmehr, dass sie dort leben dürfen. Die Stadtbevölkerung ist ihnen zugetan. Am Land draußen ist dies keineswegs immer der Fall. Wie auch bei vielen anderen Tieren.

An der Isar in München ließen sich schon vor mehr als einem halben Jahrhundert die seltenen Kolbenenten beobachten, deren Erpel im Prachtkleid einen fuchsroten Kopf mit semmelgelbem Scheitel entwickeln. Der rote Schnabel sticht davon ab wie frisch lackiert. Niemand verfolgte die Kolbenenten auf den Stadtgewässern. Sie konnten die Scheu vor den Menschen vermindern, wie auch zahlreiche andere Arten von Wasservögeln. Zu ihrer Beobachtung muss man nicht mit Fernrohr an die Isar. Das bloße Auge tut es häufig schon, wenngleich ein Fernglas hilfreich ist und mehr Details zeigt. Futterzahm brauchen die Enten nicht zu sein. Den Gänsesägern auf der Isar, deren Erpel aussehen wie ein Designerentwurf, wenn sie im Winter und Frühling das Prachtkleid tragen, bringt niemand lebendige Kleinfische oder Sardinen mit, um sie zu füttern. Die Säger suchen sich ihre Nahrung selbst, auch ihre Jungen schon, die im Stadtgebiet unbehelligt von Verfolgungen heranwachsen. Die Erfolge Junge führender Gänsesägerweibchen sagen den Kundigen, ob es im betreffenden Jahr viele Kleinfische gibt oder ob es wenige sind, weil ein Hochwasser die Isar zu stark ausgeräumt hat. Der Fischbestand wird dennoch nicht dezimiert, wie die Angler meinen, die die Gänsesäger in der freien Natur nicht dulden wollen.

Auch Eisvögel und Wasseramseln schädigen die Kleinfischbestände nicht. Den amselartig kugeligen Spezialisten kann man von den Brücken oder vom Ufer dabei zusehen, wie sie sich ins Wasser stürzen, untertauchen und am Boden umherlaufen. Sie suchen nach den Larven von Eintagsfliegen, Köcherfliegen, Kleinkrebsen oder nach Kleinfischen. Häufiger als die Wasseramseln sind die gelbbäuchigen Stelzen, die immer mit ihrem langen Schwanz wippen, am Ufer direkt an der Wasserkante entlangtrippeln und Ausschau halten, was an Insekten und anderem Kleingetier angeschwemmt wird. Beide Arten, die schwarzweiße Bachstelze und die gelbbäuchige Gebirgstelze, leben an der Isar in München – wie auch in anderen Städten, ob groß oder klein, die an Flüssen liegen.

Im Herbst kommen Möwen in die Stadt und bleiben zum Überwintern. In München sind dies nahezu ausnahmslos Lachmöwen. Die erheblich größeren Mittelmeermöwen, die sich von den sehr ähnlichen Silbermöwen der Städte an der Nordseeküste an den gelben Beinen unterscheiden lassen, sind als Wintergäste immer noch recht selten. Die Lachmöwen machen Schlafplatzflüge. Sie kommen frühmorgens in die Stadt, wie die Pendler zur Arbeit, und verlassen sie am späten Abend wieder. Früher, vor allem in den 1960er- und 1970er-Jahren, waren es Hunderte, manchmal mehr als tausend Lachmöwen, die München zum Überwintern aufgesucht hatten. Mit dem Schwinden der Brutbestände der Lachmöwen in weiten Teilen Europas haben die »Wintermöwen« abgenommen. Manche Herkunft war ermittelt worden, weil die Möwen beringt waren und die Ringnummer dank der Nähe abgelesen werden konnte. Vögel halten sich eigentlich immer an der Isar in München auf. Zu jeder Jahreszeit. München ist keine Ausnahme. *Bird watching* lohnt an Stadtgewässern.

## Wasservögel am unteren Inn

Grüne Köpfe wurden hochgerissen und auf den Rücken geschleudert, weiße Bäuche blitzten auf. Überall auf der weiten Wasserfläche. Die Schellenten balzten. Zu Hunderten. Über viertausend. Die Weibchen fielen mit ihren kleineren braunen Köpfen weniger auf. Aber die Zählung ergab, dass die Erpel tatsächlich klar überwogen. Damals, im März, wimmelte es nur so vor Enten. Denn auch Reiherenten, die Erpel schwarz mit weißem Bauch und kleinem Federschopf am Hinterkopf, Tafelenten, deren Erpel ein braunes Kopfgefieder tragen, und die überall häufigen Stockenten waren zu Tausenden da. Kleine Krickenten flogen in Gruppen um die Insel und gaben die hellen »krrick, krrick«-Rufe von sich, die ihnen ihren Namen eingetragen haben.

Der Inn (links) mit dem Mündungsdelta der Salzach im bayerisch-österreichischen Vogelschutzgebiet »Europareservat Unterer Inn«.

Am Spätnachmittag kamen Schwärme von Lachmöwen an. Als es zu dämmern begann, bildeten sie weiße Flächen auf dem Wasser, so dicht an dicht schwammen sie. Die flachen, wenig durchströmten Stellen wählten sie als Schlafplatz. Den Tag hatten sie draußen auf den schneefrei gewordenen Fluren verbracht und nach Würmern gesucht. Mit rauen Schreien und schwerem Flügelschlag wuchteten einige Graureiher vorüber. Die großen Vögel lösten keine Panik unter den Enten aus. Diese kannten die Harmlosigkeit der Reiher. Flötende Rufe kündeten das Eintreffen von Brachvögeln an. Auch sie hatten tagsüber auf den Fluren, vor allem auf den Wiesen, nach Nahrung gesucht und fielen nun auf Schlickflächen am Rand einer großen Insel zum Übernachten ein. Dort trippelten bereits einige Kampfläufer; langbeinige Watvögel (Limikolen), die vornehmlich an der Grenze von Land und Wasser nach Nahrung suchen. In wenigen Wochen, ab Ende April, fechten sie ihre Kämpfe auf speziellen Balzplätzen aus. Wie einst bei Ritterspielen. Hier am unteren Inn taten sie dies nur andeutungsweise. Ihre Brutgebiete liegen viel weiter im Norden und Nordosten. Der untere Inn ist für sie wie für viele andere Wasservögel eine Raststation auf dem Frühjahrszug. Hier können sie weitgehend ungestört verweilen, Nahrung suchen und gleichsam auftanken für die noch zu bewältigende Strecke, bis sie am Ziel sind. Irgendwo in Nord- und Nordosteuropa liegt es, bei manchen Arten jenseits des Polarkreises.

Während Lachmöwen, Schwarm auf Schwarm, schier unablässig dicht über dem Wasser ihrem nun in seiner weißen Masse von Vogelkörpern weithin sichtbaren Schlafplatz zuflogen, brausten Schwärme von Staren heran. Sie hielten sich über der Höhe der Uferbäume, drehten einige Runden über der Insel, die offensichtlich ihr Ziel war, und ließen sich mit Aufrauschen plötzlich auf das Weidengebüsch fallen, das diese bedeckt. Es war bereits schwarz vor Staren, und es kam immer mehr. Wir hatten Mühe, die Größe der Schwärme zu schätzen. An ein Zählen war nicht mehr zu denken. Vögel waren überall in der Luft. Wichtig war es, sich bei den Registrierungen nicht ablenken zu lassen von anderen ins Blickfeld geratenen Schwärmen oder von Rufen seltenerer Arten. Dutzende verschiedener Wasservogelarten waren hier. Der Frühjahrszug gehört zu den interessantesten Zeiten am Fluss. Da ist die Vielfalt groß. Die Vögel, zumal die Enten, tragen mit ihrem Brutkleid das Prachtgefieder, das sie auszeichnet und eindeutig charakterisiert.

Von all dem Geschehen in der Luft unberührt, schwamm eine Bisamratte vom Ufer zur Insel hinüber. Mit ihrem dünnen Schwanz seitwärts schlängelnd, strebte sie dahin und zog einen im Abendlicht aufschimmernden Wellenkeil durchs gemächlich dahinströmende Wasser. Ein kurzer Blick durchs Fernglas bestätigte, dass es kein junger Biber war und auch kein Fischotter. Vielleicht tauchte sie draußen an der Insel nach Muscheln, um diese am Ufer zu verzehren. Ihre Fressplätze sind an den vielen Muschelschalen leicht zu erkennen. Zahnmarken an den Schalenrändern beweisen, dass die Bisamratten die Muscheln erbeutet hatten.

Noch immer kamen Lachmöwenschwärme an. Weit über Zehntausend waren nun am Schlafplatz versammelt. Es könnten noch mehr werden. Aber nun ließen sie sich nicht mehr zählen; nicht einmal mehr schätzen. Am nächsten Morgen noch vor Tagesbeginn musste man wieder hier sein, um den Abflug zu erfassen. Aber das geht sehr schnell und wird entsprechend ungenau. Bis tief in die Nacht, vielleicht die ganze, war das Möwengeschrei kilometerweit zu hören. Als ich die Abendzählung beendet hatte, übertönte das markante Klingeln Hunderter und Aberhunderter Schellentenflügel kurz den Möwenlärm.

Die Schellenten flogen einige Kilometer flussaufwärts, wo sie zum Grund des Flusses hinabtauchten, um dort nach Larven großer Wasserinsekten zu suchen. Zum Tauchen nutzen sie die Strömung und fliegen dazu lieber ein gutes Stück flussaufwärts, als unter Wasser dagegen anzukämpfen. Der Flug kostet sie weniger Energie. Und das Tauchen lohnt nur, wenn die Bestände der Kleintiere im Bodenschlamm oder an den Steinen im Flussgrund groß genug sind. Deshalb verhalten sich die Stockenten ganz anders als die Schellenten. Sie können nicht tauchen, nur gründeln, das heißt den Kopf ins Wasser strecken und versuchen, in der für sie erreichbaren Tiefe zu nutzen, was zu finden ist. Doch wenn in den Bergen, in tieferen Lagen, die Schneeschmelze einsetzt, nimmt die Wasserführung des Inns zu. Uferzonen, die während der winterlichen Niedrigwasserzeit trockengefallen waren, werden wieder überflutet. Für die Stockenten bieten sie zu wenig Nahrung. Also fliegen diese abends hinaus zu Altwässern in den Auen und Schmelzwassertümpeln in den Niederungen, um dort im Schutz der Dunkelheit nach Nahrung zu suchen. Nahrungsgründe, Ruheplätze und Rückzugsmöglichkeit bei Gefahr am Tag überlagern sich während der Zugzeiten der Vögel am Fluss.

Manche, wie die Stare, kommen nur, weil die Inseln sichere Schlafplätze bieten. Andere, wie die Schellenten, nutzen die Zwischenraststation auf dem Zug zu ihren nordischen Brutplätzen richtiggehend zum Auftanken. Am Tag fliegen Krähen und Dohlen herbei, um im Flachwasser der Inselränder zu baden. Jede der zahlreichen Vogelarten nutzt den Fluss auf spezielle Weise. Wie auch die Bisamratten und andere Säugetiere. Und wie so oft war ich fast berauscht von der Fülle und der Intensität des Geschehens, das sich mir hier bot.

Dies alles musste in der Vergangenheitsform geschrieben werden. Denn das Geschilderte charakterisiert die Verhältnisse in den 1970er-Jahren. Seither hat sich sehr viel geändert. Die Mengen der Wasservögel gingen stark zurück. Die Zusammensetzung des Artenspektrums verschob sich in bezeichnender Weise. Gegenwärtig ist damit zu rechnen, dass ein patrouillierender Seeadler Panik unter den Wasservögeln auslöst. Auch sind weit mehr von Fischen lebende Arten vorhanden als vor einem halben Jahrhundert, aber in viel geringerer Häufigkeit. In der Abenddämmerung sind nun Biber weit eher zu sehen als Bisamratten. Möwengeschrei dringt im März nicht mehr bis zu den Dörfern hinaus ins Inntal. Wenn ich die Befunde von früher vornehme, wirken sie, als stammten sie aus einer ganz anderen Gegend. Der Untere Inn steht unter Naturschutz. Der fast überall an den Gewässern ausufernde Erholungsbetrieb wirkt hier nicht so stark, speziell zu den Zugzeiten der Wasservögel. Hätte ich die Veränderung, die ganze Entwicklung, nicht selbst miterlebt und mitverfolgt, würde ich kaum glauben können, dass »Früher« und »Heute« einen festen, gut nachvollziehbaren Zusammenhang haben.

# Mühlenbäche als Kulturschöpfungen

Szenenwechsel nach Nordhessen, hinein in den Bereich der Mittelgebirge mit ihren Bachtälern. Anfang Mai sind sie am schönsten. Zahlreich gibt es sie noch, die kleinen Bäche, die sich durch die Täler schlängeln. An den Ufern stehen Gruppen von Erlen oder Traubenkirschen, mitunter auch ziemlich geschlossene Reihen von Bäumen, begleitet von niedrigem Buschwerk. Wiesen grenzen an. Sie füllen das Tal und verleihen ihm ein unvergleichlich zartes Frühjahrsgrün. Schlüsselblumen blühen in Gruppen. Stellenweise bilden sie gelbe Säume vor den Bäumen am Bach, auch an den Hängen, wo Wasser austritt und Seggen dies andeuten. Veilchen finden wir erst bei näherer Betrachtung, Lerchensporn fällt schon aus Dutzenden Meter Distanz auf. An den als Büsche oder Bäume aufgewachsenen Traubenkirschen wiegen sich schaumweiße Blütentrauben im sanften Talwind.

Der Bach führt wenig Wasser. Die Schneeschmelze, die ihn hatte anschwellen lassen, ist längst vorüber. Nun hängt es von den Regenfällen ab, wie sich die Wasserführung entwickelt. Die Talwiesen können überflutet werden. Sie wurden das auch in früheren Zeiten und blieben deshalb Wiesen. Ansonsten hätte man sie längst umgewandelt in ertragreichere Äcker. Mit schrillem Pfiff und kurz blau aufblitzend, schießt ein Eisvogel vorüber. Er hält sich nicht an den kurvigen Verlauf des Baches, sondern nutzt Abkürzungen für eine ziemlich geradlinige Flugstrecke. Irgendwo weiter bachauf- oder bachabwärts wird seine Bruthöhle in der Uferwand sein. Solche Stellen sind selbst an naturbelassenen Bächen selten. Und stets hochwassergefährdet, weil sie nicht hoch genug über dem Wasser liegen. Die schnell ankommenden Fluten können auch die Nester der Wasseramseln und der Gebirgstelzen vernichten, wenn diese nicht hoch genug angelegt werden können.

»Hoch genug«, das gibt es an den Mühlen. Und Mühlen gibt es (oder gab es) fast überall an den Mittelgebirgsbächen. Die Wehre, das Mühlengebäude selbst oder die Häuser in unmittelbarer Nähe bieten günstige Nistmöglichkeiten für diese Ufervögel. Sie sind die charakteristischen Vögel der Bäche; mehr als der Eisvogel, für den zu selten größere Steilwände vorhanden waren. Und oft ist das Bachwasser auch zu wirbelig für seine Jagdmethode. Der Mühlenteich bot und bietet günstigere Bedingungen, wo es ihn noch gibt. Dort steht das Wasser, dort ist es klar, und die Sicht reicht tief genug hinein für einen erfolgreichen Tauchstoß nach den Fischchen.

## Eisvogel und Wasseramsel

Zwei Vogelarten charakterisieren Bäche und kleinere Flüsse in besonderer Weise, der Eisvogel *Alcedo atthis* und die Wasseramsel *Cinclus cinclus*. Beide sind Besonderheiten. Der Eisvogel ist so schön, dass er »fliegender Edelstein« genannt wird. Türkisgrün mit Blau glänzt sein Gefieder auf der Rückenseite, rostbraun der Bauch. Der Schnabel ist lang, so lang wie der Kopf. Der Eisvogel fliegt pfeilschnell und gibt dabei häufig einen schrillen Pfiff von sich. Von einem Ästchen über dem Bach oder aus kurzem Rüttelflug heraus stürzt er sich ins Wasser. Und kommt mit einem silbrig blinkenden Fischlein im Schnabel empor. Nicht immer, nur in der Hälfte der Fangversuche, auch wenn es genug Kleinfische gibt. Sein Erfolg wird damit zum Maß für die Qualität des Baches oder Flusses für Aufkommen und Heranwachsen von Fischbrut. Die Zeiten, in denen sogar die kleinen Eisvögel als Fischräuber verfolgt und vernichtet wurden, sind zumindest in Mitteleuropa weitgehend vorüber. Seit Langem stehen sie unter Naturschutz, was jedoch nicht viel besagt. Die Grundeinstellung der Fischerei zu Tieren, die ihrer Natur gemäß von Fischen leben, muss sich ändern. Beim Eisvogel ist dies im Gang. Eine Teichwirtschaft, die für sich werben möchte, tut dies am besten mit dem fliegenden Edelstein.

Dass Eisvögel trotzdem Raritäten (geblieben) sind, liegt daran, dass sie kaum irgendwo Möglichkeiten zum Nisten finden. Sie graben meterlange Röhren in steile Uferabbrüche und bauen das Nest in einer Kammer am Ende unter den dort wohltemperierten und vor Nestfeinden geschützten Verhältnissen. Theoretisch. In der Praxis hat ihnen der Wasserbau diese Möglichkeiten genommen. Bäche und Flüsse dürfen nicht einfach ihrem natürlichen Lauf folgen und dabei Ufer anschneiden. Selbst wenn sie wieder rückgebaut werden, wird darauf Wert gelegt, dass die Ufer »fest« bleiben. Dann sieht dies nach außen zwar schön »natürlich« aus, ist es aber nicht wirklich. Sogar wenn der Uferbereich kommunaler Grund ist, werden Bachschlingen und Flussmäander befestigt. Und oft auch abgeschrägt, damit niemand ins Wasser fällt, der sich unvorsichtigerweise an die Uferkante hinbegeben hat. Es reicht, wenn dies in Jahrhunderten einmal passieren könnte, um die behördliche Akzeptanz eines steilen Naturufers zu verhindern. Leider gilt dies auch für aufgelassene Kiesgruben. In diesen gäbe es oft beste Möglichkeiten für den Eisvogel und für zwei andere, ursprünglich an Gewässer gebundene Vogelarten, die Uferschwalbe *Riparia riparia* und den tropisch bunten Bienenfresser *Merops apiaster*. Am ehesten haben sie Chancen, an den Steilwänden von Kies- und Sandgruben zu brüten, wenn in diesen noch abgebaut wird. Da sind die Gruben gesperrt für die allgemeine Zugänglichkeit.

Einer ähnlichen Problematik ausgesetzt ist die Wasseramsel *Cinclus cinclus*. Dieser rundliche Singvogel, bräunlich gefiedert und etwas kleiner als eine Amsel, trägt einen großen weißen Latz an der Vorderbrust. Wasseramseln leben an Bächen und kleinen Flüssen. Sie können ins Wasser eintauchen und am Boden unter Ausnutzung des Strömungsdruckes, der auf dem schräg gestellten Rücken lastet, nach Larven von Wasserinsekten suchen oder kleine Fische fangen. Ganz ohne Schwimmhäute an den Zehen, wie sie für Schwimmvögel typisch sind, schwimmt die Wasseramsel dazu mithilfe der Flügel.

Wasseramsel *Cinclus cinclus*

Bei aller Unterschiedlichkeit zum Eisvogel hat sie ein sehr ähnliches Problem: Nistplätze am Wasser sind rar. Die Wasseramsel baut zwar selbst Nester, große, kugelige Gebilde aus Moos und Halmen, aber dafür benötigt sie Nischen und Winkel, die so hoch liegen, dass sie außer bei starkem Hochwasser nicht überflutet werden. Begradigte, abflussertüchtigte Bäche eignen sich nicht mehr. Renaturierte auch nur, wenn höhere Uferabbruchkanten zugelassen oder wiederhergestellt werden. Dies funktioniert mehr schlecht als recht.

Vogelschützer fanden einen Ausweg mit der Anbringung von Nistkästen unter Brücken, die dort gut geschützt sind. Dafür sind jedoch Genehmigungen nötig, so sehr achten die Wasserwirtschaftsämter nach wie vor auf die rasche Ableitung des Wassers aus der Landschaft. »Rückstau« durch einen Wasseramsel-Nistkasten darf nicht passieren. Wie beim Eisvogel beleuchtet dies, wie wenig die formale Unterschutzstellung »wert« ist, wenn sie schon durch Lächerlichkeiten außer Kraft gesetzt werden kann. Dabei wäre die kleine Wasseramsel mit ihren Vorkommen und ihrer Siedlungsdichte pro Kilometer Bach- oder Flusslauf der ideale biologische Indikator für die Qualität der Lebensverhältnisse im Wasser. Denn ihre Nahrung setzt sich aus einer Vielzahl von Wasserinsekten und anderen Kleintieren zusammen, die all das »zusammenfassen«, was auf die kleinen Fließgewässer einwirkt. Weit besser als (eingesetzte) Fische drücken Wasseramseln den Gewässerzustand aus.

Im Mühlenteich wimmelt(e) es vor Kleinfischen. Gab es eine günstige Brutwand zum Graben einer Röhre, die meterweit ins Ufer reicht, stellte sich mit Sicherheit ein Eisvogelpaar ein. Auch weil der Mühlenteich schon auf Dutzenden Meter Strecke ungleich mehr Nahrung bietet als der Bach auf Kilometer Länge. Im Mühlenteich tummeln sich Tausende schwarzer Kaulquappen. Erdkröten hatten hier im März ihre Eischnüre abgesetzt. Anders als so mancher natürliche Tümpel trocknen Mühlenteiche höchst selten einmal aus, wenn es im Frühjahr zu wenig geregnet hat. Das Wehr reguliert den Wasserabfluss. Was eines allein nur unzureichend schaffen würde, gelingt über die Abfolge mehrerer Mühlen. Sie halten Wasser in der Landschaft und die Bäche dennoch in Fluss. Im Prinzip genauso wie die Biber mit ihren Dämmen.

Am Rande des Nationalparks Kellerwald liegt die Bärenmühle. Mit dem zugehörigen Mühlteich entstand ein ästhetisches und vielfältiges Ensemble – auch wenn es menschengemacht ist.

Die Bachtäler sind Kulturschöpfungen. Ließe man der Natur ihren Lauf, wären sie in wenigen Jahrzehnten zugewachsen. Der Wald hätte sie zurückerobert, aus dem sie vor Jahrhunderten herausgerodet worden waren. Die Mühlenteiche wären versandet. Bei einem starken Hochwasser hätte sich der Bach einen neuen Lauf ums Wehr herum gegraben und wie eh und je seinen Weg durchs Tal genommen, durch Baumbestände und durch sumpfiges Gelände, mit kleinen Wasserfällen, wo festes Gestein ansteht, und mit wechselnden Breiten, je nachdem, wie Gefälle und Wassermenge diese einstellen. Die Bachtäler würden von Natur aus ganz anders aussehen. Schön sind sie trotzdem. Sie sind keine Kunstlandschaft wie vielerorts in flacherem Gelände, wo die

Bäche begradigt und »abflussertüchtigt« worden sind, um landwirtschaftliche Nutzung bis an ihren Rand zu ermöglichen. Wiesen waren einst von Natur aus rar. Die gerade jetzt zur Maienzeit bei schönem Wetter so lieblichen Wiesen am Bach sind Kultur, gut gestalteten Gärten vergleichbar. Und artenreich wie diese. Wo begradigte, kanalisierte Bäche »zurückgebaut« werden, soll sich die Maßnahme am Mühlenwiesenbach orientieren. Oder sollte das renaturierte Bachtal mit der Zeit zuwachsen und ein Waldbach entstehen dürfen? Ist Renaturierung mehr Landschaftsgestaltung als Rückführung auf einen Naturzustand, der zustande käme, wenn es so gut wie keine Eingriffe seitens der Menschen mehr gäbe? Auch kein Angeln am Bach und keine Spaziergänger auf Uferwegen. Um es noch allgemeiner auszudrücken: Was ist Flussnatur? Wie sollte sie sein?

# An der mittleren Elbe in Zeiten der DDR

Anfang der 1970er-Jahre bürgerte der Bund Naturschutz in Bayern e. V. den Biber in Bayern wieder ein. Der damalige Vorsitzende Hubert Weinzierl hatte es geschafft, die Genehmigungen für die Wiedereinbürgerung zu erhalten und auch Biber aus Schweden dafür zu bekommen. Etwa 50 kamen per Flugzeug nach München. Sie wurden umgehend an den unteren Inn und an einige andere für geeignet gehaltene Stellen an südbayerischen Flüssen gebracht. Doch es regte sich Kritik. Die Flüsse seien viel zu stark reguliert, ja denaturiert, um den Bibern artgerechtes Leben zu ermöglichen. Es sei nicht zu verantworten, dass so wertvolle Tiere, die europaweit als vom Aussterben bedroht, zumindest als gefährdet eingestuft waren, von Schweden nach Mitteleuropa verfrachtet werden. Auch wenn sie hier ein paar Jahre leben, würden sie doch nicht überleben und einen neuen Biberbestand wiederbegründen, der sich selbst erhalten kann.

Dass es nicht gut stand um die Flüsse, nicht nur in Bayern, das ließ sich nicht bestreiten. Aber Gebiete wie der untere Inn mit seinen vielen Inseln, auf denen Silberweiden und andere Weichhölzer wachsen (dürfen), sollten sich schon für die großen Nager eignen. Zumindest ging es den Bibern in den ersten Jahren nach der Wiedereinbürgerung dort sichtlich gut. Gewiss waren schwedische Bibergewässer naturnäher. Das brauchte nicht überprüft zu werden. Sie lieferten ja den Überschuss an Bibern, die man dort wegfangen musste und andernorts wieder anzusiedeln trachtete. In Skandinavien weiter hinauf in den Norden – und nach Süden, nach Bayern. Aber viel näher zu Bayern gab es einen anderen Biberbestand, der die besonders ungünstige Zeit der ersten Hälfte des 20. Jahrhunderts überlebt hatte, die Elbe-Biber. Etwa 100 bis 150 dieser Biber existierten Mitte der 1970er-Jahre, so die vagen Informationen, die wir von dortigen Biberschützern erhielten. Sogar leichte Ausbreitungstendenzen aus dem Kerngebiet an der Elbe zwischen Dessau und Magdeburg und der Mulde nahe ihrer Mündung in die Elbe wurden festgestellt. Die Lebensbedingungen der Elbe-Biber näher kennenzulernen wäre sicherlich hilfreich für die Beurteilung der Sinnhaftigkeit der bayerischen Wiedereinbürgerung gewesen. Damals existierte aber noch die DDR, und es war sehr schwierig, aus dem Westen hinüberzukommen Nach einigem Hin und Her klappte die Fahrt nach Dessau, trotz des Argwohns, den die Besichtigung des Auwaldes nahe der Muldemündung bei den Sicherheitsorganen erregte.

Der Eindruck war überwältigend, der Befund eindeutig. Der Auwald sah großartig aus. Alte Eichen von eindrucksvoller Größe; Wildnis, wie man sich eine Hartholzaue in Mitteleuropa nicht schöner hätte vorstellen können. Rotmilane kreisten darüber, kaum Menschen waren draußen, die Biber hatten Rettungshügel gebaut bekommen, falls ein zu starkes und zu lange anhaltendes Elbhochwasser den Auwald mit ihren Vorkommen überfluten sollte. So einen Auwald konnte Bayern den Bibern nicht bieten, nicht einmal ansatzweise. Allerdings enthielt die Elbaue bei Weitem nicht so viele Weichhölzer, Weiden und Pappeln, wie die Innauen. Biber brauchen aber diese, nicht die Eichen. Auf die Verfügbarkeit von Nahrung bezogen, bot ihnen der untere Inn günstigere Verhältnisse, trotz weniger schöner Auwaldlandschaft. Aber diese Kulisse sahen wir wahrscheinlich anders als die Biber selbst, die hauptsächlich nachts aktiv sind und sich nicht gerade eines Panoramablicks erfreuen. Viel wichtiger sollte für sie das Wasser sein. Und mit Bezug darauf wurde der DDR-Befund glasklar: Für unsere westdeutschen Begriffe waren Elbe und Mulde katastrophal mit Chemieabwässern verschmutzt. Da die Biber mit diesem Zustand überlebten, mussten sie überall an bayerischen Gewässern leben können. Das war die Schlussfolgerung.

Eine so klare Aussage lässt sich selten einmal für Verhältnisse in der Natur machen. Die Biber bestätigten diese umgehend. Es dauerte kein Jahrzehnt, dann gab es an bayerischen Flüssen mehr Biber als in der (damals noch existierenden) DDR. Inzwischen ist der Bestand mit nur noch grob abschätzbaren 20.000 Bibern sicherlich höher, als er jemals im letzten halben Jahrtausend gewesen war. Die Lektion des Besuchs an der Elbe spiegelte sich an dieser selbst mit Parallelen zu den Entwicklungen der Biberbestände, die mittlerweile auch in anderen deutschen Bundesländern, in Österreich und in mehreren europäischen Ländern begründet worden waren. Mit der Verbesserung der Wasserqualität nahm der ostdeutsche Biberbestand rasch zu und fing an, sich stark auszubreiten. Die Elbe gewann auch ihre ursprüngliche Fischvielfalt wieder. Die Elbauen wurden noch großartiger, als sie damals, in den 1970er-Jahren, ausgesehen hatten. Für den Auwald ging mit dem Ende der Chemikalienbelastung die wohl schlimmste Zeit seiner Existenz vorüber. Eine Wasserstraße blieb die Elbe dennoch. Die Frequentierung wurde stärker. Stark nahm auch die Inanspruchnahme durch Tourismus und Erholungsbetrieb zu. Der Zustand der 1970er- Jahre lässt sich an diesem für mitteleuropäische Verhältnisse typischen Tieflandfluss längst nicht mehr erkennen.

# Hochwasser im oberen Donauraum

Über zehn Meter schossen die braunen Fontänen in die Höhe. Es sah aus, als ob Bomben unter Wasser explodierten. Das Plateau aus Stahlbeton und Granit vibrierte heftig. Zwischen der aufschäumenden Flut vor dem Kraftwerk und der wie kochend wirbelnden Wassermasse danach gab es kaum noch einen Höhenunterschied. In einem riesigen Rückstromwirbel hatte sich Treibholz in dichter Masse angesammelt. Für Sekunden tauchte darin der Kopf einer Kuh auf und versank sogleich wieder. Beiderseits des Flusses ragten vom Auwald nur noch die Baumkronen aus dem Wasser. Die Strömung beugte sie nieder und verursachte ein wellenartiges Schwanken. Mehrere Menschen waren zum Kraftwerk gekommen. Sie fotografierten, filmten oder starrten wie gebannt auf die entfesselten Wassermassen, nicht ohne Besorgnis, ob der gewaltige Damm den Wassermassen standhalten würde.

Dreiflüssestadt Passau: Bei Hochwasser staut der wasserreichere Inn (links mit milchiger Flut) die Donau und die Ilz (ganz rechts) zurück.

Es war der 2. Juni 2013. In Passau wuchs mit dem Anstieg der Pegelstände über die bisherigen Hochwassermarken der letzten Jahrhunderte hinaus die Befürchtung, die Flut könnte trotz aller Schutzmaßnahmen außer Kontrolle geraten. Sie tat es. An der Donauseite erreichten die Wassermassen den höchsten Stand seit dem Jahre 1501, seit mehr als einem halben Jahrtausend also. An den historischen Hochwassermarken ließ es sich ablesen. Gerade noch. Wieder einmal staute der Inn mit seinen viel größeren Fluten die Donau zurück, obwohl diese selbst sehr starkes Hochwasser führte. Dabei hatte die Innflut mit ihren über 6.000 Kubikmetern pro Sekunde nicht einmal den Höchststand von 1954 erreicht, wie sich flussaufwärts im davon besonders betroffenen Schärding zeigte. Beide Flüsse, Donau und Inn, führten bei diesem Hochwasser nach ihrer Vereinigung in Passau zusammen weit mehr Wasser als der Nil an seiner Mündung ins Mittelmeer. Im Donautal wurden ganze Ortschaften überschwemmt. Manche Häuser, zumeist ziemlich neu gebaute, standen bis zum Dach unter Wasser.

Hochwasser gab es Anfang Juni 2013 auch an anderen Flüssen im Großraum der Oberen Donau, in Österreich und an der Saale in Thüringen und Sachsen. Dort verliefen die Überschwemmungen aber anders. In der für Tieflandflüsse typischen Weise entstanden großflächige, aber nicht allzu tiefe Überflutungen, die ohne zerstörerische Strömung allmählich abliefen.

Am Inn ist es bei Hochwasser insbesondere die enorm gesteigerte Strömungsgeschwindigkeit, die große Schäden verursacht. Die reißenden Fluten rasieren den Auwald, tragen ganze Inseln mit sich fort und schütten neue auf. Baumstämme schießen mit fünf und mehr Metern pro Sekunde auf dem Wasser dahin. Geht die Flut nach einigen Tagen zurück, sieht alles Betroffene verwüstet aus. Schlick klebt an den Stämmen, die standgehalten haben, Sand liegt im Auwald, aufgeschüttet wie vom Wind geformte Dünen. Neue Seitenarme können sich gebildet haben. Bisherige sind zugeschüttet. Es ist eine Urdynamik, die mit dem Ablauf der Flut sichtbar wird.

Politiker versprechen jedes Mal wieder umfangreiche Maßnahmen für besseren Hochwasserschutz. Doch die Erfahrung lehrt die Menschen am Fluss, dass das nächste Hochwasser früher kommen wird, falls überhaupt wirkungsvolle Schutzmaßnahmen zustande kommen. Denn die Fluten kommen zwar als Wasser vom Himmel, aber wie schlimm sie ausfallen, das entscheidet die Landnutzung im Einzugsbereich der Flüsse. Mit der Erwärmung des Klimas werden Häufigkeit und Stärke der Hochwasser zunehmen, so die Prognosen. Und auch die Dürren.

## Natürliches Niedrigwasser, menschengemachtes Restwasser

Nach dem heißen und zudem besonders niederschlagsarmen Sommer 2018 verbreiteten die Medien Bilder ausgetrockneter Flüsse, deren Restwasser zu Rinnsalen geschrumpft war und deren Bodenschlamm zum bezeichnend polygonalen Trockenmuster zerriss. Für eine besonders eindrucksvolle Szenerie musste das Mündungsdelta der alpinen Isar in den Sylvensteinstausee herhalten, wie Kenner des Gebietes sofort sahen. Denn an den regulierten, begradigten und zu Kanälen für die Schifffahrt ausgebauten Flüssen gibt es längst keine großen Schlammflächen mehr, die bei Niedrigwasser frei werden können. Und die damit auch zeigen könnten, dass sie zur normalen, in ökologischer Sicht sogar notwendigen Flussdynamik gehören.

### Versiegen die Quellen?

Hochwasser macht Schlagzeilen. Niemand möchte mit Hab und Gut betroffen sein, auch wenn gegen die Schäden noch so gute Versicherungen abgeschlossen sind. Hochwässer fordern Menschenleben; allen Vorsichtsmaßnahmen zum Trotz passiert das immer noch. In einer Region zu leben, in der Überschwemmungen drohen und wo an Niederschlägen – noch – kein Mangel herrscht, verschiebt die Wahrnehmung von

Extremereignissen. Den idealen Zustand mit immer genug Wasser ohne Dürren und Fluten gibt es nicht. Sowenig wie bei Wind und Sturm oder den Temperaturen. Das Wetter wechselt ganz naturgemäß zwischen Extremen, mal schneller, mal langsamer, je nach Region und Zeit. Die Trends, die statistisch zur Ermittlung klimatischer Veränderungen errechnet werden, fallen viel schwächer als die wirklichen Schwankungen aus. Daher werden sie im täglichen Leben nicht wahrgenommen. Medienberichte wie »so heiß/kalt/nass/trocken war es noch nie …« sind gewiss nicht immer hilfreich, weil zu viel Alarmismus abstumpft und eher die Bereitschaft mindert, vorsorgende Maßnahmen zu ergreifen. Jedes Wetter wird inzwischen auf den Klimawandel geschoben. Dieser gerät zur perfekten Ausrede, selbst nichts zu tun, aber diesen umso heftiger zu beklagen. Die Verursacher lokaler Schäden könnten sich keine bessere öffentliche Stimmung wünschen. Das nimmt sie nicht in die Verantwortung.

Die Haltung ändert sich schlagartig, sobald man selbst betroffen ist. Die von Hochwasser Geschädigten klagen an, weil sichtbar wird, dass die beschleunigte Ableitung von Niederschlagswasser aus den Fluren und Wäldern die Fluten und die Schäden, die sie verursachen, stark ansteigen ließ. Maisfelder wurden auf Hängen angelegt, Feuchtwiesen umgebrochen zu Ackerland, Gräben aufgefüllt und Moore entwässert. Doch je schneller das Wasser der Niederschläge in die Flüsse abgeleitet wird, desto weniger gelangt davon ins Grundwasser. Dieses unentbehrliche Reservoir nimmt daher auch dann ab, wenn die Niederschlagsmengen im normalen Rahmen schwanken. Beschleunigung des Wasserabflusses begünstigt Dürren. Mehr Wasserentnahme, als nachkommt, auch. Wassermangel hängt daher in erheblichem Maße von der Art der Landnutzung ab, nicht allein von der Regen- oder Schneemenge.

Schwankungen bei den Niederschlägen gibt es von Natur aus ganz ohne Klimawandel regional, über mehrere Jahre oder in längeren Perioden. Steigende Durchschnittstemperaturen können aber mit länger andauernden Hitzeperioden natürliche Fluktuationen verstärken. Das hängt auch damit zusammen, dass die gleiche Niederschlagsmenge unterschiedlich nachwirkt, je nachdem, welchen Temperaturen sie ausgesetzt ist. In den Hitzesommern 2003 und 2018 gab es sehr wohl kräftige Regenfälle, zumindest regional. Aber bei den hohen Temperaturen verdunstete das Wasser viel schneller, sodass Trockenheit resultierte, auch wenn zwischendurch ergiebige Gewitterregen niederging. Umgekehrt können kalte Sommer die Grundwasserneubildung verstärken, auch wenn es durchschnittlich oder sogar etwas unterdurchschnittlich regnet.

Gegenwärtig werden bereits verhältnismäßig kurze Perioden von wenigen Jahren mit Niederschlagsdefizit zum Problem, wie etwa 2018 und 2019, weil die landschaftlichen Strukturen jahrzehntelang zu sehr auf rasche Ableitung von Regenwasser umgebaut wurden. Der Maisanbau ist dabei an erster Stelle zu nennen, denn Maisfelder bedecken nun in Deutschland zweieinhalb Millionen Hektar landwirtschaftliche Nutzfläche. Bis in den Hochsommer hinein schützen sie den Boden jedoch nicht wirklich. Starkregen laufen daraus viel zu schnell ab. Sie verursachen lokale, nicht selten für die betroffene Bevölkerung verheerende Fluten aus Wasser und Schlamm, der auch die Agrochemikalien enthält, die auf den Maisfeldern ausgebracht werden. Hinzu kommen als zweiter Hauptverursacher die bebauten und »versiegelten« Flächen in Städten und Dörfern. Auch aus diesen wird das Niederschlagswasser viel zu schnell in die Flüsse abgeleitet, anstatt es, wie in früheren Zeiten, in Weihern oder Speicherseen zu halten.

Es verwundert daher nicht, wenn das Versiegen von immer mehr Quellen festgestellt wird. Oft tritt nur noch unregelmäßig oder gar kein Wasser mehr aus. Die kleinen Bäche, die sie gespeist hatten, vertrocknen. Infolge des bayerischen Volksbegehrens geschützte Bachuferbereiche gelten nicht mehr als solche, weil der einstige Bach kein Wasser mehr führt, das stellen immer mehr Landwirte zu ihren Gunsten fest.

Wird unseren Flüssen also das Wasser ausgehen, wenn die Entwicklung so weiterläuft? Die Trockenjahre der letzten Zeit alarmieren. Doch wie stets nach schweren Hochwässern ist zu befürchten, dass die nötigen Gegenmaßnahmen viel zu langsam und ganz unzureichend ergriffen werden. Niemand will auch nur einen Quadratmeter hergeben, auch wenn die öffentliche Notwendigkeit noch so klar und so geboten ist. Am wenigsten sind diejenigen bereit, Gegenleistungen für die Allgemeinheit zu erbringen, die am meisten von Subventionen und öffentlichen Meliorierungsmaßnahmen profitiert haben.

Doch selbst wenn Staatsgrund verfügbar ist, garantiert dies noch längst nicht die rasche Umsetzung von Maßnahmen zur Wasserrückhaltung, Wiederherstellung von Feuchtgebieten oder die Unterbindung der Wasserentnahme für privatwirtschaftliche Zwecke. Im Kleinbereich des Lokalen spiegeln sich die Schwierigkeiten, ein im größeren Maßstab wirksames Wassermanagement zu betreiben. Zu viele Interessen, die häufig einander entgegengesetzt sind, prallen aufeinander. So sind begradigte Flüsse mit regulierter Wasserführung klares Wunschziel der Binnenschifffahrt, während aus ökologischer Sicht das mehr oder weniger unregelmäßige Pendeln zwischen Niedrig- und Hochwasser natürlich wäre. Trockenfallen von Altwässern und Flusslagunen oder kleinen Fließgewässern mögen weder Angler noch der Erholungsbetrieb. Stauseen werden von Naturschützern bekämpft, gleichgültig, ob sie besonders reich an (seltenen) Arten und natürlichen Strukturen sind oder künstlich geformte Staubecken darstellen. Je nach »Botschaft«, die vermittelt werden soll, werden »Argumente« bemüht oder weggelassen. Führt der Rhein am Pegel Düsseldorf beispielsweise nur noch 500 Kubikmeter Wasser pro Sekunde statt der durchschnittlichen 2.100, ist das gewiss kein ökologischer Notstand; es schadet zunächst einmal vor allem der Schifffahrt.

Versiegen also unsere Quellen? Fallen die Flüsse trocken? Die großen wie Donau, Rhein oder Elbe sicher nicht. Der Anteil an Gletscherwasser macht bei den meisten Alpenflüssen weniger als fünf Prozent des Jahresabflusses aus. Die Schwankungen der Niederschläge von Jahr zu Jahr sind größer. Regen und Schnee bestimmen als Niederschläge über die Jahre den Wasserhaushalt der Landschaften. Bei kleinen Flüssen mit entsprechend kleinen Einzugsgebieten sieht es anders aus. In den Zentralalpen werden Gebirgsbäche zusammen mit den sie speisenden Gletschern verschwinden, während sich in den voralpinen Flüssen wie Isar oder Lech davon nichts zeigt, weil sie über keine Gletscher in ihrem Einzugsgebiet verfügen. Ihr Abflussverhalten wird nach wie vor vom Zusammenwirken von Niederschlag und Temperatur geprägt werden – und von der Art der Landnutzung im gesamten Einzugsgebiet. Die Natur der Flüsse bringt es jedoch auch mit sich, dass die Folgen der Eingriffe nicht immer dort zu spüren sind, wo sie stattfinden, sondern mitunter erst Hunderte Kilometer weiter flussab.

Letztlich wird man nicht umhinkommen, bei fortschreitender Erwärmung des Klimas Maßnahmen zu ergreifen, die das Niederschlagswasser zumindest in dem Umfang wieder zurückhalten, in dem es in den letzten beiden Jahrhunderten aus der Landschaft abgeleitet wurde. Ob und wie die Quellen sprudeln, wird das äußere Zeichen dafür sein, ob wir genügend Grundwasser haben oder auf eine anhaltende Mangelperiode, eine Wasserkrise zusteuern.

Denn kein Fluss, ob klein, mittel oder groß, fließt von Natur aus kanalartig über größere Strecken. Selbst da, wo dies der Fall sein sollte, weil die Schlucht eng und lang ist, geht der Wasserstand natürlicherweise hoch und wieder zurück. Niedrigwasser ist das natürliche Gegenstück zum Hochwasser. Im Jahreslauf tritt es stets viel häufiger auf als erhöhte Wasserführung. Besonders unregelmäßig fällt sie aus, wenn die Niederschlagsmengen allein das Wasserführungsregime des Flusses bestimmen. Doch schwankende Wasserführung entspricht nicht den Vorstellungen der Menschen. Betroffen davon fühlt sich nicht nur die Schifffahrt, für die es nachvollziehbar ist, dass sie eine Mindestwassermenge benötigt, um mit Normalladung fahren zu können. Auch die Sportangler wollen konstante Wasserverhältnisse haben. Manchmal schreiten sie selbst zur Tat. Wie an den Lagunen am Inn.

In einer solchen lernte ich in meiner Kindheit schwimmen. »Badelacke« hieß die Lagune, weil sie auch sommers am sehr kalten Inn dank der Abtrennung vom Hauptfluss an die 20 Grad Wassertemperatur erreichte. Waren Juli und August sehr heiß, konnten es in der Zeit der Sommerferien auch ein paar Grad mehr werden. Mit bis zu zwei Metern war die Lagune tief genug zum Schwimmen. Aber in Ufernähe war sie flach, und es dauerte zehn oder fünfzehn Meter, bis eine schwimmfähige Tiefe erreicht war. Ein kräftiges Sommerhochwasser schwemmte eine Menge Sand ein und vergrößerte damit die Breite der flachen Uferzone. Als im Herbst die Wasserführung des Flusses stark zurückging, fiel die Lagune trocken. Im geschrumpften Rest waren viele Fische gefangen. Reiher holten sich diese leichte Beute, sehr zum Ärger der Angler. Im Winter fror die verbliebene Pfütze bis zum Grund durch. Mit der Folge, dass im Frühjahr klaffende Schalen auf dem Schlick lagen. Krähen pickten das Muschelfleisch heraus. Aber mit steigender Wasserführung füllte sich die Lagune wieder. Im Sommer sah sie nahezu unverändert aus. Die geringere Tiefe bemerkten die Kinder beim Schwimmen, weil mancher Kopfsprung nun im weichen Schlick am Boden endete.

Der nächste Herbst war nass. Die Lagune blieb voller Wasser. Erst im darauffolgenden Frühjahr fiel sie wieder teilweise trocken. Die Schneeschmelze in den Alpen hatte später als üblich eingesetzt. Nun schritten die Angler zur Tat. Eigenhändig gruben sie mit Spaten einen Verbindungskanal zum Inn, sodass beständig, auch wenn der Flusspegel niedrig lag, Wasser in die Lagune einströmen konnte. Und die Fische Zugang behielten. Doch ein paar Jahre später war die Lagune so stark verlandet, dass sie für Fische normaler (Fang)Größe zu flach geworden war. Der Verbindungskanal hatte die Auffüllung des Seitengewässers enorm beschleunigt, weil nun permanent das sehr schwebstoffhaltige Wasser, das der Inn im Sommer führt, eindringen und seine Fracht an Feinsand ablagern konnte. Das tun die Hochwasser zwar auch, aber sehr unregelmäßig in Abständen von vielen Jahren und oft verbunden mit starker Ausräumung, weil sie mit gewaltiger Strömung durchrauschen. Diese reißt neue Seitenarme auf, verlagert Inseln und schafft neue Lagunen oder füllt alte wieder auf. Natürliche Flussdynamik konveniert jedoch nicht mit den Vorstellungen der Angler von Beständigkeit ihrer Fischgewässer. Dennoch ist sie »Natur«, wie auch das Hochwasser und der gesamte Wechsel der Wasserführung.

Anders sieht es aus, wenn einem Fluss permanent ein Teil seiner Wasserführung entzogen wird. Er schrumpft zwangsläufig auf eine Restwassermenge. Ist nun der neue Zustand eine »Flussleiche«, wie dies Angler und Naturschützer in seltener Eintracht behaupten (und dagegen vorgehen wollen)? Beispiele dafür gibt es mehr als genug, weil vielfach Ableitungen vorgenommen worden sind, um mit dem Wasser bestimmte Ziele zu verfolgen. Ein Kraftwerk zu betreiben zum Beispiel oder zu bewässern. Das in Deutschland wohl bezeichnendste und bekannteste Beispiel ist die Ableitung von Wasser aus der oberen Isar zum Walchenseekraftwerk. Dieses hat inzwischen den Status eines erhaltenswerten Industriedenkmals erreicht, unabhängig davon, dass es immer noch und ganz zuverlässig Strom liefert. Die obere Isar aber fließt seit Jahrzehnten aufgeteilt in zahlreiche Rinnsale über weite, offene Schotterflächen in das technische Gegenstück zur Wasserableitung, in den Sylvensteinspeicher. Er hat die Funktion, die Wasserführung der Isar zu regulieren und München vor Fluten zu schützen, die in das Stadtgebiet eindringen könnten.

Restwasser, Speicher, Abflussregulierung und eine für Besucher von Sylvenstein und oberer Isar grandiose Landschaft fügen sich am bayerischen Alpenrand zusammen zu einem Ensemble, das höchst unterschiedlich bewertet wird, je nachdem, von welchen Vorstellungen und Zielen die Beurteiler ausgehen. Denn am Wasser, am fließenden insbesondere, treffen verschiedenste Nutzungsansprüche und Vorstellungen aufeinander. Den Fluss, das Gewässer in seiner ökologisch-natürlichen Reinform, gibt es nicht mehr; zumindest nicht in Mitteleuropa und auch nicht im größten Teil der Erde. Allenfalls ganz entlegene Urwald- oder Bergregionen enthalten noch Bäche und kleine Flüsse in einer Art

Urzustand. Von einem solchen kann man in Mitteleuropa allenfalls träumen. Dennoch müssten unsere Fließgewässer nicht so sein, wie sie sind. Viele, die allermeisten, wurden zu sehr degradiert zu reinem Funktionswasser, ohne dass andere, nicht minder wichtige und gewichtige Aspekte berücksichtigt wurden.

Aus guten Gründen ist vielfach ein Rückbau gestartet oder bereits durchgeführt worden. Um Notwendigkeiten wie Erfolgschancen von Renaturierungen zu verstehen, sind jedoch tiefere Einblicke in die Natur der Fließgewässer nötig. Sie sind viel dynamischer als stehende Gewässer, als große Seen insbesondere. Bei diesen ist im Verlauf des vergangenen halben Jahrhunderts weit mehr erreicht worden. Die Seensanierung kann gute Anhaltspunkte liefern für das, was an Flüssen nötig ist oder möglich wäre. Aber die Flussnatur ist anders als die Seennatur. Das wird vor allem deutlich, wenn wir die Hybriden aus beiden, die Stauseen, betrachten. Doch versuchen wir zunächst aus den Beispielen einige Aspekte herauszuschälen, die sie enthalten. Ähnliche, durchaus ziemlich gleichartige Eindrücke wie die geschilderten lassen sich bei fast jedem Gang an Flüsse gewinnen. Um aber hinter die Kulisse zu blicken, müssen wir uns vom gewohnten Bild lösen, das die vertrauten Flussstrecken geprägt haben. Und fragen, warum diese so sind, wie sie sind.

# Gedanken zur »Flussnatur«

Die »Wanderungen am Fluss« präsentieren Facetten der Flussnatur. Sie fassen Vertrautes, Gewohntes in Beispiele, die jedoch längst nicht alles umfassen, was wichtig ist, um die Flussnatur zu verstehen. Angler werden kritisieren, dass Fische bisher so gut wie nicht vorkamen, obwohl diese (für sie) das Wichtigste sind. Die Schifffahrt wird auf die gesamtwirtschaftliche Bedeutung der Flüsse als Wasserstraßen und Schiffe als energiegünstiges Transportmittel verweisen. Die Landwirtschaft fordert von der Gesellschaft, dass ihr sowohl Verluste durch Überschwemmungen als auch Ausfälle durch Dürre erstattet werden. Weil sie, gerade so wie die Schifffahrt und die Angler, von zuverlässiger Beständigkeit der Bedingungen ausgehen will. Aus Flüssen wird direkt oder indirekt Trink- und Brauchwasser entnommen. Die Wasserreinhaltung gehört daher zu den zentralen Aspekten im Umgang mit Fließgewässern. Sauberes, hygienisch einwandfreies Wasser sollen die Flüsse für Freizeit und Erholung garantieren. Zudem, gewiss nicht zuletzt, sind sie Lebensraum für viele Tiere und Pflanzen, nicht nur für Fische. Mit ihren Auen bilden die Fließgewässer eine ökologische Funktionseinheit. All dies ist uns zwar grundsätzlich geläufig, aber dennoch nicht so bewusst, wenn es um die Beurteilung von Maßnahmen oder Eingriffen geht. Wobei ohnehin stets die eigene Sichtweise die Bezugsbasis mehr oder weniger stark bestimmt. Auch unter Naturschützern, für die sich Angler ebenso halten wie Vogelschützer und dennoch häufig in heftige Konflikte zueinander geraten. Betrachten wir daher kurz, welche »Probleme« in den Beispielen stecken, die zur Einstimmung gewählt worden sind.

Im »Sommerabend am Wildfluss« ist es das Phänomen des kurzzeitigen Massenschlüpfens und Schwärmfluges von Eintagsfliegen. In den sogenannten alten Zeiten trat dieses Phänomen regelmäßig und an allen Flüssen und größeren Bächen auf. Der Name Eintagsfliege nimmt darauf Bezug. Welche ökologische Bedeutung so ein Geschehen hat(te), wird uns bei der ausführlicheren Behandlung des Kleintierlebens im Fluss beschäftigen. Es gibt, wie sich zeigen wird, auch andere Formen des synchronisierten Massenschlüpfens, die nur nicht so auffällig sind wie bei den Eintagsfliegen.

In »An der Isar in München« wurde kurz geschildert, was man in jeder Stadt beobachten kann, wenn sie an einem Fluss liegt. An den Vögeln und den Bibern sehen wir, dass Tiere sehr wohl sogar in ziemlich denaturierter Flussnatur leben können, und dies in oft größerer Menge als draußen in der sogenannten freien Natur. Absichtlich verpackt ist dieser Aspekt in der Schilderung zum »unteren Inn«, denn es handelt sich dort um (für mitteleuropäische Verhältnisse) vier große Stauseen. Sie stehen unter Naturschutz und zählen zu den »Feuchtgebieten von internationaler Bedeutung«, obwohl es sich bei dem rund 50

Kilometer langen Teilstück des Inns nicht um einen Wildfluss handelt. Es machen auch nicht allein die Wasservögel den unteren Inn zu einem der bedeutsamsten Rast- und Brutplätze im nördlichen Alpenvorland zwischen dem Neusiedler See im Osten und dem Bodensee im Westen. Vielmehr lebt dort ein insgesamt außerordentlich großer Reichtum an Tierarten und naturwüchsigen Auwäldern. Die Stauseen am unteren Inn werden daher in einem eigenen Kapitel behandelt.

In der einleitenden Schilderung wurde bereits angedeutet, was generell für die Fließgewässer eine höchst bedeutsame Rolle spielt, nämlich die Wasserqualität. Der große Reichtum an Wasservögeln, den es am unteren Inn in den 1960er- und 1970er-Jahren gegeben hatte, hing mit der Verschmutzung des Flusses mit Abwasser zusammen. Die starke Verbesserung der Wasserqualität ließ die Bestände vieler Wasservogelarten schrumpfen und brachte vorher seltenen Vögeln neue, günstigere Lebensbedingungen. Warum und welche Folgen dies ganz allgemein für das Leben im Wasser hat, gehört zu den zentralen Themen der Flussnatur. Und da auch Stare und Krähen genannt worden sind, verweist das Beispiel bereits auf die vielfältige und tiefe Verflechtung mit dem Umland. Flüsse können nicht getrennt davon betrachtet werden. Sie sollten auch nicht künstlich getrennt von Auwald und Flussniederung existieren müssen.

Darauf nehmen die beiden anderen Beispiele Bezug, das reizende Bachtal nahe dem Nationalpark Kellerwald in Nordhessen und der Auwald an der Elbe mit den Bibern. Bachtäler sind Kulturlandschaft. Sie können sehr schön sein, sofern die Bäche mäandrieren dürfen und nicht begradigt wurden zu kanalartiger Entwässerung des Tales. Mühlen mit ihren Stauteichen schufen häufig besonders schöne Bachtäler. So klein, wie Mühlenteiche sind, und so zierlich die Bäche aussehen, pflegen wir sie völlig anders zu beurteilen als Stauseen an großen Flüssen. Doch der Mühlbach liefert Energie aus dem Rückstau ebenso wie das Wasser, das am Flusskraftwerk unter Donnergetöse gewaltige Turbinen antreibt. Ist es gerechtfertigt, Mühlenteich und Mühle so grundsätzlich anders zu beurteilen als ein Flusskraftwerk mit Stausee? Erliegen wir dabei nur dem Dimensionsunterschied? Oder kommen mit der

Größe neue Wirkungen zustande? Und weiter gefragt: Unterscheidet sich die (einstige) chemische Verschmutzung der Elbe so sehr, dass sie unter allen Umständen beendet werden musste, von der (heutigen) chemischen Verschmutzung fast aller Fließgewässer mit Reststoffen aus der Landwirtschaft? Immerhin setzt diese in großem Umfang Gift ein. Die Stickstoffverbindungen und die Gülle, die aus den Fluren geschwemmt werden, gehören gewiss nicht zur Normalausstattung von Grundwasser und Oberflächengewässern.

Schließlich sollten »Hochwasser«, »Rest- und Niedrigwasser« dafür sensibilisieren, dass die Nutzer oft falsche Voraussetzungen von den Flüssen erwarten. Es gibt von Natur aus keine konstante und nur gering schwankende Wasserführung. Sie zu erzeugen ist unnatürlich. Was also ist »Flussnatur«? Lässt sie sich überhaupt (noch) von Nutzungen und Zielen trennen?

Teil I

# Der Fluss – eine Kurzcharakteristik

# Flüsse und ihre Landschaften

Der Fluss hat keine Definition nötig, möchte man meinen. Jedes Fließgewässer, vom Bach bis zum Strom, vom Rinnsal bis zum Kanal, ist sichtbar. Allenfalls stellt sich die Frage nach der Größe. Weil die längsten Flüsse nicht auch die wasserreichsten sein müssen. Und weil ihre Wasserführung bekanntlich stark schwanken kann. Aber ganz so einfach ist es nicht, wenn wir ein Fließgewässer genauer charakterisieren oder in einer bestimmten Weise nutzen wollen.

Nur eine grobe Annäherung bildet die kartografische Darstellung. Ihr lässt sich entnehmen, am besten von der Mündung aus, also an seinem »Ende« beginnend, wie lang der Fluss ungefähr ist. Denn die entfernteste Quelle wird üblicherweise als Anfang gewertet. Wo sie liegt, weiß man erst nach sehr gründlicher geografischer Erforschung aller Quellflüsse, deren es mehrere oder viele geben kann. Flüsse entspringen in einem großen Raum. Die Hauptquellflüsse können weit auseinander liegen und sich vielleicht erst in einem Bereich vereinen, der schon zum Mittellauf gehört. In nicht wenigen Fällen stellt sich durchaus ernsthaft die Frage, ob ein etwas kürzerer Quellfluss als Hauptfluss gewertet werden soll, wenn dieser (viel) mehr Wasser als der längere führt und damit die weitere Flussdynamik bestimmt.

Ein gutes Beispiel hierfür ist die Donau. Als ihre Quellflüsschen gelten, durchaus zu Recht, die Brigach und die Breg im Schwarzwald. Doch zur jungen Donau vereint, versickern sie bei Donaueschingen und speisen eigentlich Flüsschen, die zum Bodensee hin entwässern. Was sich nach der Donauversickerung erneut als Donau formiert, ist nun, auf den Zusammenfluss mit dem Inn in Passau bezogen, kürzer als dieser. Zudem bringt der Inn in der Abflussbilanz des Jahres, insbesondere bei starkem Hochwasser, deutlich mehr Wasser. Daher kommt es immer wieder zu den schweren Rückstauüberflutungen der Dreiflüssestadt (weil in Passau auch die Ilz mündet, die aus dem Bayerischen Wald zur Donau fließt). Der mächtigere Inn drückt die Donau gegen das Nordufer und behindert mit seinem meistens auch noch beträchtlich kälteren Wasser ihren weiteren Abfluss. Somit müsste entweder die Donau »Inn« heißen oder dieser Donau genannt werden, nachdem der ungleich längere Teil ab der Mündung in das Schwarze Meer seit alten Zeiten den Namen »Donau« trägt. Rein formal könnte man sich auf die zweite Lösung einigen, weil dauernd durchströmte Flusslänge und Wassermenge für den Inn als Donau sprechen.

### Quellen

Jeder Fluss beginnt mit mindestens einer Quelle. Die meisten Fließgewässer speist Wasser aus mehreren bis vielen Quellen. Sie können sehr unterschiedlich aussehen. Man gliedert sie in fünf Haupttypen: Sturz- oder Sprudelquellen (Rheokrenen) kommen am häufigsten vor, weil die meisten Flüsse im Bergland entspringen. Aus Spalten oder Nischen im Hang sprudelt das Wasser hervor und bildet gleich nach dieser Quellöffnung einen Bach. Gemächlicher tritt es aus Tümpelquellen (Limnokrenen) aus, dem zweiten, im Tiefland recht häufigen Quelltyp. Oft ist dies ein mehr oder weniger rundlicher »Topf«, in dem das Wasser aus dem Boden sprudelt und dabei Sand zu kleinen Fontänen aufwirft. Wie Kochblasen kann das aussehen. Solche Tümpelquellen liegen häufig an kleinen Geländestufen. Sie zeigen an, dass darunter eine das Grundwasser stauende Schicht liegt, die oft von dicht gelagertem Ton gebildet wird. In Limnokrenen tritt in aller Regel die oberste Grundwasserschicht zutage. Daher kann, abhängig von Menge und jahreszeitlicher Verteilung der Niederschläge, ihre Schüttung rasch zu- oder langsam abnehmen. Den dritten verbreiteten Quelltyp bilden Sümpfe (Helokrenen), aus denen Wasser sickert, das sich zu Bächlein sammelt. Moore liefern meistens solche Quellbäche. Ihr Wasser ist im Sommer wärmer und im Winter kälter als das der Sturz- und Tümpelquellen, deren Temperatur der Jahresdurchschnittstemperatur der Landschaft ziemlich genau entspricht.

Die beiden anderen Quelltypen gibt es selten. So kann ein Fluss als Ausfluss eines Sees beginnen, dem, zumal im Gebirge, von allen Seiten Schmelzwasser zuströmt, ohne in dauerhafte Bächlein gefasst zu sein. In solchen Fällen fängt der Fluss bereits ziemlich kräftig an, wie der »junge« Inn beim Verlassen des Lunghinsees im Schweizer Oberengadin.

Am eindrucksvollsten sind aber große Quelltöpfe, unser letzter Quelltyp, über die Flüsse, von unterirdischen Flüssen gespeist, zutage treten. Sehenswertes Musterbeispiel dafür ist der »Blautopf« bei Blaubeuren an der oberen Donau mit der beachtlichen Wasserschüttung von 2.280 Litern pro Sekunde. Da sich solche Quelltöpfe in den Berg hinein fortsetzen, hat man sie für »grundlos« gehalten und mystifiziert. Feinste Kalkteilchen, die im Wasser solcher Quelltöpfe enthalten sind und von langen unterirdischen Wegen zeugen, verursachen je nach Einfall des Lichts einen grünlichen bis bläulichen Schimmer. Der kleine Fluss, der aus dem Blautopf kommt, wird daher seit alten Zeiten »die Blau« genannt. Quelltöpfe gibt es insbesondere in Karstgebieten. Die mit technischen Hilfsmitteln möglich gewordene Höhlenforschung kilometerweit hinein in die »Unterwelt« zeigte, dass unterirdische Flüsse verbreitet vorkommen. Im Bergland aus Kalkstein entspringende, kräftig sprudelnde Rheokrenen können daher längere Ursprünge im Fels haben. Verschiedene Tierarten, sogar Wirbeltiere wie der Grottenolm, passten sich dem Leben in unterirdischen Gewässern an, weil mit dem von oben einsickernden Wasser Nahrung auch in diese eingetragen wird.

Doch das sah man in alten Zeiten anders. Im Schweizer Engadin, wo er hoch in den Bergen im Lunghinsee entspringt, trägt der Inn noch fast unverändert den alten keltischen Namen *En*. Daher heißt das Tal »En-gadin«, was »Garten des Inn« bedeutet. Die Römer hatten die alte Benennung *En* übernommen und mit *Aenus* lateinisiert. Das hieß »der Schäumende« und passte zu ihrer Sicht dieses größten und wasserreichsten Flusses der Alpen, weil sich darin das Kernproblem ausdrückte. Dieser wilde Fluss war den Römern insbesondere in den

Sommermonaten sicherlich unheimlich. Sein Schäumen, das schon bei mittlerem Hochwasser wie kaltes Kochen aussah, machte den Inn als Transportweg durch die Weiten ihrer Provinzen Raetien und Noricum bis in den »fernen Osten« ihres Weltreichs weit weniger geeignet als die geradezu verlässlich ruhig strömende Donau. Zwischen ihrem Stützpunkt Passau *(Castra batava vindelicorum)* und dem Innübergang beim heutigen Rosenheim verzichteten sie auf die Anlage größerer und wichtiger Lager am Inn. Das Donautal hielten sie für viel geeigneter. Was absolut gerechtfertigt war. Denn es ist das Leittal, zu dem die Flüsse strömen, die östlich des Rheins die Alpen nord- oder nordostwärts verlassen. Die Donau nimmt diese auf, seit viel längeren Zeiten, in denen der Inn in seiner etwa gegenwärtigen Form noch nicht existierte. Er ist ein Spätprodukt der letzten Eiszeit; Abkömmling und Abfluss des großen Inngletschers, der sich von der Schweiz her durch Tirol ostwärts geschoben und bei Kufstein den Durchbruch durch die Nordalpenkette geschafft hatte. Späteiszeitlich bildete sich dort am Alpenrand ein großer See, der im heutigen Rosenheimer Becken lag. Der Inn füllte mit seiner Geschiebefracht den See auf, entwässerte ihn und wurde nacheiszeitlich in den Jahrtausenden der großen Schmelze der west- und zentralalpinen Gletscher zum bei Weitem mächtigsten Alpenfluss. Die Ur-Donau floss hingegen während der Kalt- wie auch der Warmzeiten des Eiszeitalters und formte ein weit größeres Tal, als es der junge Inn zustande brachte. Die Römer lagen also richtig mit ihrer Ansicht, dass die Donau vom Schwarzwald her kommt und der Inn ein Nebenfluss ist, obwohl er sicher auch zu ihrer Zeit der wasserreichere Fluss war.

### Flussgeschichte

Seit mehr als dreitausend Jahren wird den Flüssen zur Bewässerung von Feldern Wasser abgezweigt. Kanäle wurden gebaut, Verbindungen geschaffen und neue Flussmündungen gegraben. Allein an Europas Flüssen gibt es über eine Million Querbauwerke, die stauen oder Wasser umleiten. Zweifellos sind dies gewaltige Eingriffe in das Regime der

Fließgewässer. Am drastischsten zu sehen ist dies am Schrumpfen von Aralsee und Kaspischem Meer. Der Aralsee droht ganz zu verschwinden, große Teile des Kaspischen Meeres wohl auch und damit die letzten Reste eines erdgeschichtlichen Nebenmeeres, der Para-Tethys. Änderungen des regionalen Klimas und des Wasserhaushaltes sind die Folgen.

Umgekehrt wirkten sich Änderungen des Klimas auch ganz ohne Zutun der Menschen auf Flüsse im Naturzustand aus. So waren vor zehntausend Jahren Elbe und Themse noch Nebenflüsse des Rheins, der dort in den Atlantik mündete, wo jetzt die Kanalenge zwischen England und Frankreich liegt. In den Meeresboden ist seine schlank trichterförmige Mündungsbucht eingegraben. Damals existierte die Nordsee noch nicht. Die Themse floss weiter durch deren heutigen Südwestteil und vereinte sich mit dem Rhein. Kurz davor hatte dieser bereits Wasser von Elbe und Weser erhalten. Jetzt getrennte, ganz eigenständige Flüsse gehörten also vor erdgeschichtlich verhältnismäßig kurzer Zeit zu einem Flusssystem zusammen. Der nacheiszeitliche, in zwei großen Schüben erfolgte Anstieg des Meeresspiegels schuf die Nordsee und trennte die Flüsse, die davor über Doggerland geflossen waren, so genannt wegen der untermeerischen Doggerbank unserer Zeit. Das ist auch der Grund dafür, dass sich die Arten von Fischen und anderen Wassertieren in diesen ehemaligen Zuflüssen des Ur-Rheins kaum voneinander unterscheiden. Zum Stromsystem der Donau hingegen gibt es beträchtliche Unterschiede, obwohl sich Rhein und Donau in Quellregionen von Nebenflüssen recht nahe kommen. Die von den Wasserscheiden gebildeten geringen Distanzen der Stromsysteme genügen, um über die Jahrtausende Unterschiede zu erzeugen. Diese sind zwischen Donau- und Rheinfischen weit größer als zwischen Rhein- und Themsefischen.

Die Flussgeschichte des Rheins macht zudem verständlich, weshalb er die obere Donau mit seiner rückschreitenden Erosion hatte anzapfen können und ihr das Wasser abgrub. Sein Gefälle war größer, seitdem er im Oberrheingraben fließt, der in urgeschichtlicher Zeit vor etwa

30 Millionen Jahren aufgrund seiner Tieflage (Mainz liegt gerade einmal 90 Meter über dem heutigen Meeresspiegel) sogar ein Meeresarm war. Dem hat die Donau, die am Zusammenfluss ihrer Quellflüsse in Donaueschingen auf 686 Meter über NN »beginnt«, wenig entgegenzusetzen, und sie wird an den »Räuber« Rhein auch in Zukunft noch so manchen Quadratkilometer ihres Einzugsgebietes abtreten müssen.

Erdgeschichtlich noch viel weiter zurück liegen andere Veränderungen im Lauf der Flüsse. So war vor vielen Millionen Jahren, als die Kontinente Afrika und Südamerika noch vereint waren, der Kongo der Quellfluss des Amazonas, und dieser ergoss sich, weil es die Anden noch nicht gab, in den Pazifik, wo gegenwärtig bei Guayaquil in Ecuador nur ein kleiner Fluss mündet. Wie genau in fernen Zeiten der Vergangenheit der Nil floss, ist immer noch nicht ganz klar, und seine Erwähnung möge nur abermals andeuten, dass »die Natur« dynamisch ist und nur wenig Bestand hat, vor allem wenn wir die Zeiträume lange genug wählen. Die Erdoberfläche ist in Bewegung. Die sie gestaltenden und formenden Flüsse sind es auch.

Das Beispiel mag zeigen, dass durchaus andere, geografisch umfassendere und historisch begründbare Fakten mitbestimmen, wie ein Fluss charakterisiert werden sollte. Mit dem Mississippi-Missouri-Flusssystem in Nordamerika gibt es einen anderen Fall; einen von zahlreichen weiteren, die regional eine Rolle spielen. Formalismen sind das nicht, wie man meinen könnte. Für die Menschen, die an Fließgewässern leben, geht es um die Natur des Flusses und um die Einstellung auf die Fluten oder die Phasen geringer Wasserführungen, nicht bloß um Namen.

Dabei rückt ein weiterer Aspekt in den Vordergrund, über den die bloße Flusslänge wenig aussagt. Es ist dies das Einzugsgebiet. Kein Fluss »beginnt« einfach an der entferntesten Quelle. Dort treten seine Wasser lediglich mit der größten Entfernung zur Mündung (in einen anderen Fluss oder ins Meer) zutage. In dieser und in vielen anderen Quellen ist der buchstäblich in Erscheinung tretende Fluss die Fortsetzung von

Wasser, das sich als Grundwasser in einem Becken sammelt. Dieses kann die unterschiedlichsten Formen haben. Geografisch lässt es sich durch die sogenannten Wasserscheiden abgrenzen. Diese könnten als Linie dargestellt werden. Sie schließt den gesamten Bereich ein, aus dem Wasser zu einem Fluss oder einem Flusssystem strömt; auch oberirdisch über direkten Wasserabfluss hinein in die Gräben und Bäche, wenn es stark geregnet hat und die Böden nicht den gesamten Niederschlag aufnehmen können. Die Flüsse und ihr Einzugsgebiet hat man daher häufig so dargestellt, dass sie einem System von Adern gleichen, die sich, in feinsten Kapillaren beginnend, zu einer Hauptader hin vereinigen.

Viele heutige Flüsse wirken im Vergleich zu ihrem Tal zu klein, ihre Anlage entstammt häufig der letzten Eiszeit. Lange davor schuf die obere Donau bei Beuron ein pittoreskes Durchbruchstal.

Was diese »abführt«, also entwässert in der formal bildhaften Darstellung, ist der Fluss im geografischen Raum des Einzugsgebietes. Ist dieses (sehr) groß, der Hauptfluss aber kurz, werden die Schwankungen seiner Wasserführung entsprechend groß ausfallen. Gewaltige Fluten können sich in kurzer Zeit zusammenballen und die Uferbereiche überschwemmen. Anders verhält es sich, wenn das Einzugsgebiet im Verhältnis zur Flusslänge klein ist. Dann werden die Fluten kalkulierbarer. Wie am Nil, wo die bei Weitem ausgiebigsten Niederschläge im fernen Äthiopischen Hochland fallen und über Blauen Nil und Atbara dem Weißen Nil aus dem östlichen Zentralafrika zugeführt werden. Jahreszeit und Größe der Nilfluten ließen sich vor dem Bau des riesigen Assuan-Staudamms ganz gut abschätzen.

Manche Flusstäler sehen für uns viel zu groß aus für die tatsächliche Dimension des Flusses, der sie durchströmt. Diese Feststellung verweist zurück auf das, was zum Verhältnis von Donau und Inn ausgeführt wurde. Die heutigen Täler sind das Ergebnis ihres früheren Wirkens, als die Flüsse viel größer gewesen waren. Elbe und Oder beispielsweise passen in ihrer gegenwärtigen Dimension nicht zu ihren aus der Eiszeit stammenden Urstromtälern. Aber auch manche Alpentäler sehen viel zu gewaltig aus, bezogen auf den Wildbach, der aus ihnen herausschießt. Am Ende der letzten Eiszeit war dies eben anders. Fluss und Tal, Flussverlauf und Verlaufsform haben Geschichte. Sie sind keineswegs direkt auf die aktuellen Gegebenheiten zu beziehen. Ein Fluss ist daher stets mehr (gewesen) als das, was er gerade ist.

### Talformen

Bewegtes Wasser formt die Erdoberfläche in starkem Maße. Dass fließendes Wasser dies tut und als »Zahn der Zeit« nagt, sehr wohl auch an hartem Fels, ist uns geläufig. Wird irgendwo Bodenmaterial in größerer Menge aufgeschichtet, erzeugen daran Starkregen durch Abschwemmung eindrucksvolle Strukturen. Sie gleichen Flusssystemen. Aus kleinsten Vertiefungen von oben und schräg von den Seiten her streben die Einkerbungen zu einem Muster zusammen, das wie eine einfache kartografische Darstellung von Flusssystemen aussieht. Die zugrunde liegenden Vorgänge sind tatsächlich die gleichen. Nur dass das Gebilde in der Landschaft über Tausende und Zehntausende von

Jahren entstand und nicht als Folge eines heftigen Regengusses in kürzester Zeit.

Das Rohbodenbild enthält jedoch etwas *nicht*, das viele Flusstäler in den Alpen oder in der Norddeutschen Tiefebene charakterisiert. Es sind dies Täler und Talformen, die eine längere Geschichte haben und in die die heutigen Flüsse nicht recht passen wollen: Nicht einmal die stärksten heutigen Hochwässer können sie ausfüllen und an ihren Seiten nagen. In den Alpen verweisen Schleifspuren am Gestein der Talseiten auf den Verursacher: Eis. Gletschereis war es, das in den Kaltzeiten des Eiszeitalters aus den Bergen ins Vorland hinausfloss. Gesteinsblöcke, die nicht aus der Umgebung und auch nicht aus dem Quellgebiet der Flüsse stammen können, liegen in den weiten Tälern des Alpenvorlands. Denn Eis kann etwas, was Wasser und damit Flüsse nicht können: Es kann Gebirgssättel überfließen. Daher werden in der Isar, die in der Nähe von Garmisch-Partenkirchen in den nördlichen Kalkalpen entspringt, nicht nur die ihrer Herkunft gemäßen Kalksteine gefunden, sondern auch Kieselsteine, die eigentlich der Inn im Geschiebe führen sollte, weil sie aus dem zentralalpinen Urgestein stammen.

Skandinavische Gletscher bewirkten dasselbe von Norden her und transportierten riesige Felsblöcke, sogenannte Findlinge, bis in die heutige Norddeutsche Tiefebene. Als diese Eismassen (wie auch zu großen Teilen die der Alpen) am Ende der letzten Eiszeit vor gut zehntausend Jahren abschmolzen, erzeugte dies riesige Fluten, die sich an den Endmoränen stauten, eisrandparallel nach Westen abflossen und riesige Urstromtäler bildeten. Wenn Flüsse sie heute nutzen – und das tun entlang mancher Abschnitte auch große wie Warthe, Elbe oder Spree –, erscheinen sie in ihrer gegenwärtigen Größe so, als ob ihnen Wasser abgezapft worden wäre.

Deutlicher bzw. anders als in der Tiefebene ist das Wirken der Gletscher in den Alpen zu sehen, zumindest ihr abtragender Anteil. Da ist die gletscherbürtige U-Form noch zu erkennen, auch wenn sie vom heute fließenden Wasser oftmals zur V-Form umgestaltet worden ist. In ihrer extremsten Form wird das flussbürtige »V« zur senkrechten Schlucht oder Klamm, wenn das Material, das den Talhang bildet, so widerständig ist, dass es stehen bleibt und nicht nachrutscht. Der verursachende Fluss füllt in diesen Laufstrecken dann sein ganzes Tal aus, eine Aue gibt es hier nicht.

Es ist nach allem bisher Gesagten klar, dass dies nur Idealformen sein können, wie sie das Lehrbuch beschreibt. Gerade Täler sind hochdynamische Räume. Welche Talform der jeweilige Fluss in seinem Verlauf ausformt, ist von vielen Faktoren abhängig, auch von solchen, die der Untergrund vorgibt. An den Flüssen des Alpenvorlands lässt sich eine weitere Ausprägung dessen studieren, was fließendes Wasser kann. Denn es nimmt nicht nur, indem es Gesteinsmaterial ausräumt und Täler schafft, es hat auch aufbauende Wirkung, zumindest phasenweise. Flüsse wie Lech oder Inn werden an solchen Stellen von höher liegenden Talleisten begleitet, sogenannten Flussterrassen. Sie zeigen, auf welchem Niveau der jeweilige Fluss einstmals geflossen ist, denn sie sind nichts anderes als ehemalige Talböden: vor Jahrhunderten oder Jahrtausenden vom Wasser selbst aufgeschüttet, um später wieder aufgegeben, teilweise ausgeräumt und zerschnitten zu werden.

Es würde den Rahmen sprengen, würde man noch auf weitere Besonderheiten eingehen, von denen es viele gibt, etwa entlang von Saar und Mosel, die ebenso wie auch der Rhein zwischen Mainz und Koblenz durch alte, tief eingeschnittene Täler fließen, die ganz anders strukturiert sind als die jungen Täler von Lech, Isar und Inn oder von Elbe, Spree und Oder.

Selbstverständlich prägt das Einzugsgebiet die Flussnatur stärker als der Regen, der fällt und den Wassernachschub letztendlich liefert. Bäche und Flüsse, die aus Kalkgebieten kommen oder gar den Karstquellen entspringen, weisen deutlich unterschiedliche Tiere und zumeist auch

Uferpflanzen auf als solche, deren Haupteinzugsgebiet Urgesteinsformationen umfasst, wie Granit und Gneis oder auch Schiefer. Noch unterschiedlicher fällt die organismische Besiedlung von Fließgewässern aus, die aus Mooren strömen. Flussgröße und Wasserführung reichen allenfalls für grobe Vergleiche aus, wenn es sich um Fließgewässer aus gleichartigen Einzugsgebieten handelt. Schließlich bestimmt das Gefälle am deutlichsten den Eindruck, den wir von einem Bach oder Fluss gewinnen. Tatsächlich gehört die Strömungsgeschwindigkeit zu den Hauptfaktoren in der Flussökologie, weil sie nicht nur das Wasser selbst transportiert, sondern auch die hineingeratenen Stoffe, ob chemisch und physikalisch gelöst oder nur aufgeschwemmt oder mitgetragen als feste Partikel. Was das Fließgewässer am Grund verfrachtet, wird »Geschiebe« genannt. Es sortiert sich in Abhängigkeit von der Fließgeschwindigkeit nach Korngröße. Starkes Hochwasser kann aber sogar Felsblöcke verschieben.

Eine Eigenschaft verdient besondere Hervorhebung, weil sie für das Leben im Wasser entscheidend ist, nämlich der Gehalt an Sauerstoff. Ihn brauchen nicht nur die Fische zum Atmen unter Wasser, sondern die allermeisten anderen Organismen auch. Aber nicht alle sind gleich sauerstoffbedürftig. Das ist am besten bekannt für die Fische. Daher hat man sehr frühzeitig aus der Praxis des Fischfangs die Fließgewässer in sogenannte Fischregionen eingeteilt. Sehen wir uns diese kurz an.

# Lebensräume von der Quelle bis zur Mündung

Wo das Wasser schnell strömte, von Steinen verwirbelt wurde und sauber war, lebten die Bachforellen *Salmo trutta* und ein paar weitere, für den Fischfang weniger attraktive Fischarten, wie die Mühlkoppe *Cottus gobio*. In stillen, an Wasserpflanzen, die am Bodengrund wurzeln, reichen Buchten und Altwassern dagegen wühlten Schleien *Tinca tinca* und dicke Karpfen *Cyprinus carpio* den Schlamm auf bei der Suche nach Würmern und anderer tierischer Nahrung. Barben *Barbus barbus* und Nasen *Chondrostoma nasus* oder Äschen *Thymallus thymallus* waren an mittleren Flussabschnitten häufiger zu angeln oder überhaupt nur dort zu finden, wo der Fluss flach überströmte, feinkörnige Kiesbänke ausgebildet hatte. Flussbarsche *Perca fluviatilis* durchsuchten am liebsten die waldartig aufgewachsenen Bestände von Unterwasserpflanzen, während Hechte *Esox lucius* in der Deckung des ins tiefere Wasser vorgedrungenen Röhrichts auf Fischbeute lauerten.

Solche Erfahrungen machten die Angler, lange bevor eine fischereifachliche Einteilung der Fließgewässer nach sogenannten Fischregionen vorgenommen wurde. Die Berufsfischer aber, die mit Reusen oder Netzen den Fischen nachstellten, wussten seit alten Zeiten, dass es umfangreiche Wanderungen von manchen Fischarten gibt, die zu bestimmten Jahreszeiten zwar stattfinden, aber variieren, was genauen Zeitpunkt und vor allem auch die Menge der Fische betrifft. Mit den Fischwanderungen verhielt es sich also ähnlich wie bei den Arten der Vogelwelt, hinter denen die Jäger her waren. Vor Ort im Gewässer ist ein Grundbestand von Fischen vorhanden oder sollte das sein, der den darin vorhandenen Lebensbedingungen entspricht. Zu Zeiten kommen andere Fische, die durchwandern oder eintreffen, um für eine bestimmte Zeit zu bleiben. Ortsbeständige und wandernde Fischarten charakterisieren die Fließgewässer. Sie wurden, wie näher auszuführen ist, durch Verbauung der Flüsse mehr oder weniger stark voneinander getrennt. Daher sind die »Fischregionen« gegenwärtig eher so etwas wie fischereiliche Wunschziele, die angestrebt werden, um einen einigermaßen (für das Gewässer) naturgemäßen Fischbestand zu erreichen. Als ökologische Kennzeichnung von Bächen und Flüssen eignen sich die Fischregionen aber durchaus auch für andere Organismen. Allerdings »sehen« wir ziemlich gut ganz unmittelbar, in welchem Zustand sich ein Bach oder ein kleiner Fluss befindet, wenn wir am Ufer stehen und ihn betrachten. Fische muss man dazu nicht kennen. Hilfreich sind Grundkenntnisse dazu jedoch sehr wohl.

So zeigt der erste Blick bereits, ob sich das Fließgewässer in einem einigermaßen natürlichen Zustand befindet oder ob es begradigt ist und zwischen künstlich befestigten Ufern fließen muss. In beiden Fällen kann es sich dennoch um einen Abschnitt handeln, der zur **Forellenregion** gerechnet wird, wenn das Wasser stark strömt und sichtlich ungetrübt klar ist. Den Bachforellen wird der regulierte Zustand dennoch nicht sonderlich zusagen, mag er bezüglich des Wassers selbst auch noch so passend für ihre »Region« sein. Sie brauchen Deckung am Ufer, wechselnde Strömungsverhältnisse und natürlich Nahrung. Solche wird ein begradigter, uferverbauter Forellenbach weit weniger bieten als ein natürlicher Bachlauf mit unterspülten Wurzeln an wechselvollen Ufern, überhängendem, Schatten und Deckung spendendem Astwerk und feinkiesigem Grund im Strömungsschatten größerer und großer Steine oder mit kleinen Inseln im Bachlauf.

Messwerte des Sauerstoffgehalts können für den natürlichen wie für den »ausgebauten« Bach gleich gute Befunde mit hoher »Sättigung« ergeben. Die »Sättigung« meint, dass sich Sauerstoff in der größtmöglichen Menge im Wasser gelöst hat (und von den Fischen und anderen Wassertieren zur Atmung benutzt werden kann), die der Temperatur entspricht. Denn kaltes Wasser nimmt mehr Sauerstoff auf als warmes. Kühle Bergbäche enthalten daher immer mehr Sauerstoff (in Milligramm pro Liter Wasser gemessen) als temperierte bis warme Tieflandbäche, auch wenn diese ansonsten gleich sauber und in ihrer Struktur entsprechend vielfältig sind. Das ist auch ein Grund dafür, dass Beschattung der Bäche so wichtig ist, weil der Schatten, den vor allem größere und große Bäume liefern, die direkt am Ufer wachsen, verhindert, dass das Wasser in heißen Sommerperioden zu warm und damit zu sauerstoffarm wird.

Eine »Forellenregion« im Bach oder Fluss gibt es daher natürlicherweise im Wesentlichen im Anfangsbereich von der Quelle – sobald die Wassermenge groß genug geworden ist, dass Fische wie Bachforellen darin schwimmen und leben können – bis in jene Zone, in der das Fließen gemächlicher und der Fluss breiter wird. Dann entstehen zwangsläufig besonnte Bereiche, weil das Astwerk der Uferbäume nicht mehr den ganzen Fluss überschatten kann. Oft bilden sich unter Wasser Kiesbänke aufgrund der größeren Flussbreite, die bei geringer Wasserführung teilweise trockenfallen und als »Inseln« sichtbar werden. Die Strömung wechselt in diesem Bereich des Flusses sehr stark zwischen hoher Geschwindigkeit an den tiefen bzw. eingetieften Stellen und geringer bis kaum noch wahrnehmbarer in den flachen Bereichen. Als Mittelwert berechnet, hat die Fließgeschwindigkeit hier, verglichen mit der Forellenregion, deutlich abgenommen. Aber Mittelwerte besagen wenig. Wichtiger ist in diesem Flussabschnitt die Struktur des Flussbettes.

Blenden wir kurz zurück zur Forellenregion, so ging es in dieser für den Leitfisch, die Bachforelle, oder, wo vorhanden, dem aus Sicht der Fischerei noch »edleren« Bachsaibling *Salvelinus fontinalis*, vor allem um die Uferstruktur. Diese Fische benötigen unterspülte Wurzeln, größere Steinblöcke am Ufer, die bewirken, dass sich Rückstromwirbel ausbilden, und Schatten. Um die Situation zu verdeutlichen, lässt sie sich auf die Charakterisierung vereinfachen: Die Forellenregion wird maßgeblich von der Uferstruktur bestimmt, zumindest in ihrer Wertigkeit für die Fische.

Bei der nun anschließenden, oben gerade vorskizzierten **Äschenregion**, der zweiten Hauptregion unserer Fließgewässer ab der Quelle gerechnet, geht es mehr um die Innenstruktur, um das Flussbett. Die Ufer soll(t)en zwar auch weiterhin »gut« sein, also Unterschlupf und Deckung bieten, zum Beispiel für größere Fische, die Jagd auf andere Fische machen (leider immer noch auch von den Anglern »Raubfische« genannt), wie sehr große Forellen oder der Huchen *Hucho hucho*; aber das eigentliche Qualitätskriterium für die Äschenregion sind die überströmten Kiesbänke im Fluss, also die Innenstruktur des Flussbettes. Denn noch garantiert die starke Strömung, dass das Wasser auch in sommerlichen Hitzeperioden kühl und sauerstoffhaltig bleibt. Und die Äsche *Thymallus thymallus* ist als zur Verwandtschaftsgruppe der Forellenfische, der Salmoniden, zugehörige Art recht sauerstoffbedürftig.

Mit ihrem – wie man es als begeisterter Äschenfischer nennen könnte – himmlischen Glanz und viel weniger dunklem Rücken als bei Forellen weisen sich die Äschen als Lichtfische aus. Sie täuschen Feinde mit Lichtreflexen, nutzen die Lichtstreuwirkung der vielen kleinen, vielfältig gebrochenen Wellen über dem Kies und verstehen es sehr geschickt, mit diesem zurechtzukommen, wo das darüberströmende Wasser schon recht flach geworden ist. Warum solche Kiesbänke sogar besonders attraktiv sind, ergibt die nähere Betrachtung der Kleintiere, die darin leben. Doch dies soll im Zusammenhang geschehen, nicht zerlegt in Teilstücke, wie es sich bei der Betrachtung der Fischregionen zwangsläufig ergibt.

### Huchen

Uralt sind die meisten Fischnamen. Bei vielen verliert sich ihr Ursprung im Dunkeln der Sprachgeschichte. Heutige Formen sind so verändert, dass sie stark von früheren Versionen abweichen. Was bedeuten Namen wie Äsche, Aitel, Huchen, Rapfen? Wird Forelle in bayerisch-österreichischer Mundart ausgesprochen, klingt das ziemlich englisch wie *foreign* und damit *fremd*. Der Huchen ist als Fisch vielen Anglern tatsächlich fremd, weil er nur an wenigen Stellen vorkommt und von Natur aus auf das obere Stromsystem der Donau beschränkt war.

Huchen
*Hucho hucho*

Woher sein Name kommt, ist unklar. Vielleicht stammt er aus dem Slawischen, der Verbreitung gemäß. »Donaulachs« wird er durchaus trefflich auch genannt, denn *Hucho hucho*, wie er wissenschaftlich heißt, gehört zu den Lachsfischen, den Salmoniden. Aber anders als der Lachs wandert der Huchen nicht. Mit seiner Standorttreue ist er geradezu das Gegenteil des Lachses. Diesen kann der Huchen an Größe übertreffen. Prachtexemplare sollen bis zu eineinhalb Meter Länge und über 50 Kilogramm Gewicht erreicht haben – früher; unter Bedingungen, die für sein Wachstum besonders günstig gewesen sein müssen. Dieses verläuft enorm schnell für einen so großen Fisch. Der Huchen ist daher als Sportfisch sehr begehrt. Seine Standorttreue begünstigt dies. Ist er von einem Angler entdeckt worden, kann sich dieser darauf einstellen, genau diesen Huchen an die Angel zu bekommen. Große Huchen »kämpfen« und erhöhen damit den Reiz für die Angler.

Als Fisch ist der Huchen sehr empfindlich. Er braucht kalte, sommerkühle Fließgewässer, die fischreich sind, denn von Fischen lebt er ähnlich wie der Hecht. Doch anders als dieser jagt er nicht aus der Deckung von Wasserpflanzen, die einen Unterwasserdschungel bilden, sondern in klaren, schnell fließenden Strömen. Die südlichen, aus den Alpen kommenden Zuflüsse der oberen Donau waren sein Hauptgebiet. Die nördlichen wurden wohl zu schnell zu warm. Die Wassertemperatur spielt beim Huchen eine besondere Rolle. So gedeiht dieser Fisch zwar auch in den Bergflüssen des Atlasgebirges in Marokko, wohin man ihn versetzt hatte, kann sich darin aber wegen der im Sommer zu hohen Wassertemperaturen nicht fortpflanzen. 18 Grad Celsius sind der Grenzwert. Wird dieser anhaltend überschritten, ist es dem Huchen zu warm. Ideal war daher der Inn, weil dieser auch in heißen Sommern nur 15 Grad erreicht. Schwieriger ist die Isar für den Huchen geworden. Dank der Speicherung ihres Bergwassers im Sylvensteinstausee wird sie über 20 Grad warm. Der Huchen gilt daher als Fischart, die in besonderer Weise auf die Aufwärmung der Fließgewässer hinweist. Gegenwärtig müssen seine Bestände fast überall durch künstliche Nachzucht immer wieder aufgefüllt werden. Solche Besatzfische gedeihen dann auch in der Isar.

Ein ähnliches Vorgehen empfiehlt sich beim Blick auf die Fortpflanzung der Fische, ihr Laichen. Daher hier nur der Hinweis, dass die Äschen ihre Eier im überströmten Kies ablegen, wo sie sich unter reichlicher Zufuhr von Sauerstoff entwickeln. Die Kiesbänke sind also nicht nur für die mehr oder minder ausgewachsenen Fische ein bedeutungsvoller Teil-Lebensraum. Sie sind ein höchst wichtiger Laichgrund, weil die Eier für ihre Entwicklung und danach auch die Fischlarven einen hohen Sauerstoffgehalt im Wasser benötigen. Fische dieser Gruppierung werden als Kieslaicher zusammengefasst.

Bachzone für Krautlaicher: Fischeier erhalten hier zusätzlich Sauerstoff von den Wasserpflanzen.

Ihre Bedürfnisse unterscheiden sich stark von der anderen Großgruppe, den Krautlaichern, wie sie im Jargon der Angler und Fischereibiologen heißen. Bei diesen erhalten die Eier im sauerstoffärmeren, stehenden oder nur langsam fließenden Wasser zusätzlichen Sauerstoff von den Wasserpflanzen, an deren Blätter sie befestigt werden. Sauerstoff wird bei der Fotosynthese frei und ins umgebende Wasser abgegeben. Die Eier von Krautlaichern können sich auf diese Weise auch in warmen

Gewässern erfolgreich entwickeln, in denen der Sauerstoffgehalt nur 6 bis 8 Milligramm pro Liter Wasser erreicht anstatt 12 Milligramm oder etwas darüber wie im Bergbach und in den überströmten Kiesbänken. Allerdings darf in den Beständen der Unterwasserpflanzen das nächtliche Absinken des Sauerstoffgehaltes nicht zu stark ausfallen, sonst kommt es doch zu Defiziten. Krautlaicher tun also gut daran, ihre Eier stärker zu verteilen, während Kieslaicher sie in großen, nahezu kompakten Mengen an den überströmten Stellen absetzen können.

Ein Risiko bildet jedoch die möglicherweise zu stark schwankende Wasserführung. Insbesondere Flüsse, die aus den Bergen kommen, führen im Jahreslauf sehr unterschiedliche Wassermengen, je nachdem, wann die Schneeschmelze einsetzt und wie groß die Menge des Schmelzwassers ist und auch wie verteilt im Jahreslauf die Niederschläge fallen, die den Fluss mit Wasser versorgen. Der Gletscherwasseranteil liegt mit weniger als fünf Prozent zu niedrig, um für die Jahresschüttung bedeutsam zu sein. Als Regel – mit zahlreichen durchaus gewichtigen Ausnahmen – gilt, dass (in Mitteleuropa und anderen klimatisch gemäßigten Gebieten mit winterlichen Schneefällen) die Wasserführung im Frühjahr das Maximum erreicht und dann zum Sommer und Herbst hin mehr oder weniger kontinuierlich abnimmt. Das Minimum wird im Winter erreicht. Aber Starkregen und länger anhaltende, sogenannte Landregen können jederzeit erhöhte Wasserführung oder Hochwasser bringen. Je nachdem, wie heftig diese ausfallen, können Fließstrecken, die bei Mittel- und Niedrigwasser schon zum langsamen Strömungsbereich zählen, schlagartig zur Forellen- und Äschenregion werden. Diese natürliche Flussdynamik erschwert nicht nur die von uns Menschen angestrebte Vereinfachung auf eine »klare Einteilung«, sondern auch für die Fische selbst. Denn sie müssen sich von Natur aus auf sich rasch ändernde Bedingungen einstellen, nicht nur weil der Mensch so viel durcheinandergebracht hat und auf die Fließgewässer steuernd und verändernd einwirkt.

Rasch wechselnde Bedingungen zu berücksichtigen ist insbesondere nötig, wenn es um die Abgrenzung zur **Barbenregion**, der nächsten größeren Fischregion, geht. Leitfischart hierfür ist die Barbe *Barbus barbus*. Sie charakterisiert diesen dritten großen Flussabschnitt jedoch mehr über ihre Wanderungen als durch beständiges Vorkommen. Massenwanderungen wirklich eindrucksvoller Größe hatte es von Barben in früheren Zeiten gegeben, die an mitteleuropäischen Flüssen aber so gut wie überall dem Hörensagen aus der Vergangenheit angehören. Warum sie nicht mehr vorkommen, wird sich aus der Betrachtung der Verfügbarkeit von Nahrung in den Fließgewässern ergeben. An dieser Stelle ist es notwendig zu betonen, dass die Barbenregion äußerlich schwer zu kennzeichnen ist. Die Flüsse haben in diesem Abschnitt bereits einen mehr oder weniger ausgeprägten Hauptlauf gebildet, so sie (noch oder wieder) einigermaßen frei fließen dürfen. Dieser verläuft naturgemäß in Mäandern, also in Bögen und Schleifen, wobei Seitenarme abzweigen können, lang gezogene Inseln bilden und sich vielleicht erst nach mehreren Kilometern eigenständigen Fließens wieder mit dem Hauptlauf vereinen.

Im Fluss kommt es zu anhaltenden, bei Hochwasser schubartigen Umlagerungen. Anhaltend durch die immer noch kräftige Strömung, die Kies und groben Sand transportiert, an der Außenseite der Flussschlingen nagt und Material abträgt (»Prallhang«), dieses aber an den Innenseiten und flussabwärts verschoben wieder anlagert (»Gleithang«). Schubartig bei Hochwasser, das neue Seitenarme aufreißen und ganze Inseln versetzen oder neu bilden kann. In diesem zumeist mittleren Teil der Flüsse wird beständig umgeschichtet und umgelagert.

Die Flussdynamik zeigt sich ungleich deutlicher als in den oberen Abschnitten. Dementsprechend gibt es für die Fische keine einheitlichen Bedingungen, dafür aber eine größere Artenvielfalt, weil die örtlich unterschiedlichen, oft schon nach wenigen Dutzend Metern sich ändernden Verhältnisse verschiedenen Fischarten das Leben mit- und nebeneinander ermöglichen. Die Dynamik zwingt sie aber auch, ihre »Einstände« oder Hauptaufenthaltsbereiche entsprechend mitzuverlagern, wenn Hochwasser wieder einmal alles ziemlich durcheinandergebracht hat. In der Barbenregion können wir daher fast das gesamte Spektrum der Fischarten erwarten, die es im betreffenden Fluss gibt, nur nicht solche, die ausgesprochene Stillwasserbereiche und Altwasser bewohnen. Fette Karpfen täten sich schwer mit den für sie zu hohen Fließgeschwindigkeiten.

Blick auf die Elbe in Niedersachsen. In ihrem Unterlauf fließt der Strom ohne erkennbares Tal dahin; Buhnen stabilisieren die Ufer.

Aber für die vierte der für die vier Hauptregionen typische Fischart, den Brachsen *Abramis brama*, mag es da und dort schon im Barbenbereich schwach durchströmte Buchten geben, in denen sie sich halten kann. Der Körperbau der Brachsen, der stark abweicht von der Spindelform der Leitfischarten der drei bereits behandelten Regionen, verrät, dass die Strömung schwach genug sein muss für sein dauerhaftes Leben. Brachsen drücken mit ihrer hochrückigen, seitlich abgeflachten Körperform große Wendigkeit aus, während die Spindelform der Forellen, Saiblinge und auch der Barben Geschwindigkeit anzeigt, die für sie im schnell fließenden Wasser in doppelter Weise zählt. Als geringer Körperwiderstand beim energetisch aufwendigen Ankämpfen gegen die Strömung, die sie abzudriften droht, und auch um blitzschnell vor Feinden fliehen zu können. Bei Brachsen geht es dagegen um wendiges Schwimmen zwischen Wasserpflanzen und um ein verborgenes »Stehen« in den Seitenbuchten mit geringer bis fehlender Strömung.

Der Fluss hat mit der **Brachsenregion** das gefällearme Tiefland erreicht. Sein weiteres Fließen bewirkt großenteils das nachdrückende Wasser und zu geringen Teilen nur noch die tatsächliche Geländeneigung. Das sehen wir am deutlichsten bei Hochwasser, wenn der Fluss plötzlich stark ansteigt und mit gewaltiger Kraft vieles mitreißt, obwohl sich am Gelände selbst nichts geändert hat. Nicht nur Brachsen, sondern auch die anderen Fische versuchen in dieser Situation, Rückstromwirbel oder von der Hauptströmung abgeblockte Bereiche aufzusuchen, um nicht fortgetragen zu werden. Dennoch geschieht dies vielen Fischen. Hochwasserverluste vermeiden können weder die Jungfische noch die groß gewordenen, mehr oder weniger erwachsenen Fische. Auch dies gehört zum Flussleben. Die »Regionen« kennzeichnen daher im Grunde kaum mehr als Verhältnisse, die für gewisse Zeitspannen andauern, aber keine festgefügten Zustände darstellen.

Die idealisierte Abfolge der Fischregionen kommt als Abstraktion zustande. Der »typische Fluss« sollte im Bergland entspringen, aus einer Sturzquelle am besten, aus der gleich so viel Wasser austritt, dass ein richtiger Quelllauf entsteht. Felsblöcke umfließend und mit der erodierenden Kraft von Geröll sich in den steinigen Untergrund eingrabend, strömt der Quellbach durch eine Schlucht, die allerdings meistens aus der letzten Eiszeit stammt und somit unter erheblich anderen Umweltbedingungen zustande gekommen ist als gegenwärtig. Die V-Täler, die dabei entstanden, erstrecken sich zu viel größeren trogartigen U-Tälern hin, die Gletscher ausgeschliffen hatten. Im Fall der größeren Alpenflüsse reichte die Gletscherwirkung ins Vorland hinaus. Sie hatte dort eine Moränenlandschaft erzeugt, durch die sich die Flüsse beim Abschmelzen des Eises hindurchzuarbeiten hatten. Schließlich erreichten sie das Tiefland, das sie – in Norddeutschland – teilweise in sogenannten Urstromtälern durchfließen. Mit nur noch sehr geringem Gefälle strömen sie bis zur Mündung ins Meer.

Dass dies keineswegs generelles Schema für alle Fließgewässer sein kann, liegt auf der Hand. Aber allein die geografische Grobgliederung zeigt, dass die Fischregionen einfach den Landschaftsverhältnissen entsprechen: Quelllauf mit starkem Gefälle und hoher Strömungsgeschwindigkeit. Oberlauf mit nicht mehr ganz so heftiger Strömung, aber durch Zusammenfließen mehrerer Bäche größere und schon weniger stark schwankende Wasserführung. Mittellauf mit geringerem Gefälle und klar ausgebildetem Hauptlauf, kurvigem bis mäandrierendem Verlauf mit Umlagerungen und immer noch großer Geschiebefracht. Unterlauf schließlich mit geringem Gefälle und großer Wassermenge, die weitflächige Überschwemmungen verursachen kann. Die Wasserführung bleibt übers Jahr ausgeglichener, aber die Steigerung auf das Mehrfache des Jahresdurchschnitts bedeutet, dass bei Hochwasser ganz gewaltige Fluten entstehen. Steigerungen um das Fünffache werden so gut wie sicher zu Katastrophenhochwasser, während im Oberlauf das Zehn- oder sogar Zwanzigfache noch keine Überschwemmung auslöst und die Menschen in den Tälern solche Schwankungen nicht allzu ernst nehmen (müssen). Bringt das Niedrigwasser ein paar Liter pro Sekunde, sind ein oder zwei Kubikmeter noch keine Katastrophe. Mengenänderungen und ihr Verhältnis zur Talstruktur sind daher bei der Betrachtung der Hochwässer zu berücksichtigen.

Folglich bezieht sich die Typisierung der »Fischregionen« auf die Verhältnisse bei geringer oder mittlerer Wasserführung, nicht aber auf Hochwasser. Auf den Jahreslauf bezogen, kann die Einteilung durchaus für 300 Tage zutreffen. Aber eben nicht für das ganze Jahr. Die Fische müssen wie die übrigen Wassertiere mit den Extremen zurechtkommen, auch wenn diese im Jahreslauf nur wenige Prozent der Zeit ausmachen. Diese Feststellung gilt ebenso für die Wassertemperatur, für den Sauerstoffgehalt und für andere Umweltfaktoren. Sie schwanken sehr stark. Dass sie »konstant« bleiben, ist nichts weiter als ein Wunschbild. Die Wirklichkeit weicht weit davon ab. Alle Versuche der »Regulierung« sahen und sehen sich mit diesem grundsätzlichen Problem konfrontiert.

Warum also eine Einteilung in Fischregionen, mitunter sogar in verfeinerter Form dergestalt, dass von einer »Oberen« und »Unteren Forellenregion« gesprochen wird oder dem Unterlauf mit der »Brachsenregion« noch das »Brackwasser« angefügt wird, um den Einfluss des Meeres zu berücksichtigen?

| Fließgewässer-zonierung | Forellenregion | Äschenregion | Barbenregion | Brachsenregion |
|---|---|---|---|---|
| Gefälle (%) | 10-0,45 | 0,75-0,125 | 0,3-0,025 | 0,1-0,0 |
| Temperatur (°C) | 5-10 | 8-14 | 12-18 | 16-20 |
| Sauerstoffgehalt | sehr reichlich | reichlich | an der Oberfläche hoch, zur Gewässersohle abnehmend | an der Oberfläche ausreichend, an der Gewässersohle oft defizitär |
| dominantes Sediment | Steine | Grobkies | Feinkies | Sand |

Idealtypische Abfolge der Fischregionen vom quellnahen Bereich der Oberläufe bis zum ruhigen Unterlauf. Doch es gibt viele Abwandlungen davon, je nach Art des Flusstales.

Die Gründe mögen insgesamt vielfältig sein, aber zwei Hauptmotive treten bei näherer Betrachtung immer zutage. Das erste ist unser Bemühen, die Vielfalt zu gliedern, um sie besser fassbar zu machen. Was einen (besonderen) Namen bekommen hat, wirkt schon halb erklärt, so das Empfinden, das im Hintergrund mitschwingt. Auch wenn, bei kritischer Betrachtung, die Benennung nichts erklärt. Der zweite Grund hängt mit den Vorstellungen der Fischerei zusammen, insbesondere mit der Sicht der Angler. Der Fischbestand soll(te) in den betreffenden Flussabschnitten möglichst so sein, wie er wäre, würde die Fischregion in idealer Weise ausgebildet sein. Dann gibt es eben – und dies möglichst reichlich – die »edlen« Forellen und die »noch edleren« Saiblinge in der Forellenregion, wo sie auf besonders reizvolle und das Können herausfordernde Weise mit »der Fliege« gefangen werden. Die »Edlen« nehmen aber umso mehr ab, je größer die Flüsse und die Fischbestände darin werden. Masse ersetzt Klasse in den breiten, trägen Unterläufen oder in den Stauseen, mit denen die Wanderungen der Edelfische unterbrochen worden sind. Auch darauf wird an anderer Stelle näher eingegangen.

So oder so ist auch für Nicht-Angler/Fischer angebracht, mit Nachdruck zu betonen, dass die Edelfischregionen sehr gute Wasserqualität bedeuten. Im Idealfall sollten es so unverschmutzte Verhältnisse sein, dass man als durstiger Wanderer bedenkenlos aus dem Bergbach trinken kann, in dem gerade eine Forelle nach einem Insekt aus dem Wasser emporgesprungen ist. Fische sind, darin sind sich zumindest die Angler einig, lebendige Anzeiger, Indikatoren, für den Gewässerzustand. Die Fischregionen sind eine Zusammenfassung davon. Fische zeigen mit ihrem spezifischen Vorkommen nicht nur an, ob das Fließgewässer bezüglich der Fischregion »stimmt«, sondern auch, ob die Wasserqualität gut genug ist für anspruchsvolle Fischarten. Darüber hinaus empfiehlt es sich – immer noch –, die Fische eines Gewässers auf ihren Schadstoffgehalt untersuchen zu lassen. Längst nicht überall und ausnahmslos sind sie zum Verzehr für uns Menschen unbedenklich. Diese Problematik wird uns bei der Betrachtung der sogenannten Nahrungsketten im Gewässer weiter beschäftigen, weil Fische viele Stoffe in sich ansammeln, die sie aus dem Wasser bei der Atmung über die Kiemen und aus der Nahrung aufnehmen.

Wo so anspruchsvolle Fische wie die Äschen leben und laichen, könnte also risikoloser Bade- und Erholungsbetrieb stattfinden, weil der Fluss dann nicht verschmutzt sein sollte. So eine Schlussfolgerung schätzen Fischereikreise und Vogelschützer, die seltene Flussvögel, wie den Flussuferläufer *Actitis hypoleucos* und den Flussregenpfeifer *Charadrius dubius* erhalten wollen, allerdings ganz und gar nicht. Aus unterschiedlichen Motiven zwar, aber letztlich mit gleicher Begründung möchten sie einen Baderummel an so sensiblen Gewässerstrecken am liebsten völlig verboten wissen. Am Wasser treffen die unterschiedlichsten Ansprüche und Vorstellungen aufeinander. Abstimmungen, die alle Beteiligten oder Interessierten halbwegs zufriedenstellen, sind alles andere als einfach.

Das ergibt sich auch aus der Parallelität einer ganz anderen Qualitätseinstufung, nämlich der behördlich-offiziellen Wassergüte. Auch sie wird uns noch näher beschäftigen. Ihre vier Hauptstufen entsprechen grob den vier großen Fischregionen mit Güteklasse I (= Trinkwasserqualität) für die unverschmutzten Forellengewässer, Güteklasse II (= gering verschmutzt) passt zur Äschenregion, eventuell noch zu einer »guten« Barbenregion, während Güteklasse III (= mäßig bis stark verschmutzt) den an Fischen produktiven Gewässern entspricht, in denen es große Bestände von robusten Arten, wie den Brachsen, Rotaugen *Rutilus rutilus*, Flussbarschen und anderen Fischen, gibt. Güteklasse IV (= sehr stark verschmutzt) sollte der Vergangenheit angehören. Es war jener Zustand, in dem der Rhein die »Kloake Europas« genannt wurde. Da kam es immer wieder zu massenhaftem Fischsterben, weil das Wasser viel zu wenig Sauerstoff, aber jede Menge Giftstoffe enthielt. Insofern – und in der für die natürlichen, so variablen Verhältnisse angebracht großzügigen Weise betrachtet – stimmen die Wassergüteklassen, Fischregionen und die Ansprüche der Erholung suchenden Bevölkerung durchaus ganz gut genug überein.

Betrachten wir daher nun die Fische selbst; nicht in ihrem speziellen Artenspektrum, denn das würde den Rahmen des Buches sprengen, sondern mit Bezug auf ihre Nahrung. Zusammen mit den nicht-lebendigen Verhältnissen, den abiotischen Faktoren, wie Sauerstoffgehalt, Temperatur des Wassers und Struktur des Bach- und Flussbettes bestimmt insbesondere die Nahrung das Vorkommen und die Häufigkeit der Fische. Mögen das Wasser noch so sauber sein und die Gewässerstruktur noch so gut – wenn sie kein Futter finden, können keine Fische darin leben. Das klingt zwar selbstverständlich, aber häufig steckt gerade im Selbstverständlichen recht viel Unverstandenes und manch Unerwartetes.

Teil II

# Wie Flüsse »funktionieren«

# Nahrung »für« Fische?

Um es vorweg klarzustellen: Die Kleintiere in den Fließgewässern sind nicht »für die Fische da«. Die Fische nutzen, was es gibt und was sie verwerten können, aber die Larven von Wasserinsekten, die Kleinkrebse oder Würmer im Bodenschlamm leben für sich und nicht für Fische oder für andere Nutzer wie die Wasservögel. Dies ist zu betonen, weil seitens der Fischerei diese Ansicht vertreten wird. Sie bezeichnet die Kleintiere daher als »Fischnährtiere«. So eine Haltung ist konfliktträchtig. Denn mit gleicher Berechtigung können Vogelschützer die Fische als »Vogelnährtiere« einstufen. Der Bezug der Nutzer, der Fische, wie der Vögel, die von Fischen leben, auf ihre Nahrungsgrundlage entspricht den natürlichen Gegebenheiten. Nicht gerechtfertigt wäre, dies nur für die Fische gelten zu lassen, nicht aber für andere Tiere. In der Wechselbeziehung zwischen Nutzer und Nahrung gilt es, beide Seiten zu beachten. Denn es gibt, wie wir sehen werden, zahlreiche Gegenreaktionen seitens der betroffenen Organismen, die das Ausmaß des Gefressenwerdens vermindern. Wie sich die Fische selbst auch sehr wohl gegen die Wasservögel oder den Fischotter durch geeignete Verhaltensweisen zur Wehr setzen. Einzig gegen die Methoden der Menschen, die ihnen nachstellen, haben weder Fische noch Vögel echte Chancen. Deshalb klammern wir hier die Interessen der Angler und Berufsfischer ebenso aus wie das Anliegen der Vogelschützer und der Ornithologen. Und konzentrieren uns nur auf die von Natur aus gegebenen Verhältnisse.

Diese stellen uns gleich zu Beginn vor ein Paradoxon. Der kristallklare Bergbach, der durch eine wildromantische Schlucht tost, scheint gar keine Lebewesen zu beinhalten. Zumindest keine von einer Größe, die wir mit bloßen Augen erkennen könnten. Das Wasser ist sauber, die Steine im Bach sind es auch. Es gibt nichts Schleimartiges, keinen Schlamm, und selbst die Ufer erwecken mit Felsblöcken oder grobem Kies nicht den Eindruck, dass an ihnen etwas zu holen sei. Forellen oder sogar Saiblinge sollen darin leben? Wovon?

Folgen wir dem sich allmählich zur Flussgröße entwickelnden Bach, ändert sich nicht allzu viel, sofern er sauber bleibt und keine Einleitungen von Abwasser bekommt. Erst in Bereichen, in denen das Wasser nicht mehr allzu schnell fließt, erkennen wir vom Ufer aus beim Blick auf den Grund vielleicht einen Bachflohkrebs *Gammarus pulex* oder die eine oder andere Larve irgendeines Wasserinsekts. Wasserpflanzen wachsen hier nicht. Allenfalls finden wir kleine Bestände von moosartigen Gewächsen (tatsächlich kann es sich um ein Moos, nämlich das Quellmoos *Fontinalis antipyretica,* handeln) in Strömungswirbeln oder Auskolkungen. Tragen die Kiesel im Fluss einen Aufwuchs, weisen solche Beläge bereits auf Verschmutzungen hin. Wir müssen uns bis in die Region des Unterlaufes begeben, um im Wildfluss in größeren Buchten ausgedehnte Bestände von Unterwasserpflanzen zu finden. Oder uns an einem Wiesenbach im Tiefland entlangbewegen, der voll ist von solchen Wasserpflanzen. Im Frühsommer finden wir dort kleine weiße Blüten, die über den Wasserspiegel hinausragen, wenn es sich um Bestände von Wasserhahnenfuß *Ranunculus aquatilis* handelt. Oder es rücken Pflanzen von den Ufern her ins Wasser vor. Am auffälligsten werden sie, wenn Schilfufer ausgebildet sind. Oder Röhricht aus Rohrkolben *Typha*. Buschwerk und Bäume gehören bereits zur »Landseite« des Fließgewässers, also zum Auwald.

Es sieht also nicht gut aus mit der Nahrung für Fische. So zumindest der Eindruck von außen. Nahezu alle Fischarten, die es in unseren Fließgewässern gibt, verzehren keine frische pflanzliche Nahrung. Wir können die Unterwasser- und Uferpflanzen daher vorerst aus der Betrachtung ausklammern. Was bleibt dann übrig? Die Larven von Wasserinsekten im Wesentlichen.

Wer herausbekommen möchte, wie zahlreich diese sind, sollte versuchen, die Insektenlarven und das sonstige Kleingetier, das ohne technische Hilfsmittel sichtbar ist, im Bergbach auf einer Fläche von vielleicht einem Quadratmeter abzusammeln. Das ist in der Regel auch im Hochsommer eine kühlende Angelegenheit und jedenfalls sehr aufschlussreich. Denn was davonschwimmt, wenn wir Steine umdrehen, setzt sich ein Stückchen stromabwärts wieder nieder. Eine Untersuchung stört nicht stärker als jedes normale Hochwasser. Larven, die mit ihrem Köcher am Stein haften, belassen wir und legen diesen umsichtig zurück. Man kann die Untersuchung auch »zeitbezogen« machen, zum Beispiel eine Viertelstunde lang suchen, und nicht flächenbezogen (Quadratmeter), wenn der Bach sehr steinig ist. So oder so erhalten wir einfache Vergleichswerte zur Häufigkeit. Mögen diese auch methodisch »grob« sein, brauchbar sind sie sicherlich. Denn die Fische, die nach den Larven suchen, können dabei nicht einmal so gründlich wie wir vorgehen (und Steine zum Betrachten herausheben). Auf die Grundtypen der Larven, die zu finden sind, komme ich zurück, wenn es darum geht, ihre Lebensweise zu charakterisieren. Vorerst zählt allein die Menge pro Fläche oder die aufgewendete Zeit. Wie mager die Ergebnisse sind, insbesondere wenn wir die Larven wiegen, also ihr Lebendgewicht, ihre Biomasse, bestimmen, wird auf jeden Fall überraschen. Und uns zu der Frage führen, wie es denn möglich ist, dass »edle« Fische von so wenig leben können.

Je weiter flussabwärts wir solche Erhebungen durchführen, desto stärker steigen meistens die Zahlen der Wasserinsekten und ihre Gesamtbiomasse. Sichtbar wird dieser Trend jedoch auch auf andere Weise, etwa wenn wir uns am Ufer an feuchtwarmen Frühsommer- und Sommerabenden bis in die späte Dämmerung aufhalten und dabei den Mücken trotzen, die uns vielleicht zu stechen versuchen. Dann erleben wir den Abendflug der Wasserinsekten. Kleine Mücken beginnen schon am späteren Nachmittag zu tanzen. Sie tun dies in lockeren, mitunter sogar rauchartig wirkenden Schwärmen. Köcherfliegen schwirren auf fast unbeholfene Weise einzeln über dem Ufer oder dem Wasser, Eintagsfliegen schwingen sich in die Höhe und lassen sich ein Stück niedergleiten. Libellen jagen nach Kleininsekten mit reißendem Flug bis in die Dämmerung.

Durch bloße Beobachtung lassen sich die abendlichen Insektenflüge kaum erfassen, vor allem auch weil wir mit fortschreitender Dämmerung nicht mehr sehen, was weiterhin geschieht. Das zeigt sich bei der Erfassung des nächtlichen Schwärmens mit der Methode der Lichtanlockung mit UV-Licht. Gewaltige, nicht mehr zählbare Insektenmengen können dies werden. Für die erste Übersicht reichen jedoch die Eindrücke. Denn sie besagen schlicht und einfach, dass es offenbar nicht sonderlich viele Arten von Wasserinsekten gibt, von deren Larven die Fische leben können. Die Häufigkeit anderer Gruppen, wie die der Flohkrebse oder kleiner Muscheln, ist noch schwieriger zu ermitteln. Beim Umdrehen der Steine werden wir zwar immer wieder die auffällig gekrümmten, sich meistens in seitlicher Körperlage bewegenden (Bach-)Flohkrebse antreffen. Auch sie sind als mögliche Nahrungsquelle für Fische nicht besonders häufig. Der Gesamteindruck trügt nicht: Fließgewässer in »gutem Zustand«, also saubere Bäche und Flüsse, scheinen nicht sonderlich nahrungsreich zu sein. Also können wir auch keine großen Fischbestände erwarten.

Aber es gibt sie, die Forellen und auch die Saiblinge als Besonderheit der sauberen Oberläufe von Gebirgsflüssen. Äschen sammeln sich zu Hunderten oder Tausenden im Flachwasser der Schotterbänke. Die alten Berichte von riesigen Fischzügen in den damals noch nicht verbauten Flüssen können kein Anglerlatein gewesen sein. In Klosterarchiven sind entsprechende Vermerke zu Abgaben dokumentiert. Fischereirechte gehörten früher zu den wichtigen Landnutzungsrechten. Es wurde darüber die Jahrhunderte hindurch sehr viel gestritten und prozessiert. »Schwarzfischen«, Fischwilderei, gilt in unserem Rechtssystem ähnlich wie die Jagdwilderei als Straftat, nicht bloß als Ordnungswidrigkeit. Und die Flussfischerei hat in früheren Zeiten zweifellos Familien ernährt, die das Recht hatten, bestimmte Abschnitte zu befischen, und auch die Essgewohnheiten der Menschen am Fluss charakterisiert. So etwa der Lachs *Salmo salar* im Rhein, der nicht jeden Tag an Bedienstete »verfüttert« werden durfte. So reichlich hat es den Lachs einst gegeben.

Wie fügt sich dies alles zusammen? Warum tun wir uns so schwer, die Produktivität eines Fließgewässers zu erkennen? Mit Produktivität gemeint sind nicht allein die Erträge der Fischerei. Sie bezieht sich auch auf die Häufigkeit von Muscheln, die in früheren Zeiten eine bedeutende Rolle spielten, und auf Vorkommen und Häufigkeit von Wasservögeln, des Fischotters, von Fröschen und anderem Wassergetier. Kurz: Es geht um alles, was im Bach, Fluss oder Strom lebt und mitzehrt von dem, was darin aufwächst. Da es sich dabei um eine Abfolge von Nutzungsschritten handelt, nennen wir die Beziehungen »Nahrungsketten«.

Diese beginnen mit irgendetwas Verwertbarem, wie organischen Abfall- und Reststoffen, die die Larven von Wasserinsekten oder andere Kleintiere des Bodenschlammes aufnehmen. Sie wachsen oder vermehren sich, wie etwa die Schlammröhrenwürmer der Gattung *Tubifex* oder die Larven kleiner, nicht stechender Zuckmücken (Chironomiden). Diese Erstverwerter der organischen Reststoffe werden von größeren Tieren verzehrt, von Kleinfischen bis hin zu mittleren Größen, die wiederum zur Beute größerer und großer Fischen werden. Oder sie werden von Fischotter *Lutra lutra* und Wasservögeln, die von Fischen leben, gefangen. Am Ende solcher Nahrungsketten stehen natürlicherweise große Vögel wie die Fisch- und Seeadler *Pandion haliaetus* und *Haliaeetus albicilla* oder große Reiher und Kormorane *Phalacrocorax carbo*. Auf Fischfang spezialisierte Säugetiere gibt es im Süßwasser nur sehr wenige Arten. In Mitteleuropa ist dies lediglich der Fischotter. Im Meer jagen Robben, Delfine und Zahnwale die Fische.

Der Mensch betätigt sich seit langer Zeit als Endnutzer von Fischen und versucht, möglichst viel von dieser Nahrungskette für sich abzuzweigen. Damit gerät er in Konflikt mit den naturgegebenen Interessen anderer Tiere. Eigennützig drängt er diese zurück bis zur Ausrottung der Konkurrenten aus der Natur. Eine Besonderheit von Nahrungsketten in Gewässern wirkt sich dabei ganz entscheidend aus: Von Stufe zu Stufe nimmt der Ertrag stark ab. Um sich selbst möglichst viel zu sichern, bekämpfen die Menschen daher auch die Zwischennutzer, damit am Ende möglichst viel übrig bleibt. Alles, was irgendwie von Fischen lebt, gilt als fischereischädlich. Warum dies so ist und weshalb dieses Nutzungsprinzip in Fließgewässern so extrem verfolgt wird, ergibt sich erst aus einer vertieften Betrachtung. Dazu müssen wir uns nun den Anfang der Nahrungskette im Fluss genauer vornehmen. Das heißt, wir versuchen, ihn ausfindig zu machen. Denn so offensichtlich wie an Land, auf der Wiese oder im Wald ist der Anfang nicht.

# »Flusshumus« – oder: Am Anfang steht der Detritus

Den Anfang macht die Quelle. Ja sicher, aber nur für das Wasser selbst. Von Wasser allein kann jedoch kein Organismus leben. Alle Lebewesen benötigen Nährstoffe. Woher und wie kommen diese in die Fließgewässer? Am wenigsten entspringt den Quellen direkt, denn diese würden, sofern das Grundwasser nicht verschmutzt ist, von Natur aus beste Trinkwasserqualität haben, von wenigen Sonderfällen wie Salz- oder Schwefel(haltigen)quellen abgesehen. Quellwasser, Trinkwasser, ist reines Wasser. Es sollte sauber sein und keine Nährbrühe für Kleinlebewesen oder für Fische und Wasservögel.

Als im 19. Jahrhundert die Fließgewässerforschung herauszubekommen versuchte, warum sich Bäche und Flüsse in ihrem Gehalt an Fischen so stark unterscheiden, standen sie vor genau diesem Problem: Am Anfang kommt sauberes Wasser. Doch je größer der Bach wird und je weiter abwärts in seinem Lauf die Proben genommen werden, desto mehr Leben wird darin gefunden. Und dies, obwohl ein natürlicher Bach sehr wenig selbst produziert. Beschattet vom Busch- und Baumbestand am Ufer können sich kaum irgendwelche Wasserpflanzen entwickeln, die dem Pflanzenwuchs an Land, der Primärproduktion, entsprechen würden.

In der Umgebung an Land wächst Grün. In Massen, wenn der Wald bis an den Bach reicht, und genug, wenn es Wiesen sind mit Gräsern und Kräutern. Eigentlich sind auch die Wasserpflanzen im Bach verwurzelt und damit Landpflanzen, die vom Ufer her zum Wasser vorgedrungen sind. Echte »Wasserpflanzen«, in Anführungszeichen gesetzt, weil sie als solche kaum zu erkennen sind und daher meistens auch nicht zu diesen gerechnet werden, bildet lediglich der feine Aufwuchs von Algen auf den Steinen im Wasser. Sie können durchaus sichtbare Krusten und Beläge ergeben, die auffallen, wenn man darauf achtet. Aber es fällt schwer, sich vorzustellen, dass sie den Wiesen am Land entsprechen sollen. Und dass diese Beläge ähnlich beweidet werden. Das geschieht durchaus, aber von hochgradig spezialisierten Larven bestimmter Wasserinsekten oder von kleinen, schwer zu findenden Schnecken. In ihrer Biomasse, ihrem Lebendgewicht, bringt es diese Lebensgemeinschaft aus winzigen Algen und kleinen Tieren auf sehr geringe Werte. Für Forellen zum Beispiel bietet sie wenig Nutzbares. Die Ausgangsbasis für das gesamte Leben im Bach kann sie schwerlich sein.

In nicht regulierten Bergbächen trägt die wirbelnde Strömung viel Sauerstoff ins Wasser, aber auch Blätter und pflanzlichen Abfall (Detritus).

Diese schaffen Stoffe aus ganz anderer Quelle, aus einer so diffusen, dass sie sich nicht wirklich lokalisieren lässt. Doch umso wirkungsvoller ist sie. Am Anfang des weitaus größten Teils des Bachlebens stehen organische Abfall- und Reststoffe, die von allen Seiten in die Bäche und Flüsse geraten. Noch sehr kompakt, kommen sie als sogenannter Bestandsabfall von den Bäumen und Büschen am Ufer. Es sind Blätter, die auch aus größerer Entfernung eingeweht oder mit Starkregen eingeschwemmt werden können. Sehr viel kommt aber aus dem Humus am Ufer, wenn erhöhte Wasserführung einsetzt und die Strömung daran nagt. Die mitgerissenen Mengen sind beträchtlich. Wir sehen sie, wenn wir einen Bach oder Fluss bei Hochwasser betrachten. Dann ist das vorher glasklare Wasser braun und mehr oder minder stark getrübt. Im Herbst sehen wir, dass Blätter in großen Mengen auf dem Wasser dahindriften. Nach und nach gehen sie unter, erreichen das Flussbett und werden an diesem aufgearbeitet. Selbst Baumstämme, die ins Wasser geraten, schreddern die Fluten nach und nach und zerreiben sie zu feinen Holzresten. Diese Reststoffe fasst man zusammen unter dem Begriff des »organischen Detritus«. Ihm kommt die zentrale Position in den Nahrungsketten und Nahrungsnetzen der Fließgewässer zu. Mengenmäßig übertrifft er die eigenständige, die autotrophe Produktion des Aufwuchses auf den Steinen um mehrere Größenordnungen: um das Tausend- oder Zehntausendfache und mehr. Der organische Detritus ist die Lebensbasis in den Fließgewässern. Er charakterisiert diese so sehr, dass sie wissenschaftlich einem eigenen Typ von Ökosystemen zugeordnet werden, den fremdernährten, den heterotrophen Systemen, so der Fachausdruck.

Nicht die Menge von Sonnenlicht, die der Bach oder Fluss während der Wachstumszeit der Pflanzen abbekommt, bestimmt die Produktivität der Fließgewässer, wie dies draußen in Wald und Flur der Fall ist, sondern die Menge des Eintrags der organischen Reststoffe. Wir können den Unterschied auch so ausdrücken: Wald und Wiese sind als ökologische Systeme unabhängig, autonom und, weil sie sich selbst aus den im Boden vorhandenen Mineralien ernähren, auch autotroph (= selbsternährend). Die Fließgewässer aber sind heterotroph, weil fremdernährt aus ihrer Umgebung und daher ökologisch nicht autonom.

Dies ist keine Übergenauigkeit, wie sie wissenschaftlichen Betrachtungen häufig unterstellt wird, die »alles komplizierter machen, als es ist«, sondern so grundlegend, wie wir noch sehen werden, dass wir die Besonderheit der Flüsse und vor allem die Veränderungen, die in ihnen ablaufen, ohne diese klare Unterscheidung nicht verstehen können. Sehen wir uns daher die beiden Hauptwege des Aufbaus von Nahrungsketten noch etwas genauer an, die überall in der Natur die Grundlage für Artenvielfalt und Produktion bilden.

# Pflanzen als Grundlage selbstnährender Systeme

Nahezu alles Leben auf der Erde kann nur leben, weil es grüne Pflanzen gibt. Diese erzeugen über die Fotosynthese aus den rein chemischen Grundstoffen Kohlen(stoff)dioxid und Wasser mithilfe der Energie des Sonnenlichts organische Stoffe und setzen dabei Sauerstoff frei. Diese organischen Stoffe sind in der Anfangsproduktion der Fotosynthese nichts anderes als Zucker. Wir können sie als in Kohlenstoffverbindungen gespeicherte Energie betrachten. Der Grundvorgang der Fotosynthese ist so oft beschrieben worden, dass er zum Grundwissen gehört und nicht nochmals wiederholt werden muss. Worum es uns geht, ist ein Folgeprozess, auf den eher selten eingegangen wird, obwohl er eigentlich noch wichtiger ist als diese. Denn die Lebewesen bestehen nicht nur aus Zucker, sondern vornehmlich aus Eiweißstoffen und anderen komplexen organischen Substanzen. An diesen hängt das Leben. Die Fotosynthese ist lediglich eine von mehreren und tatsächlich existierenden (chemischen) Möglichkeiten, Energie zu speichern in einer für weitere Prozesse nutzbaren Form. Ihre unmittelbaren Produkte allein, Zucker und Sauerstoff, würden kein Leben bilden können. Für dieses sind ganz andere Stoffe nötig.

Die dem Namen nach bekanntesten sind die Aminosäuren, aus denen die Eiweißstoffe aufgebaut sind, und die Phosphorverbindungen sowie jene besonderen Stickstoffverbindungen, die das »Alphabet des Lebens«, die genetische Information, bilden. All dies ist kompliziert und tatsächlich viel zu kompliziert in diesem Zusammenhang. Worum es geht, lässt sich dennoch leicht herausarbeiten. So kann die Fotosynthese, die an sich nur Kohlendioxid und Wasser benötigt, nicht in Gang kommen, wenn jene Substanz nicht vorhanden ist, die das Sonnenlicht »einfängt« und Energie daraus für die Bildung von Zucker und die Freisetzung von Sauerstoff liefert. Diese Substanz, das Blattgrün oder Chlorophyll, ist allgemein bekannt. Auch um seine recht komplizierte chemische Feinstruktur kümmern wir uns hier nicht. Es reicht festzuhalten, dass es ein Metall enthält, nämlich Magnesium. Ohne dieses funktioniert Chlorophyll ebenso wenig, wie unsere roten Blutkörperchen als Überträger von Sauerstoff tätig werden könnten, wenn sie kein Eisen hätten.

Beide Beispiele sollen daran erinnern, dass das Leben Stoffe benötigt, die wir als »Mineralstoffe« zu bezeichnen pflegen. Die Bauern wissen seit gut einem Jahrhundert mehr darüber als die meisten anderen Menschen: Die Produktivität ihrer Felder hängt ganz entscheidend davon ab, ob die Mineralstoffe, die die Pflanzen zum Wachsen und Fruchten brauchen, in entsprechenden Mengen und passenden Verhältnissen zueinander vorhanden sind. Wenn nicht, sollte oder muss nachgedüngt werden. Denn das, was über die Ernte entnommen wird, muss der Boden wieder zurückerhalten; mindestens, sonst verliert er seine Produktivität mit jedem Jahr mehr.

Dieses Prinzip gilt überall und für alle Formen des Lebens. Das Ökosystem der Fließgewässer ist ihm genauso unterworfen wie das entsprechende der Seen oder die Natur in Feld und Flur, Wald und Meer. Es geht auch bei den Fließgewässern um die Versorgung mit Mineralstoffen. Allerdings in nahezu entgegengesetzter Weise wie auf dem Acker. Denn auf diesem und auch auf der Wiese ist hohe Produktivität sehr erwünscht, weil geerntet werden soll. Für die Gewässer gilt das nicht, zumindest nicht in dem Ausmaß wie an Land. Im Wasser sollen weder Wasserpflanzen wuchern noch sich Massen von Algen entwickeln, die nachts dem Wasser zu viel Sauerstoff entziehen, weil auch bei ihnen die Atmung abläuft und in der Nacht weitergeht. Zahlreiche andere Vorgänge verlaufen in den Gewässern sehr ungünstig, wenn sie gedüngt oder gar überdüngt werden. Das wird uns noch beschäftigen, weil die Reinhaltung der Gewässer ein allgemeines Anliegen ist, das zudem viel Geld kostet.

Aber Mineralstoffe gelangen auf jeden Fall in die Fließgewässer. Schon das Grundwasser, das ihnen zuströmt, enthält solche. Niederschläge schwemmen sie von den Fluren ab und tragen sie in die Bäche und Flüsse. Auch auf dem Luftweg, mit Wind und Regen, geraten

Mineralstoffe in die Gewässer. Doch all diese Quellen zusammengenommen düngen von Natur aus die Gewässer so wenig, dass sie nährstoffarm bleiben. Denn ihnen vorgeschaltet sind zwei umfassende Filter, die Böden und die Vegetation. Beide wirken zusammen so gut, dass nur sauberes, trinkbares Wasser über die Bäche den Flüssen zufließen würde, wenn vom Menschen keine Verschmutzung hinzukäme. Dieses »Wenn«, diese Einschränkung ist wichtig, weil sie bedeutet, dass die Fließgewässer ohne das Zutun des Menschen erheblich anders wären. Wie anders, gilt es im Zusammenhang mit Veränderungen im Fischreichtum und mit der anzustrebenden Qualität der Gewässer zu berücksichtigen. Unverschmutzte, vom Menschen nicht beeinflusste Gewässer sollten den Bezugswert liefern, auf dessen Basis der aktuelle Stand beurteilt wird.

Um es noch einmal zusammenzufassen: Fließgewässer sind von Natur aus nährstoffarm. Der Fachausdruck lautet »oligotroph«. Aber diese Einstufung bezieht sich zunächst auf die mineralischen Nährstoffe, die Pflanzennährstoffe. Auf lösliche Stickstoffverbindungen, wie Nitrate, Nitrite und Ammonium, auf den Gehalt an Phosphaten, an Kalium, Natrium und anderen Mineralstoffen; also auf all das, was die Landwirtschaft mit dem Mineraldünger den Böden gibt. Der wiederholte Querverweis auf die Landwirtschaft hat einen weiteren guten Grund. Denn bekanntlich spielt für die Bodenfruchtbarkeit der Humus eine sehr bedeutende Rolle. Humus besteht aus organischen Reststoffen (die obere, so wertvolle Schicht des Bodens aus einer innigen Vermengung von Humus und Mineralboden) und entspricht damit dem organischen Detritus in den Fließgewässern. Tatsächlich wird ja auch, wie schon angemerkt, bei Hochwasser Humus aus den Uferböden oder von den Ackerflächen abgetragen und in die Fließgewässer eingeschwemmt. Die ökologische Übereinstimmung von Humus der Böden und organischem Detritus in den Gewässern ist nun der entscheidende Aspekt. Die Fließgewässer sind, wie betont, »abhängige Systeme«, also heterotroph, wofür der organische Detritus steht. Auf diesem baut die Fruchtbarkeit der Fließgewässer auf, und zwar ungleich stärker und besser als auf dem mineralischen Material, das eingeschwemmt wird.

Selbst hoch aufgewachsene Maisfelder schützen den Boden nicht ausreichend vor Abschwemmung bei Starkregen. Maisanbau an Hanglagen verstärkt die Hochwasser.

Dieser organische Detritus setzt sich aus allen Zerfallsstadien des organischen Materials zusammen, aus Laub und Blättern, die ins Wasser geraten, aus Holzabrieb und dergleichen. Wie bei der Kompostbildung im Garten gibt es nicht nur verschiedene Zersetzungszustände, sondern auch sehr unterschiedliche Partikelgrößen. In den Bächen können wir mitunter Blätter sehen, die in einem strömungsgeschützten Winkel liegen und zu einem Gitterwerk aufgelöst sind, von dem nur noch die kräftigen Blattadern und der Stiel übrig blieben. Bis auch davon nichts mehr zu sehen ist. Was anfangs monatelang nur Zerreibsel ist, wandelt sich zu feinen Partikeln organischer Abfälle und schließlich zu wasserlöslichen Reststoffen, wie Eiweißstoffen, Zuckerverbindungen und dergleichen. Diesen Zustand sehen wir nicht mehr. Er muss mit chemischen Methoden erfasst werden. Alle Stadien der Zersetzung enthalten aber Bakterien, oft sogar in sehr großen Mengen, oder auch Pilze, die zersetzend wirken ganz ähnlich wie im Boden. Um diese geht es nun ganz besonders. Denn obwohl mikroskopisch kleine Lebewesen, enthalten sie Eiweißstoffe, Proteine. Sie bauen solche mit der Energie auf, die im Zersetzungsprozess der organischen Substanzen frei wird. Das macht diese Reste als Nahrungsquelle höchst attraktiv.

Stark vereinfacht, aber dafür gut vorstellbar, können wir die Zersetzung der organischen Reststoffe mit der Bildung von Joghurt vergleichen, auch im Hinblick auf den dabei entstehenden Mehrwert an Nährwert. Genau darin steckt der zentrale Teil der auf dem Detritus aufbauenden Nahrungsketten und Nahrungsnetze. Ihr Nährwert ist größer, die Verwertbarkeit (weit) besser als bei dem gleichfalls mehr oder weniger mikroskopisch kleinen Aufwuchs diverser Algen auf den Steinen im Bach- oder Flussbett. Eine große Vielfalt von Insektenlarven und anderem Kleingetier im Fließgewässer lebt vom bakteriell aufbereiteten Detritus.

Manche Organismen sind sogar in der Lage, mit besonderen Strukturen die gelösten organischen Reststoffe dem Wasser zu entnehmen. Diese bleiben an klebrigen Oberflächen hängen, die von den betreffenden Lebewesen von Zeit zu Zeit verzehrt oder abgeleckt werden. Die meisten Kleintiere im Bach betätigen sich aber als »Netzfänger«, als Filtrierer. Mit unterschiedlichsten Fangvorrichtungen holen sie die organischen Reststoffe aus dem Wasser, sei es mit Netzen, die feiner sind als alle anderen Netze, die von Insekten oder Spinnen gefertigt werden, sei es mit Reusen oder einfach durch Aufnahme des detritushaltigen Wassers und seine Filterung im Körper, wie es die Muscheln tun. Das soll hier nicht vertieft werden. Wichtiger ist der mengenmäßige Anteil als das Wie der speziellen Entnahmemethoden. Diese Mengen besagen, dass auf der Basis des organischen Detritus ein Vielfaches der durch Algenproduktion im Fließgewässer entstehenden Stoffe in die Nahrungsketten und Nahrungsnetze gelangt. Die heterotrophe Grundstruktur kennzeichnet die Fließgewässer und ihre Produktivität. Das soll noch um einige weitere Aspekte vertieft werden.

Am bedeutendsten, zunächst überraschendsten ist ein Effekt, durch den sauberes, nährstoffarmes Wasser durchaus produktiv wird, nämlich die eutrophierende (düngende) Wirkung der Strömung. Das nachfließende Wasser trägt unablässig neue organische Reststoffe heran, die mit entsprechenden Bildungen wie Filterstrukturen herausgefischt werden können. Mag ein Liter oder ein Kubikmeter Wasser auch sehr wenig davon enthalten, so sammelt sich dieses Wenige mit der Zeit zu beträchtlichen Mengen an. Das lässt sich leicht verdeutlichen, wenn wir eine einfache Rechnung durchführen. Ein Flüsschen, das nur einen Kubikmeter Wasser pro Sekunde führt, füllt pro Woche ein Volumen von 604.800 Kubikmetern. Das entspricht einem Gewicht von mehr als 600 Tonnen. Enthielte jeder Kubikmeter nur die winzige Menge von einem Milligramm organischen Detritus, so summiert sich dies in sieben Tagen auf 600 Gramm. Muscheln, die Wasser filtern, das so wenige organische Reststoffe enthält, können damit durchaus gut gedeihen. Oder auch Fische, wenn sich Wasserinsekten mit ihren Filtervorrichtungen aus diesem steten Durchfluss von Nahrung bedient haben.

Anders als beim Humus im Boden sitzen die organischen Reststoffe also nicht fest, oft auch nicht für längere Zeit im Bodenschlamm des Gewässers, weil stark wechselnde Wasserführung große Änderungen der Strömungsgeschwindigkeit bewirkt. Steigt sie an, wird leichtes und feines Material ausgeschwemmt, geht sie zurück, setzt sich dieses in den strömungsberuhigten Stellen ab. Dieses Wechselspiel kennzeichnet die Fließgewässer. Es vollzieht sich sehr ausgeprägt in den Oberlaufbereichen, in denen schon ein größerer Schauer einen raschen Anstieg der Wassermenge verursachen kann, und entwickelt sich flussabwärts nach und nach zu einem gedämpften, den Fluss kennzeichnenden Jahresgang. Auch wenn dieser kaum jemals von Jahr zu Jahr gleich verläuft, so stimmen die Jahresphasen von geringer und hoher Wasserführung doch über längere Zeiten gut überein.

Wie schon ausgeführt, zeigen viele Flüsse der klimatisch gemäßigten, geografisch mittleren Breiten einen markanten Anstieg der Wasserführung bei und unmittelbar nach der Schneeschmelze im Frühjahr. Andere, deren Hauptwassermenge aus vergletscherten Hochgebirgen stammt, erreichen dagegen im Sommer, im Extremfall erst im Juli, die durchschnittlich größte Wasserführung. Ein Beispiel dafür ist der Inn, über den noch Genaueres auszuführen sein wird. Tieflandflüsse wie Weser oder Ems schließlich können je nach Ausmaß und Dauer von sommerlichen Niederschlägen zu anderen Jahreszeiten und eher kurzfristig in die Phase hoher Wasserführung wechseln. Es liegt auf der Hand, dass das Regime der Wasserführung insbesondere für die Laichzeiten der Fische sehr wichtig ist. In direktem Zusammenhang mit den Erläuterungen zur eutrophierenden Wirkung der Strömung ergibt sich daraus jedoch auch, dass diese bei hohen Fließgeschwindigkeiten in ihr Gegenteil umschlagen kann. Weil bei starkem Hochwasser die Fluten einfach zu schnell durchrauschen und die Strömung zu heftig wird, zumal für die zarten Filtervorrichtungen der Kleintiere am Bodengrund. Nahrung wird dann nicht nur unerreichbar durchgeschleust, sondern ausgetragen.

Eine Zwischenbemerkung ist angebracht: Fließgewässer sind ihrer Natur nach sehr variabel. Eine Art von Grund- oder Normalzustand lässt sich leidlich »errechnen«, ganz so, wie das »Klima« aus dem tatsächlichen und stark fluktuierenden Wettergeschehen errechnet wird. Die antike Weisheit »Man steigt nie zweimal in den gleichen Fluss« drückt es aus. Wahrhaben will man dies aber häufig nicht. Vielmehr wird erwartet, dass »der Fluss« so bleibt, wie wir »ihn« kennen, oder dass es darin erneut Fische zu fangen gibt wie früher einmal.

Diese Charakterisierung gilt ganz allgemein für die Natur und ihre Vorgänge. Stets ist sie in Veränderung begriffen. Stillstand wäre im günstigsten Fall nachteilig, im Regelfall sogar verheerend. Diese Einsicht vermittelt uns kein Bestandteil der Natur so klar und eindringlich wie die Fließgewässer. Sie wirken als Ausscheidungsorgan der Landschaften ihres Einzugsgebietes. Der Nährstoffhaushalt der Fließgewässer spiegelt sehr genau Zustand und Veränderung dieser Landschaften. In den Flüssen sehen wir sehr schnell, geradezu drastisch, was wir Menschen so alles anrichten. Es lag und liegt für viele, die sich mit den Naturvorgängen näher befassen, durchaus nahe, die Landschaften als eine eigene, übergeordnete Organisationsform des Lebens zu betrachten. Als einen Superorganismus, wie man es genannt hat. In diesem erfüllen die Fließgewässer die Funktion, Über-flüssiges auszuscheiden, was buchstäblich so zu verstehen ist. Und wie unsere eigenen Ausscheidungen von dem geprägt werden, was wir zu uns genommen haben, so wird der Eintrag von Stoffen unterschiedlichster Zusammensetzung in den Landschaften alsbald wieder auffindbar in den Flüssen – und unter Umständen für diese sehr belastend und schädlich.

Wiederum gilt dabei in Übertragung der Verhältnisse von uns Menschen auf die Natur, dass die Dosis das Gift macht und das Problem verursacht. Geringe Mengen organischer Reststoffe im Fließgewässer sind gut. Als Grundlage der Ernährung für sehr viele Lebewesen im Wasser sind sie unverzichtbar. Zu große Mengen belasten aber die Lebensgemeinschaften von Kleintieren und Fischen bis zur Vernichtung. Sehr geringe Mengen Giftstoffe verträgt unser Körper, wie auch die Flüsse entsprechend geringe Mengen verkraften. Aber in den Flüssen geschieht etwas, das wir von uns selbst nicht kennen und daher lange auch nicht bemerkt haben. Es kommt zur Ansammlung, zur Akkumulierung von Giftstoffen über die Nahrungsketten. Diese müssen wir nun im Zusammenhang mit den Nahrungsstoffen in den Fließgewässern etwas genauer ansehen. Denn über die Abfolge von Nutzern, die einander fressen und gefressen werden, vollzieht sich etwas Ähnliches wie bei der eutrophierenden Wirkung der Strömung.

# Nahrungsketten – oder: »Vom Fressen und Gefressenwerden«

Nahrungsketten bilden die zentralen Abläufe in der Natur. Sie entsprechen den Produktionsketten in der Wirtschaft der Menschen. Das Prinzip ist ebenso einfach wie seit Urzeiten bekannt: Alle Lebewesen werden von anderen genutzt; »gefressen«, wie wir abwertend zu sagen pflegen. Das »Fressen und Gefressenwerden« in der Natur missfällt uns, insbesondere wenn es uns direkt oder indirekt betrifft. Direktes Betroffensein ist zwar extrem selten geworden, weil alle Raubtiere, die uns Menschen gefährlich werden können, entweder weithin ausgerottet sind oder auf spezielle Gebiete, meistens Reservate, zurückgedrängt wurden. Längst ist der Mensch des Menschen Wolf, wie schon die Alten wussten. Die Zahl der Menschen, die Raubtieren zum Opfer fallen, liegt weit niedriger als die der vom Blitz Erschlagenen. Von tödlichen Unfällen aus bodenlosem Leichtsinn ganz zu schweigen. Diese Abschweifung ist berechtigt, weil tatsächlich recht viele Menschen in Flüssen und Seen ertrinken, durchs Eis brechen oder auch von Hochwasser mitgerissen ums Leben kommen. In diesem Sinne sind die Gewässer gefährlich und das Meer, das bei Weitem größte Gewässer, ganz besonders. Das ist seit Jahrtausenden so.

Dennoch schleppen wir die uralten Ängste und Vorurteile immer noch mit und drücken sie sogar in unserer Sprache aus, auch in der Fachsprache der Naturwissenschaft. Wir nennen ein Tier, das ein anderes frisst, einen Räuber. Und drücken dies aus als »Räuber-Beute-Beziehung«. Der »Täter« wird gar Mörder genannt, wenn es sich bei seiner »Beute«, dem »Opfer«, um einen Angehörigen der eigenen Art handelt. »Friedlich« ist nur, wer sich von Gras oder anderen Pflanzen ernährt, obgleich das die betreffende Art nicht davor schützt, als Schädling eingestuft zu werden. Was insbesondere dann geschieht, wenn sie mit dieser ihrer Nutzung an unsere Stelle rückt und uns etwas von der »Produktion« oder der »Beute« im Sinne der Jäger wegnimmt.

In der »Räuber-Beute-Beziehung« stecken daher Empfindungen und Denkweisen von Menschen längst vergangener Zeiten, in denen sie als Jäger und Sammler mehr oder weniger nomadisch lebten und sich zum größten und bedrohlichsten aller »Räuber« entwickelten; zum »Top-Predator« im gegenwärtig favorisierten angloamerikanischen Jargon. Nunmehr ist der Mensch nicht mehr nur der Menschen größter Feind, sondern auch die bei Weitem größte Gefahr für alle Tiere, die sich dieser Bedrohung gewahr werden können. Das hat sie scheu gemacht. Denn nur die Scheuesten überlebten. Viele blieben auf der Strecke. Sie wurden ausgerottet.

So viel vorab zur Betrachtung der Nahrungsketten. In ihnen steckt nach wie vor viel von der uralten Voreingenommenheit. Daher sollten wir stets auch die Wortwahl betrachten, wie sie etwa bei Fischern und

Jägern verwendet wird. Sie pflegen ihre eigene Ausdrucksweise gleichsam wie Erkennungszeichen, dass man zu ihren Kreisen gehört und ihr Denken entsprechend verinnerlicht hat. Wer darin eine ans Polemische grenzende Kritik heraushört, täuscht sich nicht. Sie ist durchaus so gedacht, denn nach wie vor ist in der Ausdrucksweise der wissenschaftlichen Ökologie viel davon enthalten. Warum sollte ein Fisch, der andere, kleinere Fische fängt und von diesen lebt, ein »Raubfisch« sein, aber einer, der im Bodenschlamm nach Würmern bohrt, ein »Friedfisch«? Weshalb sind Kormorane, Fischotter und Reiher »Fischräuber«, die Fische aber keine Insekten- oder Würmerräuber? Und warum sind nicht die Angler und die Jäger, die Fische fangen und jagen wollen, obwohl sie davon nicht leben (müssen), die größten Räuber überhaupt?

Im Konzept der Nahrungsketten steckt all dies. Der Mensch nimmt jeweils und nahezu überall die Spitzenposition ein. Die beiden folgenden Ketten geben die Hauptnahrungsketten in den Gewässern wider:

(I) Autotrophe Nahrungskette: Algenaufwuchs (1) ← Schnecken/Insektenlarven (2) ← kleine Fische (3) ← größere Fische (4) ← große Fische/Reiher/Fischotter (5)

(II) Heterotrophe Nahrungskette: Organischer Detritus (1) ← Würmer/Insektenlarven (2) ← kleine Fische (3) ← größere Fische (4) ← große Fische/Reiher/Fischotter (5)

Die Nummern bezeichnen die sogenannten Ernährungsstufen. (1) ist die Basis, also die Ausgangsproduktion für die betreffende Nahrungskette. Im Fließgewässer stellt die pflanzliche Primärproduktion durch Algen und andere kleine Wasserpflanzen, wie bereits betont, den weitaus kleineren Teil, verglichen mit dem organischen Detritus der heterotrophen Nahrungskette. Das ist aber auch schon der einzige wirklich bedeutende Unterschied, denn die nachfolgenden Nutzungsstufen (2) bis (5) richten sich nicht mehr danach, um welches Ausgangsmaterial es sich gehandelt hat. Schon große, »räuberische« Wasserinsekten, wie die

Larven von Libellen und manche Wasserkäfer, nehmen, was sie erbeuten können, die allermeisten Fische tun dies ohnehin. Hechte fangen andere Fische, sofern diese klein genug sind, um von ihnen erfasst und verzehrt werden zu können, aber auch kleine Junge von Wasservögeln sowie Mäuse und anderes Getier, wenn es sich nur regt und ins Wasser geraten ist. Daher lassen sich Hechte mit dem »zappelnden« Blinker aus Metall fangen.

Seeadler *Haliaeetus albicilla* verjagt einen Graureiher *Ardea cinerea*. Die Größe des Seeadlers kommt zum Ausdruck.

Auch Reiher, Fischotter, Kormoran und andere von Fischen und sonstigem Wassergetier lebende Endnutzer der Stufe (5) richten sich nach dem Vorhandenen und nicht nach irgendwelchen Theorien. Die plakative Vorstellung von den Nahrungsketten aus dem Fressen und Gefressenwerden löst sich ohnehin in der Wirklichkeit in ein mehr oder weniger loses Netzwerk auf, das aus zahlreichen Querverbindungen besteht, die keineswegs beständig sein müssen. So sind beispielsweise Silberreiher *Ardea alba* seit etwa zwei Jahrzehnten in den Wintermonaten in Mitteleuropa draußen auf den Fluren zu sehen, wo sie genauso auf

Mäuse lauern wie Katze, Fuchs oder Bussard, obwohl es sich um Reiher, also um Wasservögel, handelt, die normalerweise von Fischen und großen Wasserinsekten leben. Das hindert sie nicht daran, anstelle von Insektenlarven im Wasser Regenwürmer auf der Flur zu nehmen und Maus gegen Fisch zu tauschen. Man mag dies »Flexibilität« nennen. Und den Hecht für dumm halten, dass er auf den Blinker reinfällt. Aber solch oberflächliche Betrachtungsweisen zu vermeiden ist der Sinn der Nebenbemerkungen und vermeintlichen Abschweifungen. Denn weil die Fließgewässer und die Natur generell zu schematisch, zu voreingenommen behandelt wurden, kamen die Schwierigkeiten zustande, die wir uns in den letzten beiden Jahrhunderten mit dem »Management« der Gewässer eingehandelt haben.

Nahrungsketten in Gewässern machten uns zuerst darauf aufmerksam. Über sie wurden die verderblichen Folgen der Insektenbekämpfungs- und Pflanzenschutzmittel sichtbar, die von der Landwirtschaft massenhaft zur Produktionssteigerung eingesetzt wurden. Nebenwirkungen galten zunächst als hinzunehmende Kollateralschäden. Besonders beim DDT, mit dem auch Mücken und Flöhe bekämpft wurden, die unsere Gesundheit bedrohten. Und dann bei den hochgiftigen Quecksilberverbindungen. Rückstände davon, die tatsächlich mengenmäßig unbedeutend waren, reicherten sich über die Nahrungsketten zu gefährlichen, schließlich tödlichen Konzentrationen an. Das geschah, weil es diese kettenartigen Verknüpfungen unterschiedlichster Lebewesen in der Natur gibt und weil Querverbindungen zwischen ihnen oft sogar wirkungsvoller ausfallen als die lehrbuchhaft dargestellten, linearen Abfolgen.

In obigem Schema wurden die Beziehungen mit Pfeilen »verkehrt herum« eingetragen, um damit auszudrücken, worauf die Nutzer wirken. Drehen wir die Pfeile um, kommt die Richtung zustande, die zur Anhäufung der Gifte, zu ihrer massiven Akkumulation führt. Schnell kann das Vieltausendfache nach den nur fünf Hauptschritten der Nutzung erreicht werden.

Warum das so ist und dass es sogar so sein muss, ergibt sich daraus, wie die Nahrungsketten in der Natur tatsächlich funktionieren.

Sie stellen nämlich nicht nur Nutzungsstufen dar, sondern auch – und dies vor allem – Umsatzmengen. Sehr viele winzig kleine Algen, die auf den Steinen im Bach- oder Flussbett wachsen, und Myriaden von organischen Detritusteilchen mit Bakterien daran werden von den Erstnutzern der Stufe (2) verzehrt, bis diese Konsumenten ausgewachsen und selbst vermehrungsfähig geworden sind. Hunderte und Aberhunderte davon fressen die Kleinfische im Lauf ihres Heranwachsens, Dutzende bis Hunderte dieser Kleinen werden von größeren Fischen, vom Eisvogel und vor anderen Wasservögeln erbeutet. Auf die größeren Fische lauern große Hechte. Auch die Angler versuchen diese zu fangen. In ihren Kreisen gilt: Je größer der Fisch, desto schöner/besser/ruhmreicher (»Rekordexemplare«) ist der Fang. In Zahlen gefasst, sieht es dann (größenordnungsmäßig) etwa so aus:

500.000 → 20.000 → 1.000 → 100 → 10 → 1
Winzig       klein       mittel    groß         Endnutzer

Stets sind weitaus mehr Organismen der darunterliegenden Nutzungsstufe nötig, um die Angehörigen der nächsthöheren zu ernähren. Am Ende bleiben nur wenige Endnutzer übrig. Diese sind von Natur aus selten. Sie lassen sich ohne grundlegende Veränderungen im Nutzungssystem auch nicht vermehren. Ein Seeadlerpaar benötigt für sich und seine ein bis zwei Jungen pro Jahr ein geradezu riesiges Gewässerareal. Was bei den Adlern und ihrer Brut ankommt, ist die verdichtete Nahrung aus Hunderttausenden und Millionen anderer Organismen, die am Ursprung der Nahrungsketten standen, die zu den Adlern führten.

Das wäre so weit alles in Ordnung, wenn die Natur in Ordnung bliebe. Aber dem war und ist nicht so. Die Menschen brachten in neuerer Zeit Unmengen von Giftstoffen in die Natur. Die chemisch stabilen Substanzen, die sich nicht schnell zersetzen und daher lange wirksam waren, gelangten in die Nahrungsketten. Auf jeder Nutzungsstufe wurde zwar ein Teil davon wieder ausgeschieden, aber je nach Art der Stoffe sammelte sich viel in den Organismen an. Es wurde immer mehr, mit jeder Nutzungsstufe. Die Akkumulierung folgte dem oben angegebenen Grundschema der Häufigkeiten. Steigerungen um das Hunderttausendfache, ja um das Millionenfache kamen zustande und wurden festgestellt, weil sich die Gifte in den Tierkörpern der Endnutzungsstufen auswirkten und auch die Menschen erfassten. DDT geriet in die Muttermilch, Quecksilber aus Fischen in die Haare von Menschen und verbreitete sich bis zu den Pinguinen in die Antarktis. Nahrungsketten und Nahrungsnetze wirkten als biologische Verstärker.

Und wie die »eutrophierende Wirkung der Strömung« den Nahrungsstrom aufrechterhält und verstärkt, obwohl an Ort und Stelle das Fließgewässer sehr sauber und extrem nahrungsarm ist, ermöglichen die verhältnismäßig langen Nahrungsketten in den Gewässern eine erstaunliche Vielfalt von Nutzern. Das Spektrum reicht über große »räuberische« Wasserinsekten und die Fische bis zu Reihern unterschiedlicher Körpergröße, Schwimm- und Tauchvögeln, Fisch- und Seeadlern sowie zum Fischotter.

Säugetiere sind aber auch mit der kleinen, gleichfalls »räuberischen« Wasserspitzmaus vertreten. Fledermäuse und Schwalben, Segler und Seeschwalben fangen Insekten, die nach ihrer Umwandlung aus den Larven aus dem Wasser kommen. Mücken schwärmen in Myriaden, nicht stechende Zuckmücken (Chironomiden) vor allem, aber auch Blut saugende Kriebelmücken. Auf die »Mücken« im weiteren Sinne wird noch genauer eingegangen.

Zusammengefasst bedeutet dies nicht nur, dass die Bezeichnung »Raubtiere« eine Abqualifizierung ist, die den Vorgängen in der Natur nicht gerecht wird. Noch wichtiger ist die Feststellung, dass Nahrungsketten zwar existieren und dass diese bei der Akkumulation von Giftstoffen sehr wirksam werden können. Aber es kommt hinzu, dass ihre Vernetzung viel bedeutsamer wirkt und das Netzwerk außerordentlich flexibel ist. Seine Komplexität erschwert Vorhersagen oder macht sie unmöglich. Nahrungsketten sind stark idealisierte, vereinfachte Darstellungen. Sie »verketten« Umstände in unkalkulierbarer Weise.

Außerdem sollten diese formalen Betrachtungen darauf vorbereiten, dass die Vielfalt der Fische und Vögel der Fließgewässer aus anfänglich verhältnismäßig großem Mangel an Nährstoffen hervorgeht. Wie noch gezeigt werden wird, verursacht jede »Verbesserung« zugunsten bestimmter Teile der Vielfalt, etwa für die Fische, zwangsläufig einen Rückgang der allgemeinen Vielfalt. Durch Düngung schwindet die Biodiversität oder geht nahezu ganz verloren, während die Anreicherung von Schadstoffen zunimmt. Darauf soll nun näher eingegangen werden.

# »Gewässerdüngung« – früher und heute

Ohne Düngung nähme der Ertrag in der Landwirtschaft rasch stark ab. Denn mit jeder Ernte werden den Fluren Nährstoffe entzogen und an andere Stellen verbracht. Früher gelangten die Reste über die Abwässer in die Flüsse, wo sie, wie wir längst wissen, erhebliche Schäden verursachen können. Den Feldern aber fehlen sie. Also trachtet die Landwirtschaft danach, die Fluren so zu düngen, dass möglichst langfristig möglichst hohe Erträge zustande kommen, mit denen sie wirtschaftlich kalkulieren können. Das ist geboten, weil teure Maschinen abzuzahlen sind, die sich die Landwirte in aller Regel nicht mit direkter Barzahlung leisten können. Das Agrarförderungssystem verursacht große Kosten für die Allgemeinheit, rechnet sich aber betriebswirtschaftlich für die moderne Landwirtschaft. Die staatlichen Subventionen puffern es ab. Es funktioniert auch in der sogenannten Aquakultur, also in der Erzeugung von Fischen in intensiver Teichwirtschaft. Hier allerdings mit eher noch größeren Problemen und Kollateralschäden. Ließe es sich nicht auch auf Fließgewässer zur Hebung der Fischbestände und ihrer Produktivität anwenden?

Das hat man getan; jahrhundertelang sogar, aber unabsichtlich. Doch der Reihe nach. Gedüngt wurde in der Landwirtschaft mit Mist. Der Einsatz von Festmist hat jedoch stark abgenommen, weil die Schwemmentmistung der Ställe mit der Erzeugung von Gülle einfacher ist. Diese kann zudem viel gleichmäßiger auf die Fluren verbracht werden. Häusliche Abwässer, unsere »Gülle«, leitete man früher direkt in die Bäche und Flüsse. »Vorfluter« wurden sie genannt, weil die Fließgewässer die Flut, das Wasser, zu liefern hatten, das für Abtransport und Verdünnung des Abwassers nötig war. Mit der zunehmenden Entwicklung der Städte, insbesondere seit dem frühen Mittelalter, gelangten immer größere Mengen Abwasser in die Flüsse. Ein ganzes Jahrtausend lang. Da man Wasser in mehrfacher Hinsicht brauchte, wurden die Städte nahezu ausschließlich an Flüssen angelegt. Die Stadt machte aus dem Fluss den Entsorger der eigenen Abwässer, wie es die Flüsse im Prinzip von Natur aus für die Landschaften ihres Einzugsgebietes sind. Von kleinen, für die Flussnatur gänzlich unbedeutenden Uferbefestigungen oder Hochwasserschutzwällen abgesehen, blieben die Flüsse bis gegen Ende des 18. und Beginn des 19. Jahrhunderts in ihrem »wilden Lauf« unverändert erhalten. Die Bevölkerung von Stadt und Land hatte sich über die Jahrhunderte den Flüssen und ihrem Leistungsvermögen angepasst.

Die Güllewirtschaft erhöht die Einträge von düngenden und giftigen Stoffen ins Grundwasser, in die Bäche und Flüsse.

Nun aber wurde es anders. Man passte die Flüsse den Menschen und ihren Bedürfnissen an. Mit schweren Ufersteinen gesicherte Hauptflussrinnen gewährleisteten, dass Schiffe möglichst den Großteil des Jahres fahren konnten, geradlinig und ohne auf Grund zu laufen. Die anfänglichen Flusskorrekturen entwickelten sich rasch zu einer Kanalisierung, weil sich die meisten Flüsse durch die Begradigung und Verengung ihres Hauptlaufes immer tiefer in den Untergrund eingruben. Die natürliche Seitenerosion mit Umlagerung von Ufermaterial konnte nicht mehr stattfinden. Tiefenerosion ersetzte sie. Damit fielen immer mehr der früheren Seitenarme trocken. Was zur Folge hatte, dass die Gesamtfläche stark abnahm, die früher von Flusswasser bedeckt worden war. Mit der weiteren Folge, dass die eingeleiteten Abwässer nicht mehr wie im Wildfluss stark verteilt und dank des hohen Sauerstoffgehaltes im Flusswasser rasch »aufgearbeitet« wurden.

»Aufgearbeitet« bedeutet, dass das, was sie enthielten, eingeführt wurde in die Nahrungsketten und Nahrungsnetze, die auf organischem Detritus aufbauen. Dieser »Aufbau« entspricht dem Abbau des Abwassers. Dieses war Düngung. Nun wurde es zur Belastung. Denn je weniger Gesamtoberfläche das Gewässer hat, die mit Luftsauerstoff in Kontakt kommt, desto weniger nimmt es davon auf, und desto stärker schlagen die Prozesse des Abbaus in Vorgänge der Fäulnis um. Diese macht sich im Geruch bemerkbar. Die begradigten Flüsse fingen an zu stinken. Ihr Geruch geriet ganz anders als der von Stallmist. Unsere seit Urzeiten auch auf das Erkennen gefährlicher Stoffe eingestellte Nase stellte dies klipp und klar fest. Die Flüsse stanken zum Himmel. Es kam zu immer mehr und zu immer größerem Fischsterben. Das faulig gewordene Wasser zehrte den Fischen den Sauerstoff weg. Reststoffe aus dem Abwasser wurden auch über die Kiemen von den Fischen aufgenommen oder gelangten in den Körper mit der Nahrungsaufnahme. Solche Fische waren ungenießbar. Die ursprünglich »gute« Düngung war umgeschlagen in eine lebensgefährliche Belastung.

Jahrhundertelang leitete man die Abwässer direkt in die Flüsse, ohne dass solche Folgen in größerem Umfang auftraten. Das funktionierte aus zwei Gründen. Erstens war die Stadtbevölkerung über die Jahrhunderte hinweg noch klein. Sie wuchs erst im 19. und 20. Jahrhundert aufgrund der technisch-wirtschaftlichen Entwicklung und der Industrialisierung. Zweitens hatte die Wildflussnatur eine ungleich größere Kapazität zur Selbstreinigung durch viel mehr »Oberfläche« und höchst unterschiedliche Strömungen im vielfältig strukturierten Flussbett.

Die Zufuhr zusätzlicher Nährstoffe stößt in den Flüssen schnell an Grenzen, viel schneller als auf den Fluren an Land. Auf diesen ist Sauerstoff in weitaus größeren Mengen verfügbar als im Wasser, in dem er sich nur in geringen Mengen löst. Humus hält die Nährstoffe fest und ermöglicht eine dosierte Nutzung durch die Pflanzen. Im Fluss bestimmt die Verfügbarkeit von Sauerstoff, wie sehr das Wasser belastet werden kann. Entscheidend für die Begrenzungen ist die Struktur. Je einfacher sie ist, je stärker kanalisiert ein Fluss wurde, desto weniger Abwasserdüngung verträgt er. Die zugeführten, nährenden Stoffe dürfen auch nicht mit giftigen chemischen Substanzen durchsetzt sein. Solche kamen aber erst im 20. Jahrhundert großflächig zum Einsatz, als in der Landwirtschaft die Mineraldüngung und die chemischen Pflanzenschutzmittel eingeführt wurden. Vorher verursachten lediglich lokal gewerbliche Industrien, wie Glashütten und Gerbereien, giftige Abwässer und belasteten Fließgewässer damit auf mehr oder minder langen/kurzen Strecken. Die Mengenverhältnisse zwischen Einträgen dieser Art und den Wassermengen, die hindurchströmten, hielten die Problematik in Grenzen. Schäden gab es trotzdem, aber eben nur auf Teilstrecken der Flüsse oder in manchen Bächen, etwa wenn Abwässer von Glashütten in Flüsschen des Bayerischen oder des Schwarzwaldes gelangten.

Jahrhundertelang nährten ungereinigte häusliche Abwässer und Einträge von organischen Reststoffen durch Beweidung der Flussauen mit Vieh hohe Fischbestände. Grundlage war die vielfältige Strukturierung der Flüsse in ihrem unregulierten Naturzustand. Rund ein halbes Jahrtausend lang übertrafen die Fischbestände in Mitteleuropa die natürliche Produktivität der Flüsse bei Weitem. Die Fischschwärme, über die in Anglerkreisen vom Hörensagen aus alten Zeiten immer noch geschwärmt wird, waren ebenso Produkt dieser Düngung mit Abwässern wie auch die Riesenexemplare verschiedener Flussfischarten.

Welse *Silurus glanis* von hundert Kilogramm Gewicht und mehr oder riesenhafte Störe, die die Donau flussaufwärtszogen, drückten aus, wie nahrungsreich die Flüsse damals waren. Nachgemacht wurde die Düngung mit Abwasser in manchen Teichwirtschaften bis gegen Ende des 20. Jahrhunderts. Städtische Abwässer wurden grob vorgeklärt und mit Flusswasser angemessen verdünnt. Damit ließen sich dicke fette Karpfen züchten. So beispielsweise im Ismaninger Teichgebiet bei München mit städtischem Abwasser und Isarwasser.

Begradigung und »Abflussertüchtigung« der Fließgewässer – nahezu ausnahmslos mit öffentlichen Mitteln finanziert, die wenigen Grundbesitzern am Bach oder Unternehmern der Flussschifffahrt zugutekamen – beendeten die lange Zeit produktiver Fließgewässer und degradierte sie zu Kanälen oder (bei den Bächen und kleinen Flüssen) im günstigsten Fall zum wieder fischarmen Naturzustand (ohne Düngung). Die vielfach immer noch verbreitete Vorstellung, unsere Flüsse sollten wieder »wie früher« voller Fische sein, ist daher nichts weiter als Nostalgie, die nicht berücksichtigt, wovon sich die Fische ernährten.

Hinzu kommt, dass eine Düngung wie einst aus anderen Gründen nicht mehr möglich ist, weil sie nicht zulässig wäre. Die Einleitung ungeklärter Abwässer trägt Bakterien aller Arten in die Gewässer, die im weitesten Sinne mit der Verdauung und der Körperoberfläche von Menschen und Tieren zu tun haben. Aus triftigem Grund wird die Menge der sogenannten coliformen Bakterien, die wie die Coli-Bakterien in unserem Darm an der Verdauung beteiligt sind, als entscheidendes Kriterium für Reinheit und Unbedenklichkeit von Wasser verwendet.

Bereits bei der Behandlung der Rolle des organischen Detritus wurde betont, dass das Bakterieneiweiß bezüglich seines Nährwertes besonders bedeutend ist. Von bloßen Zelluloseresten können nahezu keine Organismen leben, auch nicht die Larven von Stein-, Eintags- oder Köcherfliegen. Die Zersetzung der Zellulose liefert »Brennstoff«, ist also Energielieferant, nicht aber Quelle für Proteine, die zur Entwicklung und zum Weiterwachsen der Larvenkörper nötig sind. Wollte man nun aber wieder ungeklärtes Abwasser in die Flüsse einleiten, um die Fischbestände zu erhöhen, entstünden für die Bevölkerung zwangsläufig höchst bedenkliche gesundheitliche Probleme. Abwasserbelastung schränkt die öffentliche Nutzung für den Bade- und Erholungsbetrieb so stark ein, dass mitunter sogar an in aller Regel sehr sauberen Flüssen mit nahezu Wildwassercharakter wie der Isar südlich von München behördliche Badeverbote erlassen werden müssen. Dabei handelt es sich durch irgendwelche Umstände ausgeschwemmte Bakterienmengen, die so gering sind, dass kein Fisch auch nur einen Millimeter davon wachsen könnte.

Düngung ist also alles andere als einfach. Völlig zu Recht ist umstritten, ob die seit etwa einem halben Jahrhundert praktizierte Gülledüngung der Fluren wirklich so unbedenklich ist, wie die Landwirtschaft vorgibt, die dank ihrer exzellenten politischen Repräsentanz dafür sogar das Prädikat »Wertstoff« erhalten hat. Die immensen Schwierigkeiten, die die Gesellschaft seit Jahrzehnten bei der Beschaffung und Bereitstellung von sauberem Trinkwasser hat, drücken dies aus. Niemand käme auf die äußerst riskante und gesundheitlich bedenkliche Idee, Erde zu essen, die kurz vorher mit Gülle gedüngt worden war.

Dieser Hinweis soll den so wesentlichen Unterschied nochmals bekräftigen, der zwischen der Produktivität auf verhältnismäßig festem Grund, auf dem Acker- oder Wiesenboden, und den Verhältnissen in Fließgewässern besteht. Lässt sich auf den Fluren die Düngewirkung noch einigermaßen lokalisieren (auch wenn (zu) viel davon ins Grundwasser gerät, das an anderer, weitab liegender Stelle zutage tritt und mit Jahren oder Jahrzehnten zeitlicher Verzögerung zur Wirkung kommt), lässt sich Düngung im Fließgewässer im Gegensatz dazu überhaupt nicht lokalisieren. Bakterienmassen, wie sie in jedem Kubikzentimeter Boden leben und wirken, sind im Fließgewässer schlicht untragbar. Ein Großteil ihrer Selbstreinigungskraft verdanken die Flüsse der Tatsache, dass der meiste Dreck über kurz oder lang irgendwo im Meer landet. Die Meere sind die große Abwassergrube der Menschheit.

Nun war aber eine Düngung von Natur aus vorhanden, wie bereits bei Behandlung der ökologischen Grundlagen ausgeführt. Sie stammt vom sogenannten Bestandsabfall. Die Blätter der Bäume, die an den Ufern wachsen, und anderes pflanzliches Material, das im Lauf der Zeit abfällt, weil es abgestorben ist oder von Sturm und Hagel oder vom Hochwasser abgerissen wird, erzeugten diese Eintragung von organischen Reststoffen in die Fließgewässer. Die auf solch natürliche Weise zustande kommenden Mengen – im unregulierten, unbewirtschafteten Naturzustand – ergeben die eigentliche Grundlage für die Beurteilung der natürlichen Produktivität der Flüsse. Auf sie sollte sich die Kalkulation der natürlichen Fischbestände beziehen.

Allerdings muss man inzwischen weit in die Ferne reisen, um Flüsse nennenswerter Größe zu finden, an deren Ufer noch die natürlichen Auwälder ohne menschliche Einflussnahme vorhanden sind. Solche gibt es in amazonischen Regenwäldern, aber diese lassen sich nicht mit unseren Flüssen vergleichen. Am ehesten wird man noch in Sibirien fündig.

Doch so rar sie auch geworden sind, die echt wilden Flussauen, ihre ökologischen Auswirkungen lassen sich doch recht realistisch ermitteln, ausnahmsweise sogar über Modelle. Das ermöglichen die Restbestände von Auwäldern an unseren Flüssen und die neu entstandenen, von Anfang an urwüchsigen Auen, die sich in manchen Stauseen gebildet haben. Ihr Bestandsabfall pro Meter oder Kilometer Uferlänge und Jahr kann auf die gesamten aderartig zusammenlaufenden Fließgewässer eines Einzugsgebietes hochgerechnet werden, etwa für die Donau oberhalb ihres Zusammenflusses mit dem Inn oder für diesen. Selbst grobe Erfassungen zeigen, dass 80 oder 90 Prozent des natürlichen Auwaldbestandes nicht mehr existieren. Was heißt, dass der natürliche Eintrag von organischem Detritus aus dem Bestandsabfall um diese Größenordnung vermindert ist. Entsprechend stark zurückgehen mussten zwangsläufig die Fischbestände. Ihr gegenwärtig »natürliches Niveau« kann also nur 10 bis 20 Prozent des früher natürlichen erreichen und noch viel weniger bezogen auf die einstige Abwasserdüngung.

Die neue Flussnatur renaturierter Flüsse wird nicht die alte und schon gar nicht die ursprüngliche sein (können), so natürlich die Ergebnisse des »Rückbaus« auch aussehen mögen. Die Auen sind nicht wiederzubekommen. Sie sind längst vergeben und anderweitig genutzt, auch als Siedlungsraum.

# Lebensraum in Fluss

Eine Besonderheit ganz anderer Art charakterisiert die Fließgewässer. Es sind nur ihre Ufer, die über Jahre und Jahrzehnte hinweg einigermaßen ortsfest, also »stabil«, bleiben. Aber sie gehören zum Landbereich. Im Fluss ist alles Leben in Fluss, das heißt, es wird von der Strömung mitgenommen, wenn es nicht aktiv dagegen ankämpfen kann. Die auch in Kreisen der wissenschaftlichen Ökologie sehr geläufige Äußerung der »Roten Königin« in *Alice hinter den Spiegeln* von Lewis Carroll passt nirgends besser als für die Fließgewässer: »In unserem Land musst du laufen, um auf der Stelle zu bleiben.« Das ist leichter gefordert als realisiert. Denn die Bewegung gegen die Strömung, um »auf der Stelle zu bleiben«, kostet Energie. Anders als an Land können sich die Organismen im Bach und Fluss nicht einfach niedertun, um auszuruh'n.

Die günstigste Möglichkeit, mit der Strömung zurechtzukommen, besteht darin, sich an festem Untergrund anzuklammern. Das tun sehr viele Larven von Wasserinsekten mit kleinen Krallen oder mit Bildungen an der Bauchseite des Körpers, die wie Saugnäpfe wirken. Schaffen sie es, durch abgeflachten Körperbau so nahe an den Stein heranzukommen, dass die Strömung über sie hinwegläuft und nicht mehr »unten durch« auf ihrer Bauchseite, sitzen sie sogar ganz gut an Ort und Stelle fest. Da sich direkt an der Oberfläche von Steinen oder sonstigem festen Material eine Wirbelschicht in der Strömung bildet, werden sie von dieser sogar geschützt. Sie können umherkriechen, ohne in Gefahr zu geraten, fortgerissen zu werden. Und dabei zum Beispiel den Algenaufwuchs abweiden, der aus gleichen Gründen haften bleibt, auch wenn das Wasser mit Geschwindigkeiten von mehr als einem Meter pro Sekunde darüber hinwegrauscht.

Diese strömungsschwache bis fast strömungsfreie Schicht ist für größere Larven von Wasserinsekten und für manche kleinen Fische der wichtigste Teil im Lebensraum der Fließgewässer. Denn von hier aus können sie ihre Fangvorrichtungen in die Strömung halten und Bakterien, organischen Detritus oder sogar vorbeidriftende Kleintiere herausfischen. Besonders hinter größeren Steinen bilden sich Rückstromwirbel und schwach angeströmte Stellen, in denen Fischchen und Larven Zuflucht und Schutz finden.

Einer Problematik sind die Larven aber dort sogar besonders stark ausgesetzt. Auch mit guten Augen können sie kaum oder gar nicht sehen, ob sich ein Fisch nähert, der nach Nahrung sucht. Die Sicht ist einfach zu begrenzt auf die nächsten Zentimeter oder gar nur Millimeter. Wer mit Taucherbrille schnorchelt und sich in einen stark durchströmten Bereich hineinbegibt, kennt diese Trübung der Sicht. Auch vom Boot aus lassen sich Felsblöcke, die bis dicht unter die Oberfläche reichen, oft nicht schnell genug erkennen. Das gilt, auf ihren Größenmaßstab bezogen, genauso für die Kleintiere im Bach oder Fluss. Sie verfügen aber über andere Mittel, dennoch besser und früher zu erkennen, ob sich etwas nähert, das gefährlich sein könnte.

Bei den Fischen erfasst das sogenannte Seitenlinienorgan Veränderungen in Wasserdruck und Strömung, sodass sich sogar eine gewisse Ähnlichkeit mit dem Hören ergibt. In einem Längskanal an beiden Körperseiten, hinter dem Auge beginnend, zieht sich eine dünne Röhre mit Öffnungen nach außen den Körper entlang. In dieser befinden sich winzige, schlanke Kuppeln, die je nach Druck und Strömung stärker oder weniger stark gebeugt werden. Schwimmen wie auch vorbeiströmendes Wasser in Ruhestellung wirken darauf. Mit diesem Seitenlinienorgan werden Annäherungen unter Wasser erfühlt. Die Fische spüren damit vorab, wenn ein Hochwasser naht, weil sich mit der herankommenden und sich aufbauenden Welle der Wasserdruck ändert, bevor die Flut eintrifft. Wir können uns dies vereinfacht so vorstellen, dass die nachdrückende (viel) größere Wassermasse die vorhandene Strömung vorab beschleunigt und damit den (gewohnten) Druck auf das Seitenlinienorgan erhöht.

Ein solches funktioniert nur, wenn der Organismus, der es trägt, groß genug und vor allem auch lang genug ausgebildet ist. Die allermeisten Arten der Fische bringen diese körperlichen Vorbedingungen mit. Eine Forelle von 30 Zentimeter Körperlänge erfühlt damit das

Nahen anderer Forellen von hinten, ohne dass sie diese sehen muss – oder auch dass ein Fischotter hinter ihr her ist. Für die große Zahl der Kleintiere im fließenden Gewässer funktioniert das nicht. Sie sind viel zu klein für ein Seitenlinienorgan oder eine ähnliche Bildung. Doch die Larven jener Gruppen von Wasserinsekten, die den Großteil der nicht zu den Schnecken und Muscheln oder den Krebstieren gehörenden Kleintierwelt in Bach und Fluss bilden, verfügen über ein anderes Mittel, die Strömung zum Gewinn von Informationen über die direkte Umwelt zu nutzen. Sie tragen fadenartige Anhänge am Körperende, die sie wie Antennen in die Strömung oder einfach ins Wasser hinaus richten können.

Am ausgeprägtesten sind solche Schwanzfäden (Cerci) bei den Larven der Eintagsfliegen zu finden. Weniger ausgeprägt bei den Steinfliegen, aber diese versuchen ohnehin, sich eher an den unteren Seitenteilen der Steine festzuhalten als oben, wo sie der Strömung stärker ausgesetzt sind. Die Larven der Eintagsfliegen recken ihre langen Schwanzfäden häufig etwas hochgereckt in die Strömung und registrieren damit jede kleine Veränderung, auch eine solche, die ein sich nähernder Fisch verursacht. Später, bei den ausgewachsenen und fortpflanzungsfähig gewordenen Eintagsfliegen, bremsen die Schwanzfäden bei den Paarungsflügen die Absinkgeschwindigkeit in der Luft. Den »Tanz« der Eintagsfliegen verdanken sie also den lebensnotwendigen Endborsten am Körper ihrer Larven. Da es sich häufig um drei solcher Cerci, mindestens aber um zwei handelt, kommt sogar eine räumliche Erfassung der Veränderung im Wasser zustande. Die Larve kann blitzschnell reagieren und sich bei Gefahr auf die abgewandte Seite oder an die Unterseite des Steines zurückziehen, auf dem sie in der Strömung sitzt. Auch ein wenig flussaufwärts zu kriechen kann sie versuchen. Die Verluste durch Abdrift gleicht dies jedoch keineswegs aus. Denn die Drift erfasst nicht nur die Larven, wenn Hochwasser kommt und viele von ihnen mitreißt, sondern auch die schlüpfbereiten Eintagsfliegen, Stein- und Köcherfliegen.

Allein schon die meistens nicht sonderlich lange Strecke, die die Larve zurücklegen muss, um zur Umwandlung in das Vollinsekt ans

Ufer zu gelangen, ist mit einer Verlagerung flussabwärts verbunden. Selbst wenn diese pro Tier nur einen halben Meter oder einen Meter betragen würde, käme der Bestand nach Jahren und Jahrzehnten zwangsläufig immer weiter flussabwärts, ohne dass größere Mengen an Larven vom Hochwasser mitgerissen worden sein müssen. Irgendwann würden sie alle über die Flussmündungen im Meer landen.

Dass dies nicht nur nicht geschieht, sondern die Bäche bis in die Quellbereiche besiedelt bleiben, wird durch Flüge der geschlüpften Wasserinsekten gegen die Flussrichtung ausgeglichen. Geschieht dies in geringem Umfang, bemerken wir es nicht. Die Eintagsfliegen tanzen »wie immer« vom Abend in die Nacht hinein oder zu bestimmten Tageszeiten im Frühjahr und Herbst. Dass sie sich dabei flussaufwärts immer wieder ein beträchtliches Stück verlagern, fällt nicht auf. Anders wird es, wann man, wie einleitend beschrieben, den seltenen Fall einer Massenwanderung flussaufwärts erlebt. Dann fließt tatsächlich ein Strom, gebildet von der Masse lebender Insektenkörper, über dem Fluss stromaufwärts. Die Abdrift wird damit ausgeglichen. So ein Flug muss nur alle paar Jahre oder vielleicht einmal in Jahrzehnten stattfinden, um die kontinuierliche Abdrift zu kompensieren. Allerdings setzt sie ein gleichzeitiges Massenschlüpfen voraus.

Dies ist der nächste Punkt, mit dem wir uns zu befassen haben, um tiefere Einblicke in das Lebensgeschehen der Fließgewässer zu bekommen. Sie erschließen Gegebenheiten, die auch uns betreffen; uns alle, die wir Flüsse aufsuchen oder an Bächen spazieren gehen wollen, nicht nur die Angler, die hinter Fischen her sind. Die Fische vollführen ganz ähnliche Wanderungen flussaufwärts aus Gründen, die wie bei den Wasserinsekten mit der Nahrung und der Entwicklung ihrer Larven zusammenhängen. Der Blick auf das Massenschlüpfen von Wasserinsekten wird den Zusammenhang herstellen.

# Aus dem kurzen Leben der Eintagsfliegen

»Einabendfliegen« würde für die auffälligen, großen Arten der Eintagsfliegen noch besser passen, zumal wenn sie in großer Zahl an einem bestimmten Abend schwärmen, meistens im Frühsommer, und dabei ihre Schwebetänze aufführen. Sie sind das Ende eines Lebenszyklus und die Vorbereitung zum Beginn eines neuen. Betrachten wir einen solchen, treten Eigenheiten und Herausforderungen der Flussnatur besonders gut zutage. Nach dem Flug, bei dem sich die Weibchen mit den Männchen paaren, findet die Ablage der Eier an den Gewässern statt. Wo genau, ist von Art zu Art etwas verschieden. Darauf kommt es nicht an, wenn wir den Zyklus betrachten.

Aus den Eiern schlüpfen Larven, die naturgemäß zunächst noch winzig sind und nicht in der Lage, sich gegen die Strömung zu behaupten. Die Eiablagestellen wählen die Weibchen fast immer so, dass die schlüpfenden Larven die Möglichkeit haben, in eine vor der Strömung geschützte Stelle zu kommen, in der sie langsam heranwachsen, sich häuten und größer werden. Je größer sie sind, desto mehr von ihrer durchströmten Umgebung können sie nutzen. Auch dies ist von Art zu Art verschieden, soll uns hier aber nicht weiter beschäftigen. Denn es kommt auf das Gemeinsame an. Dieses besteht darin, dass die Larven im Vergleich zu anderen Insekten sehr lange brauchen, bis sie weit genug herangewachsen und entwickelt sind, um sich ins letzte Stadium, das Vollinsekt Eintagsfliege, umzuwandeln. Diese nimmt nach dem Schlüpfen allenfalls etwas Wasser, aber keine Nahrung mehr zu sich. Also müssen die Weibchen vom Larvenstadium auch all die Vorräte mitbekommen haben, die für die Bildung der Eier nötig sind. Für die Männchen ist nicht so viel Bedarf gegeben, aber immerhin brauchen sie Energie in Form von Fett für die anhaltenden Tanzflüge.

Bei den Eintagsfliegen haben wir den Fall einer vollständigen Trennung von Fressstadium (= Larve) und Fortpflanzungsstadium (=

geschlüpftes Vollinsekt). Dass die Entwicklung der Larven lange dauert, ein Jahr, bei großen Arten auch zwei Jahre, liegt am geringen Nährwert der Nahrung, die von den Larven aufgenommen wird. Diese kommt auch nicht kontinuierlich in gleicher Menge, sondern oft schubweise den Sommer über, je nachdem, wie die Wasserführung in Abhängigkeit von den Niederschlägen ausfällt. Umso wichtiger ist in dieser Situation ein möglichst zeitgleiches Schlüpfen der Männchen und Weibchen. Abend für Abend die auf und ab wippenden Balzflüge zu veranstalten, ohne dass Weibchen eintreffen, würde die Männchen zu schnell zu viel Energie kosten.

Eine weitere Schwierigkeit kommt hinzu. Die Körper der Eintagsfliegen sind nicht annähernd so gut gegen Wasserverlust abgedichtet wie die typischer Landinsekten. Trockene Luft bei sommerlicher Wärme ist daher sehr ungünstiges Wetter für sie und zahlreiche andere Wasserinsekten. Feucht-regnerische Witterung eignet sich viel besser. Die meisten Wasserinsekten schlüpfen bei so einem Wetter und nicht an schönsten Sommerabenden. Tiefer, vornehmlich stark fallender Luftdruck gibt das Signal, denn dieser wird auch im Gewässer spürbar. Die Insektenlarven müssen also keinen Regen sehen oder auf ihren Körper abbekommen, um zu wissen, dass die Verhältnisse nun passen. Den ungefähren Zeitrahmen setzt wahrscheinlich die Tageslänge. Als Zeitgeber ist sie unabhängig vom tatsächlichen, von Jahr zu Jahr stark schwankenden Verlauf des Wetters. Die unmittelbare Auslösung kommt dann wohl meistens vom Luftdruck. Die zur Umwandlung in das Endstadium des Vollinsekts bereiten Larven können sich darauf einstellen. Zur passenden Zeit verlassen sie das Wasser und verwandeln sich am Ufer oder wie bei Libellenlarven an Schilfstängeln oder Astwerk, das aus dem Wasser ragt. Sind (sehr) viele Larven schlüpfbereit, kann ein Massenschlüpfen zustande kommen.

An dieses schließt sich dann unter günstigen Umständen, das heißt, sofern es weitgehend windstill ist, der Flug flussaufwärts an. Denn gegen Wind können so schwache Flieger wie die Eintagsfliegen nicht ankämpfen. Die Folge ist, dass danach alsbald Massen von Larven aus den Tausenden oder Millionen Gelegen schlüpfen und eine neue Jahresgruppe, eine Kohorte bilden. Günstige Verhältnisse in der Wasserführung des Flusses können diesen Vorgang verstärken. Die schlüpfenden, aufsteigenden Wolken schwärmender Insekten ziehen nun zwar Fledermäuse, auch Baumfalken und – bei kleineren Arten von Eintagsfliegen – Schwalben an, die sich dieses Massenangebot zunutze machen. Aber dezimieren im Sinne einer entsprechend großen Vernichtung können sie die schwärmenden Eintagsfliegen nicht.

Die ungleich größere Gefahr ist künstliches Licht, das sie anzieht und dazu führt, dass sie sich zu Zigtausenden in einen Wirbel um die Lampen fangen und zugrunde gehen. Welche Ausmaße dies annehmen kann, geht aus der alten Bezeichnung »Uferaas« für manche Eintagsfliegen hervor. Sie schwärmten in solchen Mengen, dass sich ein aasartig stinkender Belag unter der Straßenbeleuchtung gebildet hatte. Im späten 19. Jahrhundert trafen die damals noch häufigen, weil von der Verschmutzung der Fließgewässer mit häuslichem Abwasser begünstigten Massenflüge mit der Aufstellung von Lichtlampen an Uferpromenaden oder an Brücken zusammen.

Das gleichzeitige Schwärmen von Eintagsfliegen gehört zu den besonders eindrucksvollen Ereignissen an Bächen und Flüssen. Es ist ein »Fest für Fische«.

Längst sind solche Ereignisse, bei denen die Eintagsfliegen wie dichtes Schneegestöber herankamen, zur Rarität geworden. Was ihnen zugrunde liegt, drücken aber auch die viel kleineren Schwärme der Eintagsfliegen in der blauen Stunde gewitterschwüler Frühsommerabende noch aus. Das Leben im sich stets verändernden, hochgradig dynamischen Fließgewässer bedarf einer zeitlichen Abstimmung, einer Synchronisation, die beides bewirkt, das passende Zusammentreffen der Geschlechter zur Fortpflanzung und den Flug flussaufwärts zum Ausgleich der Verluste durch Abdrift.

Die zweite Hauptgruppe solcher Wasserinsekten, die Steinfliegen, klettern sowohl unter Wasser als Larven weit stärker umher – und dies meistens schon gegen die Strömung bachaufwärts – als auch als geschlüpfte Insekten, als Imagines, am Ufer. Weil man sie dort fand, wo sie herumwuseln, erhielten sie die Bezeichnung »Steinfliegen«. Weniger stark der Abdrift unterworfen sind auch die Köcherfliegen als dritte Hauptgruppe von Wasserinsekten. Ihre Larven bauen mit Steinchen beschwerte Köcher oder heften sich napfartig mit schneckenhausähnlichen Gebilden an die Steine, sodass die Strömung sie viel seltener mitreißt. Die Vollinsekten sind schwache Flieger, die durch ihr eher hilflos wirkendes Schwirren auffallen, aber allemal kräftiger sind als die Eintagsfliegen. Den Köcherfliegen, insbesondere jenen, die Bergbäche bewohnen, reicht daher in der Regel ein eher unauffälliger Ausgleichsflug. Sie müssen keine großen Schwärme bilden und bleiben nach dem Schlüpfen zudem länger am Leben. Genauer betrachtet, finden wir bei ihnen ein breit gefächertes Spektrum von Arten, die in ihren Larvenstadien alle Bereiche von Bergbächen mit Wasserfällen über die Ober- und Mittelläufe der Flüsse bis zu den trägen Unterläufen, zu Seen aller Typen und Tümpeln, ja sogar den dauerfeuchten Waldboden bewohnen. Verbindend für alle Köcherfliegen gilt, dass die Larven ihr Fressstadium darstellen und die geschlüpften Imagines keine Nahrung mehr zu sich nehmen. Daher dauern auch ihre Entwicklungszeiten, bezogen auf ihre zumeist doch recht geringe Körpergröße, sehr lange. Doch dies ist nicht die einzige Möglichkeit, einen Lebenszyklus weitgehend mit dem Wasser zu verbinden.

Die andere Alternative besteht darin, die Larvenzeit stark zu verkürzen und sich erst als geschlüpftes Insekt mit dem zu versorgen, was für die Ausbildung der Eier benötigt wird. Zwei einander sehr fernstehende Gruppen von Wasserinsekten, die Libellen und die Blut saugenden »Mücken«, geben Beispiele für diesen ganz anderen Lebensstil. Bei ihnen versuchen sich die fertigen Insekten die Proteine zu beschaffen, die sie für die Bildung der Eier benötigen. Bei ihnen ist das Fortpflanzungsstadium auch zum Teil Fressstadium. Wie wir bei ihrer näheren Betrachtung sehen werden, vermindert dieser Lebensstil die Häufigkeit ihrer Larven und deren Bedeutung als Nahrung für Fische und andere Wassertiere. Denn die Eintagsfliegen, das soll hier vorab bekräftigt werden, bilden tatsächlich mit ihren Larven, die so lange Zeit in den Gewässern leben, für die Fische eine der ergiebigsten tierischen Nahrungsquellen.

Doch davon nun mehr bei der Behandlung einer anderen Mückengruppe, die allgemein bekannt ist, aber kaum jemand als solche erkennt, weil sie für Stechmücken gehalten werden. Doch sie stechen nicht, die Zuckmücken, die sommers in solchen Massen schwärmen, dass sie wie Rauch über Gewässern aufsteigen.

## »Rauchwolken« von Zuckmücken

Unzählbar und in den Mengen kaum abschätzbar sind die Zuckmücken, wenn sie schwärmen. Tatsächlich wurde mehrfach die Feuerwehr alarmiert, weil man aufsteigenden Rauch zu sehen glaubte. Die kleineren, nur einige Hunderte bis ein paar Tausend Zuckmücken umfassenden Schwärme erzeugen mitunter erheiternde Szenen, etwa wenn sie einen stehenden oder langsam gehenden Menschen als Schwärmplatz wählen. Dann scheint diesem der Kopf zu rauchen. Gestochen wird er aber gewiss nicht, es sei denn, echte Stechmücken nähern sich unbemerkt. Mit diesen haben die Zuckmücken nichts zu tun, außer dass sie wie diese zur Mückenverwandtschaft unter den »Zweiflüglern« (Dipteren) gehören. In ihren Lebensstilen sind sie aber höchst verschieden.

Zu erkennen sind sie nicht allzu schwer, denn es ist nicht schwierig, sich eine schwärmende Zuckmücke aus der Luft zu greifen. Ein Blick darauf zeigt ein wesentliches Kennzeichen: Die Flügel sind kürzer als der schmale, bei den schwärmenden Männchen auch recht dünne Hinterleib. Mit einer guten Lupe lässt sich erkennen, dass sie anders als die Stechmücken keinen Stechrüssel haben. Ein solcher ist nicht nötig, weil alles, was sie zur Fortpflanzung benötigen, schon im Larvenstadium angesammelt und gespeichert worden ist. Wie bei den Eintagsfliegen geht es beim Schwärmflug nur noch um die Paarung. Sobald diese erfolgt ist, ziehen sich die befruchteten Weibchen zurück ans Gewässer und legen ihre Eier ab. Der Schwärmflug der Männchen signalisiert ihnen mit feinsten Tönen, die ihr Flügelschlag erzeugt, ob es sich um solche ihrer Art handelt oder um Artfremde. Im Schwarm wird das akustische Feinsignal verstärkt. Ein einzelnes Männchen könnte kein so kräftiges Sirren erzeugen, dass es Weibchen vernehmen würden, die ein paar Meter entfernt fliegen und suchen. Das so nervende Sirren einer sich nähernden Stechmücke, das uns in frühnächtlicher Stunde den Schlaf raubt, hat denselben akustisch-physikalischen Hintergrund. Bei der hohen Flügelschlagfrequenz entsteht es nahezu zwangsweise. Manche Arten von Stechmücken fliegen wohl deshalb langsamer und aus unserer Betrachtung scheinbar vorsichtiger, weil das hohe Sirren tatsächlich warnen kann. Bei den Zuckmücken lockt es. Je mehr Männchen schwärmen, desto besser. Und wenn noch der optische Eindruck einer »Rauchwolke« hinzukommt, dann ganz besonders.

Sie hat auch den Effekt, dass Vögel und Libellen oder ufernah die Spinnen mit ihren Netzen einen umso geringeren Teil der Gesamtmenge erbeuten, je mehr Zuckmücken gleichzeitig schwärmen. Partnerfindung und Minimierung der Verluste wirken zusammen und verstärken sich beim Schwärmverhalten. Das ist für die Zuckmücken ganz wichtig, weil sie »gut schmecken«. Sie enthalten keine Gift- und Abwehrstoffe; eine Eigenheit, die die allermeisten Wasserinsekten auszeichnet. Das macht diese so attraktiv als Nahrung für Vögel, dass zahlreiche Arten, sogar kleine Singvögel, in die arktische Tundra ziehen, um dort zu nisten und ihre Jungen großzuziehen. Sie brauchen nicht darauf zu achten, ob die Mücken, die dort in extremen Massen schwärmen, nahrhaft und ohne Abwehrstoffe sind. Für die Verfütterung an die kleinen Jungen ist dies selbstverständlich ein sehr wichtiger Aspekt.

Der Hinweis auf die Tundra, in deren Schmelzwassertümpeln sich Mückenlarven im Sommer in so riesigen Mengen entwickeln, dass sogar unerfahrene Jungvögel von Strandläufern einfach danach picken können, ist deshalb für unsere Betrachtungen zur Flussnatur aufschlussreich, weil es an Flüssen und Seen auch Kleinvögel sind wie Rohrsänger und Grasmücken, die bei der Versorgung ihrer Jungen stark von den Zuckmücken abhängen. Noch mehr gilt dies für Enten und andere Wasservögel, die sich Larven der Zuckmücken aus dem Gewässergrund holen. Dort leben diese in sehr großen Mengen. In flachen, wenig durchströmten Buchten der Flüsse, in Altwässern und natürlich auch in Seen bilden sie im Bodenschlamm den oft weitaus größten Teil der Kleintierbiomasse. Bei ihrer näheren Betrachtung im Zusammenhang mit dem Bau von Stauseen und mit der Wasserverschmutzung werden sich die Abhängigkeiten von Fischen und Vögeln von den Zuckmückenlarven zeigen.

Blenden wir hier aber zu den Mücken selbst zurück. Ihre größten Arten, etwa in der Gattung *Chironomus*, sind etwa so groß oder ein wenig größer als die gewöhnlichen Stechmücken der Gattung *Culex* oder der Gattung *Anopheles*, zu der die Erreger der Malaria übertragenden Stechmücken gehören. Andere Arten der Zuckmücken sind jedoch erheblich kleiner als die Stechmücken. Dennoch brauchen sie für ihre Larvenentwicklung ein ganzes Jahr oder länger. Die Stechmücken machen ihren gesamten Lebensweg vom Ei bis zur Mücke, die nach einer Blutquelle sucht, in zwei bis drei Wochen durch. Wie kommt es, dass die Zuckmücken das Fünfzehn- bis Dreißigfache an Entwicklungszeit nötig haben? Die Erklärung ergibt sich aus der Art der Nahrung der Larven und der Temperatur der Bereiche im Gewässer, in denen sie leben. Stechmückenlarven hängen an der Wasseroberfläche von Pfützen und anderen Kleingewässern. Sie filtern mikroskopisch kleine Algen und anderes organisches Material aus dem Wasser. Die Sonneneinstrahlung kann sie direkt treffen oder über die warme Luft unmittelbar über dem Kleingewässer aufwärmen. Da die biologischen Entwicklungen temperaturabhängig sind und unterschiedlich schnell verlaufen, schaffen unsere Stechmücken ihre Vermehrung in gut zwei Wochen. Wie genau diese Zeitspanne zutrifft, häufig bis auf wenige Tage hin oder her, erleben wir nach Hochwasser, das im Auwald oder in Niederungen viele Pfützen zurückgelassen hat, in denen sich die Stechmückenlarven entwickeln: Drei Wochen später »überfallen« sie uns dort förmlich.

Ganz anders die Larven der meisten Arten der Zuckmücken: Sie entwickeln sich im Bodenschlamm von Seen, Teichen und langsam fließenden Gewässern und entnehmen diesem die organischen Reststoffe, den Detritus. Fast immer ist es dort (erheblich) kälter als in den vom Hochwasser zurückgelassenen Pfützen oder auch in Gartenteichen, die Stechmücken ganz großartig geeignet für ihre Vermehrung finden. In der Tiefe stehender Gewässer, in Seen und Speicherseen, hat das Wasser nur vier Grad Celsius oder etwas mehr, während sie im Kleingewässer auf über 20 Grad ansteigen und im Sommer auf diesem Niveau bleiben kann.

Der Unterschied entspricht etwa einer zweimaligen Verdopplung der Entwicklungsgeschwindigkeit. Würde die Nahrung der Zuckmückenlarven gleichwertig der der Stechmückenlarven sein, sollten sie sich anstatt in zwei bis drei in acht bis zwölf Wochen vermehren. Die Temperatur allein reicht also nicht, um die lange Dauer der Larvenentwicklung bei den Zuckmücken zu erklären. Sie dürfte nur das Fünf- bis Sechsfache ausmachen. Also muss es an der Art der Nahrung liegen. Die sich von kleinsten Algen ernährenden Stechmückenlarven wachsen schnell, die sich von Detritus ernährenden der Zuckmücken (sehr) langsam. Widerspricht dieser Befund den bereits getroffenen Feststellungen zu Qualität und Bedeutung der auf dem Detritus aufbauenden Nahrungskette im Fließgewässer? Das tut er nicht.

Die Begründung ist sehr einfach und leicht nachvollziehbar. Der eine Faktor, der beide trennt, ist die Strömung. Sie lässt es nicht zu, dass sich an der Oberfläche der Bäche und Flüsse in ähnlicher Weise Algen entwickeln wie in Pfützen und anderen stehenden Kleingewässern oder in Seen. Die Larven könnten sich an der Oberfläche nicht halten, weil die Strömung sie mitreißen und fortschwemmen würde. Ein weiterer, eminent bedeutsamer Unterschied kommt hinzu. Die schnelle Entwicklung der Stechmückenlarven endet in einem höchst unvollständigen Ernährungszustand: Die Weibchen der schlüpfenden Stechmücken sind nicht fortpflanzungsfähig. Sie haben von der Larve nicht die nötigen Eiweiß- und Fettmengen für die Bildung der Eier mitbekommen. Deshalb müssen sie sich diese unentbehrlichen Stoffe anderweitig besorgen. Sie tun dies mit dem Anzapfen der hierfür bestgeeigneten Quelle: Blut.

Die Männchen können sich damit begnügen, gelegentlich einen Tautropfen oder etwas Nektar zu trinken, um die Wasserverluste im Körper auszugleichen oder um ein wenig Zucker für den Flug zu erhalten. Die Lebens- und Flugfähigkeit müssen sie sich ja viel länger erhalten, mehrere Tage oder vielleicht sogar eine Woche, weil ihnen keine Massenschwärme das Zusammenfinden der Geschlechter erleichtern. In der Tundra und in manchen Sumpfgebieten, wo sich das so nebenbei ergibt, ohne dass das Schlüpfen genauer synchronisiert sein muss, lebt es sich für die Stechmückenmännchen leichter. Das Kernproblem trifft dennoch die Weibchen. Sie brauchen Proteine, die sie vom Larvenstadium nicht mitbekommen haben. Das zwingt sie dazu, sich selbst als ein zweites Fressstadium zu betätigen.

Die Schnelligkeit der Larvenentwicklung hat also ihren Preis, aber auch den Vorteil, dass die vielen kurzzeitig entstehenden Kleingewässer besiedelt und benutzt werden können, die frei von Fischen, ihren Hauptfressfeinden, sind. Die Zuckmücken bleiben auf hinreichend dauerhafte Gewässer angewiesen. Ein weiterer Vorteil für die Stechmückenlarven besteht im besonders schnellen Wachstum dank der extrem raschen Vermehrung der Mikroalgen. Dieses kommt zustande, weil die Kleingewässer das dafür nötige Licht abbekommen und die Pfützen die Mineralstoffe für das Algenwachstum fast immer und überall im Überfluss enthalten. Sie lösen sich aus dem Untergrund, kommen mit dem Niederschlag hinzu oder wurden vom Hochwasser als Trübung eingeschwemmt.

Doch wie auch das Gras auf dem Land sind die Kleinalgen im Wasser nur als »Betriebsstoff« ergiebiger und nicht gut geeignet für das Wachstum. Unsere Kühe könnten vom Gras direkt nicht leben, verfügten sie nicht über die Aufbesserung ihrer Pflanzenkost mit Mikrobenverdauung in ihrem Pansen. Diese verschafft letztlich den Überschuss, der zum »Überfluss« in Form von Milch wird. Bei den Zuckmückenlarven verhält es sich grundsätzlich ähnlich. Je mehr Bakterieneiweiß sie bei der Verwertung des organischen Detritus aufnehmen, desto mehr Material können sie ins Depot geben für die spätere Verwendung der Weibchen zur Bildung der Eier. Was wir an dieser Gegenüberstellung sehen, sind die beiden auseinanderweichenden Richtungen, die eingangs kurz charakterisiert worden waren: die (auf grünen Pflanzen/Algen) aufbauende, autotrophe Nahrungskette und die vom organischen Abfall ausgehende heterotrophe. Dass Letztere in den Fließgewässern so sehr überwiegt, liegt an der Strömung, die nur dort, wo sie sehr schwach geworden ist, eine autotrophe Produktion ermöglicht, die von den Uferpflanzen oder dem Pflanzenwuchs am Gewässerboden unabhängig ist. Je stärker die Strömung, je turbulenter und trüber das Wasser, desto ungünstiger sind selbst für am Boden verwurzelte (Unter-)Wasserpflanzen die Lebensbedingungen. Und umso weniger werden wir in der Nähe von Stechmücken heimgesucht.

Nicht überall, denn es gibt eine Einschränkung, die nun auch gleich behandelt werden soll. Mücken, die stechen und uns Blut abzapfen, kommen tatsächlich auch an schnell fließenden Bächen und kleinen Flüssen vor. Es sind dies die Kriebelmücken (Simuliidae). Sie ähneln mehr kleinen Fliegen als den Stechmücken.

# Blutsaugende Kriebelmücken

An schwülen Sommerabenden von Stechmücken heimgesucht zu werden ist vielen Menschen geläufig. Aber dass man an strahlend schönen Tagen an kristallklaren Bächen des Berg- und Hügellandes auch gestochen wird und die Stiche sogar besonders unangenehm jucken, überrascht so manche »Sommerfrischler«. Zudem entzünden sich die Stiche oft, weil man unbewusst an ihnen herumkratzt. Ein roter Punkt an der Stichstelle, der von einem helleren Hof umgeben ist, bevor es zur Schwellung kommt, weist auf den Urheber hin, die Kriebelmücke.

Ihre Lebensweise kann Biologen durchaus faszinieren. Sie liegt, stark vereinfacht betrachtet, etwa zwischen der von Stechmücken und jener von Zuckmücken. Die Ähnlichkeiten mit den Stechmücken ergeben sich aus dem Blutsaugen. Die Weibchen der Kriebelmücken brauchen ebenso wie die der Stechmücken Blut für die Bildung ihrer Eier. Weniger offensichtlich sind die Übereinstimmungen mit den Zuckmücken. Dazu müssen wir uns die Larven der Kriebelmücken ansehen. Sie sehen wirklich interessant aus und sind in den klaren Bergbächen gut zu beobachten. Wie etwas zu dick geratene schwarze Kommazeichen sitzen sie in der Strömung regelmäßig aufgereiht zu mehreren oder vielen nebeneinander an Steinen. Sucht man danach, sind die solcherart von den Kriebelmückenlarven markierten Steine nicht zu übersehen. Was sie auszeichnet, enthüllt aber erst die Vergrößerung. An ihrem Kopfende greift ein rechenartig gekrümmtes Gebilde in die über sie fließende Strömung. Wie eine flache Reuse ist es gebaut. Damit filtert die Larve organisches Kleinmaterial, Bakterien und, so vorhanden, auch kleine Algen, aus der Strömung. Mit dieser Art der Ernährung entsprechen die Larven der Kriebelmücken weit mehr denen der Zuckmücken als der Stechmücken. Und weil das Wasser der klaren, schnell fließenden Bergbäche oder der überströmten Wehre an Wiesenbächen recht wenig solcher Nahrungspartikel heranträgt, brauchen die Larven der Kriebelmücken weit länger als die der Stechmücken für ihre Entwicklung.

Nicht annähernd so lange jedoch wie die Larven der im Bodenschlamm lebenden Zuckmücken.

Im Frühjahr, nachdem im Winter die Entwicklung verlangsamt war, und wieder im Hoch- oder Spätsommer kommt die Zeit der Kriebelmücken selbst. Als echte Zweiflügler machen sie ein Puppenstadium durch, aus dem die fertigen Kriebelmücken schlüpfen. Die Puppen sitzen auch an den Steinen, sind aber deutlich anders geformt. Man könnte sie als flachen Minifingerhut bezeichnen, der fest auf dem überströmten Stein sitzt und mehrere kurze, dünne und dunkle Fäden ins Wasser hängen lässt. Diese dienen dem Gasaustausch, also der Atmung der Puppe. Kohlendioxid wird abgegeben, und Sauerstoff, den es in so einem Bach immer reichlich gibt, wird aufgenommen. Dank der solcherart gut funktionierenden Atmung kann das Stadium der Puppe verhältnismäßig schnell ablaufen. Frei im Wasser existieren könnte die Puppe der Kriebelmücken ebenso wenig wie die Larven, weil sie an schnell strömenden Fließgewässern fortgerissen würden. Damit haben wir beide Übereinstimmungen und die Unterschiede beisammen, die den Kriebelmücken eine mittlere Position zwischen den Stech- und den Zuckmücke zuweisen. Der Mangel an Proteinen zwingt die Weibchen dazu, nach Blutquellen zu suchen.

Angeflogen werden keineswegs nur die so zarthäutigen Menschen, sondern vor allem das Vieh, wenn es an den Bach zum Trinken kommt. Die Kriebelmücken fliegen jedoch auch weiter hinaus auf der Suche nach Blutquellen. Manche (Berg-)Bachtäler waren gefürchtet wegen der Häufigkeit dieser Blutsauger. Ganz besonders trifft dies auf tropische und subtropische Bergbäche zu, die wir hier aber nicht behandeln. Dank ihrer den kleinen Fliegen sehr ähnlichen Körperform verlieren die Kriebelmücken weit weniger schnell Wasser als die viel zarter gebauten Stechmücken. Kriebelmücken können daher durchaus am Tag und bei trockener Witterung herumfliegen und nach Blutquellen suchen. Die Reinheit des Bergbachwassers ist zudem Garant dafür, dass der Filterapparat der Larven nicht zu schnell zu sehr verschmutzt, wie dies weiter bachabwärts der Fall wäre sowie in den allermeisten Flüssen mit erhöhtem Eintrag an trübendem Material. Daher kommt die zunächst schwer nachvollziehbare Kombination von sauberem Wasser und großen Mengen Kriebelmücken zustande.

Allerdings gab und gibt es mancherorts in den Bergen eine nahezu symbiotische Verbindung zwischen Kriebelmücken und Weidevieh. Denn wo die Bergbachtäler beweidet werden, zieht das Vieh immer wieder zum Wasser, um zu trinken. Der Dung, den die Rinder oder auch Pferde von sich geben, wird in die Bäche eingeschwemmt und von den Kriebelmückenlarven als Quelle von Nahrung genutzt. Es ist also nicht überall mit starkem Ansturm von Kriebelmücken zu rechnen, wenn wir durch höher gelegene Bachtäler mit steinigem Untergrund gehen. In früheren Zeiten mögen die häufigeren Wildtiere die Blutspender für die Kriebelmücken gewesen sein. Aber seit Jahrhunderten ist es nunmehr das Vieh. Die Sommertouristen ersetzen dieses allmählich. Den Kriebelmücken dürfte diese alternative Blutquelle sehr zusagen, weil sie schneller stechen und trinken können als durch die viel zähere, zudem mit Fell besetzte Haut von Rindern oder Pferden.

Landwärts schließen die Lebensbereiche der Bremsenlarven vom nassen Uferbereich bis hinein in die feuchten Wiesen an. Da auch sie von Abfallstoffen leben, die dem Detritus im Wasser entsprechen, dauert ihre Entwicklung ebenfalls ein Jahr. Dennoch reicht es den Weibchen nicht für die Bildung der Eier. Als Blutsauger ergänzen sie das Fliegenspektrum von den winzigen, hier nicht näher behandelten Gnitzen (Ceratopogonidae) und den Kriebelmücken über die Stechmücken (Culicidae) bis zu den mehr als fliegengroßen Rinderbremsen (Gattung *Tabanus*). Ihre ökologische Einnischung erstreckt sich von schnell fließendem, klarem (Bergbach-)Wasser über Tümpel und Gewässerufer bis zu nur noch feuchtem Gelände. Wir greifen sie wieder auf, wenn wir den Auwald näher ansehen. Hier soll die Betrachtung der »räuberischen« Insekten anschließen, der Libellen.

# Schillernde Flugakrobaten: Libellen

»Teufelsnadeln« nannte sie der Volksmund, wahrscheinlich weil das blitzschnelle, zuckende Herumfliegen der Großlibellen die Menschen irritierte. Der lange, bei manchen Arten am Ende auffällige Bildungen tragende Körper mag den Eindruck erweckt haben, die Libellen könnten stechen, zumal wenn sie den Hinterleib bogenförmig nach unten krümmten und damit ins Wasser stießen. Das war aber nichts weiter als die Eiablage. Davor, oft auch im Fluge, bildet das Paar einen Ring, der doppelt seltsam wirkt, weil sie in dieser Haltung auch fliegen und sich zum Tandem strecken können. Es dauerte lange, bis erkannt wurde, dass sich die Larven der Libellen im Wasser entwickeln. Wer sich eine große Libellenlarve in ein mit Wasser gefülltes Glas oder in ein richtiges Aquarium holte, mag erstaunt festgestellt haben, dass sie mit »Rückstoßantrieb« davonschwimmen kann. Und wie um die Kuriosität auf die Spitze zu treiben, fing sie plötzlich mit vorschnellender Fangmaske eine Kaulquappe oder einen sehr kleinen Fisch. An der lebendigen Natur und ihrer Jahrmillionen umfassenden Entwicklungsgeschichte Interessierte erfuhren, dass es in der fernen Erdzeit des Karbon-Zeitalters Riesenlibellen mit um die 70 Zentimeter Flügelspannweite gegeben hatte. Würden solche in unserer Zeit fliegen, könnte man sie für ein technisch perfekt gelungenes Modellflugzeug halten.

Libellen tragen auf ihrem Körper oft metallisch schimmernde, scharf gegliederte Farbmuster, an denen die verschiedenen Arten unterschieden werden können. Ihre Augen sind so riesig, dass ihr Kopf fast nur aus ihnen zu bestehen scheint. Doch es gibt mehr, das diese Insekten auszeichnet. Ihre Lebensweise und ihre Artenvielfalt lassen enorme Spezialisierungen erkennen. Libellen kommen von Quellbächen bis in den Mündungsbereich der Flüsse und von kleinen Tümpeln bis zu den Uferzonen großer Seen vor. Manche vollführen weite Wanderungen. Eine Art, die tropische Wanderlibelle *Pantala flavescens*, überwindet dabei kontinentale Distanzen und erreicht gelegentlich sogar den

Süden Europas. Wie aber fügen sich die Libellen ein in die hier angestellten Betrachtungen?

Zunächst ist festzuhalten, dass auch sie als Insekten zur Gruppierung der sogenannten primären Wasserinsekten gehören. Das sind solche Insekten, die in ihren Entwicklungsstadien ausschließlich im Wasser oder zumindest wassernah in sehr feuchtem Gelände leben. Ihre Angehörigen sind nicht, wie Vertreter anderer, typischer Landinsekten, sekundär zum Leben am und im Wasser übergegangen. Das taten beispielsweise zahlreiche Wasserkäfer, die Wasserschmetterlinge und viele Mücken. Aber anders als die Stein-, Eintags- und Köcherfliegen, die am besten die primären Wasserinsekten repräsentieren, weil sie das Wasser nur zur kurzen Zeit der Fortpflanzung verlassen, leben die fertigen Libellen ziemlich lange. Dabei ernähren sie sich von Kleininsekten, die sie mit ihren Flugkünsten fangen. Wenn wir den Vergleich sehr weit spannen, könnten wir die Libellen als die Fortsetzung kleiner Vögel als Insektenjäger am Wasser betrachten. Sie nutzen die kleinen bis sehr kleinen Beutegrößen. Wer einer Großlibelle dabei zusieht, wie sie am Ufer Mücken fängt, kann sicherlich nachvollziehen, dass eine Artengruppe tatsächlich »Falkenlibellen« genannt wird. Angehörige der großen Libellenarten entfernen sich bei ihrer Kleininsektenjagd sogar so weit von den Gewässern, in denen sie sich als Larven entwickelt hatten, dass man sie mitunter in Gärten oder auf Forstwegen antrifft. Hieraus kann man schließen, dass die Gewässer seit Urzeiten sehr produktiv an Insekten waren. Denn wäre dem nicht so gewesen, hätten sich die Libellen als jagende Insekten unterschiedlichster Größen im Lauf der Evolution nicht entwickeln können.

Dass es längst keine solche Riesen mehr gibt wie die *Meganeura* des Karbons, also der Steinkohlezeit, liegt jedoch aller Wahrscheinlichkeit nach nicht an der nach und nach zustande gekommenen besseren Konkurrenz durch Fledermäuse und Vögel, die schließlich auch zu Libellenfeinden wurden. Die bessere Konkurrenz durch Vögel anzunehmen liegt nahe, wenn man erlebt, mit welcher Eleganz und Leichtigkeit sich ein Baumfalke *Falco subbuteo* Libellen aus der Luft greift und im Flug sogleich verzehrt. Dezimiert werden sie dennoch weder von kleinen

Falken noch von den Bienenfressern, die Libellen besonders mögen. Auch die Mücken und andere Insekten am Wasser und in dessen Nähe nachts jagenden Fledermäuse schaffen es nicht, die von Zeit zu Zeit hervorkommenden Insektenmassen zu vermindern. Die Riesengröße der Libellen der fernen erdgeschichtlichen Vergangenheit hatte ganz andere Gründe. Damals lag der Sauerstoffgehalt der Luft beträchtlich höher, nämlich bei um die 30 Prozent. Dies ermöglichte den Insekten weit größere Leistungen als gegenwärtig. Denn der Gasaustausch über das Luftröhrensystem, das sich in ihren Körper hinein verästelt (Tracheensystem), verliefe für so große Insekten bei den heutigen, schon seit vielen Jahrmillionen in dieser Höhe liegenden rund 21 Prozent Sauerstoff einfach nicht schnell genug.

Auf den Sauerstoff und seine Bedeutung für den Stoffwechsel wurde im Zusammenhang mit der Atmung im Wasser bereits hingewiesen. Wir wissen, dass wir ertrinken, wenn wir zu viel Wasser in die Lunge bekommen. »Ertrinken« meint eigentlich ersticken. Der Sauerstoffgehalt des in die Lunge geratenden Wassers reicht nicht aus, unseren Bedarf zu decken. Auch nicht, wenn wir das Kohlendioxid aus den Lungenbläschen schnell genug abgeben können, weil es sich in Wasser sehr leicht löst. Den Wassertieren setzt die Atmung Grenzen, vor allem im Hinblick auf ihre Leistungsfähigkeit. Darauf ist im nächsten Abschnitt zurückzukommen, wenn wir die Fische betrachten. Und nochmals im Zusammenhang mit dem großen Erfolg der zum Tauchen befähigten Wasservögel und Säugetiere bei der Nutzung der Ressourcen der Gewässer. Die Libellen vermitteln mit ihrer Körpergröße und Flugweise schon aufschlussreiche Hinweise darauf, dass fliegenden Insekten die Verfügbarkeit von Sauerstoff enge Größengrenzen setzt. Daher soll dieser nun aus dem Blickwinkel des Energiebedarfs näher betrachtet werden.

## »Feuer unter Wasser«

Atmung ist die stille Verbrennung organischer Stoffe mit Sauerstoff, ohne dass dabei Feuer entsteht. So seltsam ließe sie sich aus chemisch-physiologischer Sicht charakterisieren. Frei und nutzbar wird bei der Atmung die bei der Fotosynthese aus dem Sonnenlicht »eingefangene« und chemisch gebundene Energie. Sie entspricht daher der Umkehrung der Fotosynthese. Diese Gegebenheit wird zwar als Schulwissen vermittelt, aber wichtige Folgerungen, die sich daraus ergeben, werden meistens auch im Biologieunterricht kaum entsprechend behandelt, ganz im Gegensatz zu den tatsächlich komplizierten chemischen Details (die alsbald wieder vergessen werden, weil sie für die Anwendung des Schulwissens in der Praxis höchst selten eine Rolle spielen).

Dass wir ertrinken, wenn wir unsere Lunge voller Wasser bekommen, die Fische aber im Wasser atmen, bietet einen guten Anlass, auf die Bedeutung der Effizienz der Atmung kurz etwas näher einzugehen. Die Tiere, die permanent im Wasser leben, atmen mit Kiemen oder entsprechenden Bildungen. Bei den Fischen sitzen die Kiemen an den Körperseiten, wo der Kopf in den Körper übergeht. Wasser wird über das Maul aufgenommen und an den Kiemen vorbei durch entsprechendes Öffnen des Kiemendeckels wieder abgegeben. Dabei löst sich Kohlendioxid, und im Gegenzug tritt Sauerstoff aus dem Wasser durch die Kiemen ins Blut über. Sie sind stark durchblutet und sehen daher rot aus, weil die Fische, wie auch wir, roten Blutfarbstoff als Sauerstoffträger und Transportmittel nutzen.

Ganz Ähnliches geschieht, wenn die Larven von Libellen über blattartig verbreitete Anhänge am Körperende oder die Larven von Eintagsfliegen mit solchen an den Körperseiten atmen. Allerdings haben sie keinen roten Blutfarbstoff, kein Hämoglobin. Über einen solchen Stoff, der sich chemisch nur wenig von unserem Hämoglobin unterscheidet, verfügen die den Aquarianern als »Rote Mückenlarven« bekannten Larven großer Zuckmücken der Gattung *Chironomus* sowie die gleichfalls roten Schlammröhrenwürmer der Gattung *Tubifex*. Dieses Rot signalisiert übereinstimmend etwas sehr Wichtiges: Sauerstoff muss zuerst irgendwie »gebunden« (angelagert, nicht chemisch fest gebunden) werden, um zu den Orten transportiert werden zu können, an denen er benötigt wird. Bei uns zum Beispiel in der Muskulatur, die, wenn wir sie intensiv benutzen, auch »rot« aussieht und bei den Säugetieren, deren Fleisch gegessen wird, als »rotes Fleisch« von schwach durchblutetem, »weißem« unterschieden wird. Die roten Mückenlarven und die Schlammröhrenwürmer leben am Gewässergrund an/in schlammigen Stellen, in denen es nur noch sehr wenig Sauerstoff gibt, die aber nahrungsreich sind. Über ihr Hämoglobin erhalten sie die geringen Mengen, auf die auch sie nicht verzichten können.

Ohne Blut hätten wir nirgends Sauerstoff im Körper außer in der unmittelbaren Umgebung der Lunge. Wir halten dies für so normal, dass darüber kaum nachgedacht wird. Die damit verbundene Problematik wird zumeist auch im Biologieunterricht nicht behandelt. Dabei gibt es eine ebenso spannende wie aufschlussreiche Übereinstimmung zwischen unserem Blutgefäßsystem und dem Atmungssystem der Insekten. Ihre mit Luft gefüllten, sich fein verzweigenden und auffächernden Röhren, die den Insektenkörper durchziehen, entsprechen dem Blutgefäßsystem der Wirbeltiere und damit auch dem von uns Menschen. Wir haben Blut in den Adern, die Insekten aber Luft. Sie pumpen mit dem Körper, häufig mit dem ganzen Hinterleib, wie bei Großlibellen gut zu sehen ist. Bei uns und allen Wirbeltieren macht dies das Herz. Ein solches Pumporgan gibt es im Insektenkörper zwar auch, aber die sogenannte Hämolymphe, die es in Bewegung hält, strömt nicht durch Adern.

Das Insektenherz ist eine »offene Pumpe« und als solche trotz geschlossenen Körpers schwach. Bei erhöhtem Leistungsbedarf muss der Hinterleib mitpumpen. Dabei wird noch etwas bewerkstelligt. Überschüssige Wärme wird an die Umgebung abgegeben, die bei anhaltend schnellem Flug entsteht. Dem langen, schlanken Libellenkörper kommt ein ganz wesentlicher Teil der Wärmeregulierung zu. Atmen heißt nämlich auch Wärme erzeugen. Obgleich dies ohne Flamme geschieht, entsteht insbesondere bei heftiger Tätigkeit der Muskeln viel davon. Auch das kennen wir von uns selbst. Und schwitzen gegebenenfalls. Das können Libellen bei schnellem Flug in der Luft ebenso wenig wie andere Insekten, seien es Bienen, Hummeln oder Schmetterlinge, die in Kolibrigröße mit Schwirrflug unterwegs sind. Manche heizen sich dabei bis über 42 Grad Celsius auf; eine Überhitzung, die wir nicht überleben würden. Das Zuviel an Wärme geben sie über den Hinterleib ab. Schnell schwimmende Fische erreichen ebenfalls Innentemperaturen in ihren Körpern, die denen von Säugetieren gleichkommen können. Sie haben den Vorteil, dass Überhitzung im Wasser nie ein Problem wird. Fische sind permanent von einem Wasserkühler umgeben. Dieser wirkt aufgrund der viel größeren Wärmeleitfähigkeit des Wassers weit besser als die Luftkühlung.

Mit diesen ausholenden Anmerkungen ist nun der Rahmen abgesteckt, in dem die Problematik der Atmung der Wassertiere behandelt werden soll. Erster Schluss: Sie hätten bestmögliche Kühlung, bekommen aber schlicht und einfach nicht genügend Sauerstoff, um ihren Stoffwechsel auf hohe, viel Wärme erzeugende Touren zu bringen. Denn selbst im kühlen Wasser, in dem sich Sauerstoff am besten löst, gibt es nur etwa 14 Milligramm pro Liter. Dieser ist zweitens viel schwieriger herauszubekommen aus dem Wasser als bei Luftatmung, die bei jedem Atemzug anteilsmäßig weitaus mehr Sauerstoff in den Körper trägt. Die Luftatmung ist daher ungleich vorteilhafter, wenn es um Leistungssteigerung geht. Nicht ohne Grund benutzen Wasserkäfer, die ins Wasser hinabtauchen und dort nach kleinen Fischen oder anderem Getier passender Kleinheit jagen, weiterhin die Luftatmung. Sie nehmen sich von der Wasseroberfläche einen Luftvorrat mit.

Leistungsstarke Fische, die anhaltend gegen Strömungen schwimmen, können dies nur in entsprechend sauerstoffreichem Wasser. Größere Bergbäche und die schnell strömenden Oberläufe der Flüsse sind deshalb Forellengewässer, wie bereits bei der Einteilung der Fließgewässer in Fischregionen ausgeführt wurde. Fische, die in mehr oder weniger stehenden, schlammigen Gewässern leben, verhalten sich »träge«. Blitzschnell schwimmen sie nur bei akuter Gefahr oder um Beute zu mehr geht es darum, die biologischen Aspekte von »vollständig verbranntem Kohlenstoff« – um solchen handelt es sich beim $CO_2$-Gas – im Hinblick auf die Vorgänge in Fließgewässern näher zu betrachten. Kohlendioxid ist in den Gewässern genauso wie an Land Grundnahrungsmittel für die Pflanzen. Ohne $CO_2$ keine Fotosynthese. $CO_2$ steht am Ursprung aller biologischen Produktion; fast aller, müsste zwar eingeschränkt werden, aber Schwefelbakterien und einige andere Spezialisten unter den Mikroben, die keine Fotosynthese, sondern eine davon unabhängige Chemosynthese betreiben, spielen für uns und das ökologische »Funktionieren der Erde« keine Rolle. $CO_2$ wird gebraucht. Das sollte bei den Diskussionen um den Klimawandel nicht außer Acht gelassen werden. Der Stoff ist nicht von Natur aus »schlecht«; ganz im Gegenteil. Er ist die Grundvoraussetzung für das komplexe Leben aller mehr- und vielzelligen Organismen, den Menschen mit eingeschlossen.

Wie bei zahlreichen anderen chemischen Stoffen, die im Naturhaushalt wirken, geht es beim $CO_2$ um die Mengen und ob diese zu den Vorgängen in der Natur passen oder ob zu viel oder zu wenig davon vorhanden ist. Beim $CO_2$ kann es in den Gewässern tatsächlich den Zustand akuten Mangels geben. Aus einem Grund, den wir alle kennen und für den wir viel bezahlen müssen bei der Bereitstellung von Trink- und Brauchwasser in der öffentlichen Wasserversorgung. Denn Grundwasser und Oberflächengewässer enthalten eine Vielzahl gelöster Mineralstoffe in (sehr) geringen Mengen, darunter Kalzium. Sauberes Wasser ist kein destilliertes Wasser und soll auch kein solches sein. Das würde alsbald schädlich. Wie umgekehrt das Meerwasser mit seinem für uns viel zu hohen Salzgehalt nicht zu trinken ist.

»Süßwasser« ist nicht süß. Es enthält lediglich so wenig Salze, dass wir diese nicht mehr schmecken. Aber wir brauchen sie wie alle Lebewesen für unseren Körper. Um diverse Mineralsalze geht es – in den richtigen Mengen. Die Zellen müssen den richtigen Gehalt an Ionen haben. Was verloren geht, muss ergänzt werden. Greifen wir dazu auf das Kalzium zurück, auch um den direkten Zusammenhang mit dem $CO_2$ nicht zu verlieren. Treffen beide im Wasser zusammen, bildet sich Kalziumkarbonat. Was entsteht, ist der Kalkbelag, der sich in Geräten und Leitungen absetzt, wenn das Wasser zu kalkhaltig ist. Kalziumkarbonat stellt den Hauptbestandteil von Kalkstein dar. Dieser bildet Gebirge, Korallenriffe und Kalkschichten am Boden flacher Meeresteile und in Seen (Seekreide). In der Natur ist sehr viel aus oder mit Kalziumkarbonat aufgebaut; auch Skelette von Tieren. Diesen gibt es Stütze und Festigung.

Wasser hat aber nun bekanntlich die Fähigkeit, Feststoffe aufzulösen, wenn sich diese chemisch in Ionen aufspalten lassen. Bei der Bildung von Kalk sind es Kalziumionen, die mit dem ebenfalls zu Ionen im Wasser gewordenen $CO_2$ reagieren und die chemische Verbindung eingehen. Der Vorgang ist so wichtig, dass wir ihn hier ausnahmsweise chemisch noch etwas genauer betrachten. Denn wenn sich $CO_2$ in Wasser löst, wird es zu einer Säure, zu »Kohlensäure«. Woraus gleich zu folgern ist, dass Kohlensäure das Wasser versauern kann. Quellen, die viel davon enthalten, werden ganz zutreffend »Säuerlinge« genannt. Nun kommt aber alles Wasser, das aus Quellen austritt und die Bäche und Flüsse speist, letztlich aus dem Niederschlag. Dieser löst Kohlendioxid aus der Luft und wird dabei selbst ein im Normalfall leicht saurer Regen.

Das war in den 1970er- bis 1990er-Jahren anders, als Schwefel aus schwefelhaltiger Kohle mit verbrannt worden war und zusammen mit dem Wasserdampf in der Atmosphäre schweflige Säure und Schwefelsäure gebildet hatte. Der damalige »Saure Regen« versauerte viele Seen und Feuchtgebiete insbesondere in Skandinavien, aber auch in Mitteleuropa, ja sogar die Böden in stark von Rauchgasen betroffenen Gebieten. Durch Entschwefelung der Brennstoffe konnte dieses große Umweltproblem weitgehend abgemildert bis entschärft werden. Allerdings mit danach viel zu starkem Ausschlag in die Gegenrichtung, weil über die Katalysatoren Stickstoffverbindungen zustande kamen, die Ammonium enthalten. Ammoniak aus Gülle der Landwirtschaft wird in riesigen Mengen freigesetzt. Das machte die Niederschläge hier (trotz der Stickoxide, die aus der Verbrennung von Luftstickstoff in Motoren gebildet werden) zu basisch und ließ sie auf der anderen Seite vom Neutralwert abweichen. Diese chemischen Vorgänge wirken sich in den Gewässern in unterschiedlicher Weise aus.

So löst Versauerung zerbrechliche Feinstrukturen, wie sie in Kalkskeletten aufgebaut und für die betreffenden Organismen lebensnotwendig sind. Empfindliche Kiemen korrodieren, das heißt, sie werden angeätzt und in ihrer Wirksamkeit beeinträchtigt. Für die Wasserpflanzen wird es schwierig, das für die Fotosynthese nötige $CO_2$ aus dem Wasser aufzunehmen, denn in diesem ist es nicht wie in der Luft als Gas vorhanden, sondern gelöst in einer eigenen chemischen Substanz, genannt Hydrogencarbonat ($HCO_3^-$). Aus diesem muss es abgespalten werden, wobei Wasser ($H_2O$) und ein besonderes Ion zurückbleiben, das Hydronium-Ion, von dem die Säurewirkung ausgeht.

An diesem Hydroniumion liegt es, dass feinster Kalk, Calciumcarbonat, häufig als Nebenprodukt der Fotosynthese entsteht und Verkrustungen verursacht. In Seen setzt er sich, da in sehr feiner Form gebildet, am Boden der Tiefe in Schichten ab. Diese werden zu Seekreide. Kalkbildung gibt es an Quellen, Quellbächen und überrieselten Felsen als Versinterung. In kalkreichen randalpinen Fließgewässern ist Sinterbildung ein sehr häufiger und ganz gewöhnlicher Prozess. In Karstregionen, also dort, wo sehr kalkhaltige Böden und Kalkgestein einem verhältnismäßig sauren Niederschlagswasser ausgesetzt sind, entstehen über Zehntausende von Jahren unterirdische Höhlen- und Flusssysteme. All diese Phänomene führen vor Augen, dass eine subtile Balance zwischen dem im Wasser gelösten Kohlendioxid und den natürlichen, von der Fotosynthese der Pflanzen ausgehenden Prozessen gegeben ist. Im Endeffekt ist $CO_2$ in Fließgewässern immer knapp; meistens im Minimum.

In diesen chemischen Naturgegebenheiten entsprechen Gewässer, auch das Meer, und das Land einander. Aber es gibt einen großen Unterschied: Im Luftraum ist kein Puffer vorhanden, der überschüssiges $CO_2$ chemisch binden und gleichsam als Abfall in der Versenkung verschwinden lassen könnte, wie dies im Wasser geschieht. In diesem wird Kohlendioxid auch nach Zugabe rasch wieder knapp, sofern ein Mindestmaß an Wasserhärte vorhanden ist. Doch Kalzium gibt es fast immer genug. Nur in sehr weichem Wasser kommt diese Fällungsreaktion (das Entziehen von $CO_2$ aus dem Wasser, woraus schwer lösliche

Karbonate resultieren) nicht zustande. Kohlendioxid kann sich darin angereichert halten. Doch dann mangelt es den Wasserpflanzen fast immer an anderen für ihr Wachstum unentbehrlichen Mineralstoffen.

Versinterung erzeugt in sehr kalkreichen Gebieten eindrucksvolle Gewässerszenerien, stellenweise auch in der Fränkischen Schweiz.

Global gesehen, bedeutet dies, dass das Meer, obgleich es rund 70 Prozent der Erdoberfläche bedeckt, nur etwa die Hälfte der jährlichen pflanzlichen Gesamtproduktion der Erde liefert. Und dies, obwohl sehr große Flächen auf den Kontinenten, das Eis der Pole und die großen Wüsten, gar keine oder keine nennenswerte Fotosynthese zustande bringen. Wir können dieser Gegebenheit entnehmen, dass für die pflanzliche Produktion eben nicht nur Kohlendioxid, Wasser, Lichtenergie und hinreichende Wärme vonnöten sind, sondern auch Mineralstoffe in den passenden Mengenverhältnissen zueinander gebraucht werden.

Bei Moorgewässern sehen wir dieses Phänomen ganz direkt. Äußerlich scheint alles bestens zu sein, aber im von Humussäuren wie dünner Kaffee bräunlich gefärbten Wasser gedeihen außer einigen hochgradigen (und sehr schön anzuschauenden) Algenspezialisten keine Wasserpflanzen. Infolgedessen bleibt das Fischleben mager oder fehlt, wie auch die meisten anderen Wassertiere.

Die empfindlichen Kiemen der Fische können zwar rasch genug das vom Blut herantransportierte $CO_2$ ans Wasser abgeben, sind aber von Korrosion durch einen zu hohen Säuregrad gefährdet. Gleiches trifft für die atmungsaktiven Strukturen der Wasserinsekten und anderer Wassertiere zu. Besondere Schutzvorrichtungen hatten sie während ihrer ganzen, viele Jahrmillionen umfassenden Entstehungszeit unter Normalbedingungen in den Gewässern nicht nötig. Zwar gab es wiederholt Naturkatastrophen einer für uns Menschen kaum vorstellbaren Größenordnung, etwa wenn Riesenmeteoriten einschlugen oder gigantische Vulkanausbrüche Unmengen von Schwefeldioxid in die Atmosphäre brachten, die als dann tatsächlich extrem saurer Regen niedergingen. Aber auf in Abständen von Jahrmillionen unregelmäßig auftretende Einzelereignisse konnte sich das Leben nicht einstellen. Das ist der tiefere Grund, weshalb es in unserer Menschenzeit, im Anthropozän, zu so katastrophalen Veränderungen in der globalen Natur kommt. Die Erde und ihr Leben sind darauf nicht vorbereitet.

Zurück zum $CO_2$, den Wasserpflanzen und den Fischen. Das diffizile chemische Gleichgewicht trifft keinesfalls nur die Fotosynthese und kalkhaltige Stützstrukturen. Schäden durch Verschiebung der Ionenbalance lassen sich für uns bei der Versinterung ganz ohne Messgeräte oder andere Hilfsmittel am leichtesten erkennen. Tatsächlich geht es für die Lebewesen aber um den kompletten Ionengehalt des Wassers. Dieser entfaltet eine Art Saugkraft auf die Körper der Pflanzen und Tiere, die Kraft der Osmose. Sie kommt zustande, wenn eine Grenzschicht, eine Membran oder Körperhaut zum Beispiel, zwischen einer höheren oder geringeren Konzentration liegt und Wasser durch diese Grenzschicht mehr oder weniger frei passieren kann. Ist die Konzentration im Körper größer als im umgebenden Wasser, saugt die Osmose automatisch Wasser nach. Und zwar im Prinzip so lange, bis innen und außen die gleiche Salzkonzentration herrscht. In die Gegenrichtung fließt Wasser, wenn außen eine höhere Salzkonzentration (wie im Meerwasser) vorhanden ist. Ungeschützt vor der Osmose, müssten im Meerwasser die Organismen daher vertrocknen, im Süßwasser aber durch zu viel Wasser platzen. Der Wasserdurchtritt muss daher entsprechend geregelt werden, sonst gibt es kein Überleben.

Betrachten wir die Organismen im Süßwasser, so stehen grundsätzlich zwei Möglichkeiten für die Regulierung offen. Die eine bedeutet, nur so viel Wasser in den Körper eindringen zu lassen, wie ohnehin benötigt wird, die andere bedient sich der aktiven Wasserausscheidung. Das ist die ursprünglichere Form. Schon einzellige, also noch recht einfach aufgebaute Organismen sammeln überschüssiges Wasser und scheiden es über eine sogenannte pulsierende Vakuole aus. Der Vorgang kostet allerdings Energie. Er kann nicht von selbst ablaufen. Alle unterschiedlichen Formen von Nieren stellen letztlich Weiterentwicklungen dieses grundlegenden Ausscheidungsproblems dar. Entsorgt werden dabei auch Abfallstoffe, die der Körper nicht (mehr) brauchen kann, sofern diese ausreichend wasserlöslich sind.

Wir Menschen gehören, anders als die Vögel, zu den Lebewesen, die mit viel Wasser überschüssiges Wasser und lösliche Stoffe ausscheiden – und noch dazu ähnliche Wassermengen bei heftigem Schwitzen durch die Haut abgeben können. Fische schwitzen nicht. Ihre Anpassung an das Problem, dass bei Leben im Wasser das Wasser zu viel wird, besteht in einer oft sogar doppelten Abdichtung der Körperoberfläche mit Schuppen und einer Schleimschicht. Der quellende Schleim reduziert die Wasseraufnahme; er kann sogar für eine gewisse Zeit das Überleben außerhalb des Wassers sichern.

Die Larven von Wasserinsekten können keine derartige Abdichtung zuwege bringen. Manche nutzen einen äußeren Schutz, indem sie in Köchern leben und den Zutritt von Wasser in diesen hinein durch ihr Verhalten regulieren. Die meisten müssen aber aktive Wasserabscheidung vornehmen, die, wie schon angemerkt, Energie kostet. Dabei regulieren sie auch ihren Mineralstoffhaushalt, genauer den Elektrolythaushalt. Gerade im stark strömenden Wasser ist dies besonders schwierig, weil das vorbeifließende Wasser nie ins Gleichgewicht mit den Ionen im Insektenkörper kommen könnte. Das dürfte einer der Gründe dafür sein, dass kalkhaltige Bäche und Flüsse viel artenreicher und erheblich (fisch)produktiver sind als solche mit sehr niedrigem Mineralstoffgehalt. Zu diesen »armen« gehören Fließgewässer, deren Quell- und Einzugsgebiete im Urgestein oder sehr mineralstoffarmen Sandböden liegen.

Wir können den Sauerstoff und seinen Gehalt im Wasser also nicht so isoliert betrachten und ähnlich werten wie den der Luft. Zugleich ergibt sich aus den Erläuterungen, warum besonders sauerstoffreiche Fließgewässer für Fische so attraktiv sind und von den (aus unserer Sicht) leistungsfähigsten Arten bewohnt werden, den Salmoniden (»Lachs- oder Forellenfische«). Schnelles Schwimmen erfordert viel Sauerstoff. Das Wasser, in dem Salmoniden leben, enthält nicht nur diesen, sondern auch die Balance der Mineralstoffe. Versauerung traf und trifft sie ungleich stärker als Fische der Buchten mit Unterwasserpflanzen und schlammigen Böden. Diese puffern ähnlich wie an Land die Böden, sofern sie über viel Humus verfügen. Eine gewisse Zeit, allerdings nicht für immer.

Eine besonders starke Wirkung ging – und geht vielfach immer noch – von den Phosphaten aus. Sie gehören in der Landwirtschaft zu den wichtigsten Bestandteilen des Mineraldüngers. In der Bezeichnung für den klassischen Kunstdünger »Nitrophoska« ist die Abkürzung davon mit »phos« enthalten. »Nitro« steht für Stickstoff(verbindungen) und »ka« am Ende des Kunstwortes für Kalium. Diese drei Bestandteile fördern das Pflanzenwachstum am stärksten, zumal wenn Eisen und andere Spurenelemente entsprechend verfügbar sind. Die Bereitstellung von Kunstdünger dieser Grundzusammensetzung, die Mitte des 19. Jahrhunderts entdeckt zu haben wesentliches Verdienst von Justus von Liebig war, hatte die landwirtschaftliche Produktivität Anfang des 20. Jahrhunderts auf ein neues, vorher, von besonderen Standorten abgesehen, unbekanntes Ertragsniveau gehoben. Justus von Liebigs Leistung bestand darin, erkannt zu haben, dass das Wachstum der (Kultur-)Pflanzen nicht einfach mit mehr Dünger zu steigern war, sondern dass die verschiedenen Düngestoffe im für den Pflanzenbedarf richtigen Verhältnis zueinander geboten werden mussten. Stickstoff zu Phosphor 16 zu 1 zum Beispiel. Die zu erzielende Produktionshöhe bestimmt letztlich jener Stoff, der im Verhältnis zu den anderen im Minimum ist.

Dieses »Liebig'sche Minimumgesetz« sollte eigentlich eine optimale, nahezu verlustfreie Düngung ermöglichen. Das tut sie auch – unter den Bedingungen einer abgeschlossenen Aquakultur. Nicht aber unter normalen Freilandbedingungen. Denn da kommt es unweigerlich zu Verlusten, weil unterschiedliche Löslichkeiten und Speicherkapazitäten in den Böden die ganze Wachstumszeit über die Mengen zueinander verschieben. Was im Klartext Auswaschungsverluste bedeutet. Dementsprechend wird (weit) mehr gedüngt, als die Pflanzen verwerten können, weil nicht Tag für Tag ganz nach Bedarf nachzuliefern ist, was gerade ins Wachstum geht. Kernproblem dabei ist die Wasserlöslichkeit des Mineraldüngers. Die Pflanzenwurzeln können nur aufnehmen, was gelöst vorhanden ist, keine Feststoffkristalle oder Partikel. Hierin entsprechen die Vorgänge bei der Stoffaufnahme durch die Wurzeln durchaus unseren eigenen bei der Verdauung. Nur wenn wir intravenös ernährt werden, was für kurze Zeit möglich ist, gibt es weder Unverdauliches und Unverwertetes noch die Notwendigkeit, etwas an sich Brauchbares mit auszuscheiden, nur weil es gerade im Übermaß vorhanden ist.

Stickstoff- und Phosphorverbindungen, die völlig logischerweise auf den Fluren nicht alle gleich nach der Düngung von den Pflanzen aufgenommen werden konnten, werden ins Grundwasser ausgewaschen oder über Oberflächenabfluss in die Bäche und Flüsse oder Seen geschwemmt. In diesen ging ihre Düngewirkung weiter und führte zur Massenvermehrung von Wasserpflanzen (»Verkrautung«) – günstigstenfalls. Denn Wasserpflanzen, die fassbar sind, lässt sich noch einigermaßen Herr werden. Nicht aber der Massenentwicklung mikroskopisch kleiner Algen, speziell der umgangssprachlich als »Blaualgen« bezeichneten Blaugrünbakterien (Cyanobakterien) als dem viel häufigeren Effekt. Diese verursachten etwas, das mit dem merkwürdigen Ausdruck »Wasserblüte« bedacht wird. Davon betroffene Gewässer drohten, noch seltsamer benannt, »umzukippen«. Manche taten dies auch. Gemeint war, dass sie durch übermäßige Düngung mit Phosphaten und Stickstoffverbindungen in kurzer Zeit vom vorher nährstoffarmen und daher sauberen, sauerstoffreichen Zustand in den überdüngten wechselten, »kippten«, in dem Sauerstoff knapp wurde oder so sehr ins Defizit geriet, dass die Fische starben und die meisten übrigen Wassertiere auch.

In den 1960er- und zum Teil auch noch in den 1970er-Jahren war es auch deswegen so oft und so weit verbreitet zum Kippen von Gewässern gekommen, weil die Waschmittel sehr phosphathaltig waren und über das noch nicht ausreichend geklärte Abwasser in die Flüsse und Seen gelangten. Häusliche und landwirtschaftliche Abwässer überlagerten sich damals mit ihren Wirkungen; Erstere waren früher und direkter zu erkennen, weil es klar lokalisierbare Einleitungsstellen gab. Die Wirkungen der Abschwemmungen landwirtschaftlicher Düngung sowie der Pflanzenschutzmittel gelangen diffus in die Gewässer. Immer noch.

Phosphat wurde aus den Waschmitteln verbannt. Besondere Reinigungsstufen wurden in den Klärwerken hinzugebaut, um die Phosphate auszufällen. Dennoch reichte und reicht dies nicht, die chemische Belastung der Fließgewässer auf ein Naturniveau zurückzuführen, weil seit Jahrzehnten die Gülle in kaum vorstellbaren Mengen die Fluren flutet. Mit mehr als 300 Milliarden Liter werden Deutschlands Fluren alljährlich zugegüllt. Manche Landkreise in Deutschland erzeugen über Massenviehhaltung mehr Abwasser als Berlin mit seinen dreieinhalb Millionen Einwohnern. Die Güllemengen verursachen Entsorgungsprobleme. Sie entsprechen längst nicht mehr der nötigen Versorgung. Die Nitratgrenzwerte hat man politisch-künstlich viel zu hoch gehalten, weil die von der WHO empfohlenen 20 Milligramm pro Liter im Trinkwasser beim gegenwärtigen landwirtschaftlichen System unrealistisch sind. Gifte, die als Pflanzenschutzmittel eingesetzt werden, kommen als Gewässerbelastung hinzu. Die nach wie vor viel zu großen Mengen an düngenden Stoffen, die in unsere Gewässer geraten, zeigen sich vielfach direkt an den bräunlich-schleimigen Belägen auf den Kieseln im Fluss. Feinkies und Sandbänke im Flachwasser sind als Entwicklungsraum für die Fischbrut der Kieslaicher nicht mehr geeignet. Algenschlämme dichten ihre Oberflächen ab. Sie verhindern den Zutritt von Frischwasser mit Sauerstoff in die feinen Lücken, in denen sich die Eier und die Jungfischlarven entwickeln.

Die Abwasserreinigung in modernen Klärwerken, die hohe Kosten verursacht, reicht nicht zur Reinhaltung unserer Gewässer, solange das Land mit riesigen Mengen Gülle geflutet wird.

Es sind also keineswegs allein die Einträge organischer Reststoffe, die Fließgewässer und selbstverständlich auch Seen und Teiche belasten können und die es mit aufwendigen Kläranlagen zu mindern oder zu verhindern galt. Höchst bedeutsam ist nach wie vor die »chemische Verschmutzung« mit Dünge- und Giftstoffen aus der Landwirtschaft, auch mit Salz von den Straßen und dem, was aus Rauchgasen und Kraftfahrzeugen entweicht und in die Umwelt gelangt. Bei den organischen Reststoffen im Abwasser ging es an sich mehr um die Größenordnung der Mengen. Die Gifte und die Mineraldüngerstoffe sollten am besten aber gar nicht hineingeraten. Die empfohlenen oder vorgeschriebenen Grenzwerte liegen für Trinkwasser entsprechend niedrig. Hingegen bleiben organische Reststoffe »in Maßen« harmlos, wenn sie insgesamt nicht das Ausmaß des natürlichen Bestandsabfalls überschreiten. Direkt auf uns Menschen bezogen, sind nur die Mengen an Bakterien aus dem Abwasser in hygienischer Hinsicht relevant, weil diese Erkrankungen auslösen können. Phosphate, Nitrate oder Rückstände von Pflanzenschutzmitteln aus der Landwirtschaft dürften nicht ins Wasser kommen, weder ins Grundwasser noch in die Oberflächengewässer und auch nicht ins Meer.

Die Reinigung der Abwässer aus häuslichen und industriellen Quellen geschieht seit Jahren sehr effizient und kostenintensiv in modernen Kläranlagen. Dass dennoch die Qualität der Oberflächengewässer und des Grundwassers nach einem halben Jahrhundert Abwasserreinigung bei Weitem nicht das angestrebte Niveau erreicht, liegt daran, dass anders als die Industrie die Landwirtschaft davon freigestellt worden ist. Sie darf ihre gigantischen Güllemengen seit Jahrzehnten frei übers Land ausbringen, während für menschliche und industrielle Abwässer extrem hohe Reinigungsprozente in für die Bevölkerung höchst kostspieliger Weise angestrebt und auch erzielt worden sind. Die vollständige Reinigung der häuslichen Abwässer auf Trinkwasserqualität bringt wenig, wenn weiterhin mehrfach größere Mengen landwirtschaftlicher Abwässer frei ausgebracht werden dürfen. Dass die Problematik an der Privilegierung der Landwirtschaft hängt, geht in aller Deutlichkeit daraus hervor, wie massiv sich diese gegen die Ausweisung von Wasserschutzgebieten – politisch erfolgreich – zur Wehr setzt.

# »Ausscheidungsorgan« Fließgewässer

Zusammengefasst bedeutet dies, dass die Fließgewässer ausscheiden müssen, womit ihr Einzugsgebiet durch die Landnutzung befrachtet oder, im Jargon der Abwasserreinigung ausgedrückt, belastet wird. In unserer Zeit entsprechen sie einem Ausscheidungsorgan mehr denn je. Gut ist nur, dass sie sich dabei selbst immer wieder reinigen. Sie können sich regenerieren, wenn die Belastungen mit Abfällen und Giften zurückgehen. Dieses Selbstreinigungsvermögen wurde allerdings lange Zeit arg strapaziert an Flüssen, wie dem Rhein, der bis ins späte 20. Jahrhundert ganz zutreffend die »Kloake Europas« genannt wurde. Die großen Anstrengungen der kommunalen und industriellen Abwasserreinigung zeitigten inzwischen beträchtliche Erfolge, wie bereits betont wurde, aber sie bleiben unvollständig, wenn entsprechende Maßnahmen nicht auch seitens der Landwirtschaft hinzukommen. Solange das Wasser fließt, ist die Regeneration durch Selbstreinigung möglich. Aber es lagern sich immer mehr Gift- und Schadstoffe am Gewässerboden ab.

Viel schwieriger ist die Lage bei den stehenden Gewässern, den Seen, Teichen und Tümpeln. Sie wirken zwangsläufig als Fallen für Nähr- und Schadstoffe. Was hineingerät, bleibt in ihnen, bis es biologisch aufgearbeitet ist, oder definitiv, wenn dies nicht möglich ist, wie etwa bei Quecksilber, Blei und ähnlichen metallischen Giftstoffen. Wie ausgeprägt die Speicherwirkung stehender Gewässer ist, ergibt sich aus dem Verhältnis zwischen Größe (Volumen) des Wasserkörpers und der Austauschrate, die durch die Zu- und Abflüsse zustande kommt. Bei der Behandlung von Stauseen wird sie eine ganz wichtige Rolle spielen. Hier daher nur der Hinweis, dass fast jeder See nicht nur einen Zufluss, sondern auch einen Abfluss hat, also in einem gewissen, direkt davon abhängigen Ausmaß sein Wasser ausgetauscht bekommt. Dies geht bei Flachseen natürlich viel leichter als bei sehr tiefen. Bei diesen kann sozusagen das zu- und wieder abfließende Wasser über die oberflächliche Zone strömen, ohne das Tiefenwasser zu betreffen. Ausgenommen davon sind die Zeiten der Umwälzung, der Zirkulation, auf die in der nachfolgenden Charakterisierung der Seen näher eingegangen wird.

Ein weiterer großer Unterschied zwischen Fließgewässern und Seen besteht in der Dauerhaftigkeit ihrer Existenz. Wir sind gewohnt, dass Pfützen schnell wieder verschwinden; nicht ganz so schnell, wie sie nach Starkregen oder Hochwasser entstehen, aber oft schon nach einer Reihe von Tagen oder Wochen. Tümpel halten länger. Wer einen Gartenteich angelegt hat, erlebt, wie rasch sich dieser in Richtung Verlandung verändert und schließlich zu einer nur noch sumpfig-feuchten Stelle verschwindet, wenn keine Gegenmaßnahmen ergriffen werden. Seen hingegen kommen uns beständig vor. Das sind sie zwar auf unsere Lebenserwartung bezogen, einschließlich derer von Generationen vor und nach uns, sie sind es aber nicht mehr, wenn wir Jahrtausende als Zeitmaß wählen. Stellt man die Veränderungen im Zeitraffer dar, kommt ein sich beschleunigender Ablauf zustande, der nach langsamer, kaum erkennbarer Anfangsveränderung ein immer schnelleres Vorrücken der Ufervegetation bis zur vollständigen Verlandung wiedergibt. »Sukzession« wird diese Entwicklung genannt. Sie charakterisiert die auch ganz ohne Zutun von Menschen ablaufenden Prozesse, die ein Becken, das mit Wasser gefüllt worden ist und zum See wurde, nach und nach wieder zu Land umwandeln. Vielfach geschah dies nacheiszeitlich, nachdem Schmelzwassermassen der Gletscher riesige Seen gebildet hatten. Manche gibt es noch im Randbereich der Alpen, wie den Bodensee, den Genfer See oder die zahlreichen anderen Gebirgsseen, auch global, andere sind durch Verlandung bereits wieder verschwunden. Das Rosenheimer Becken ist so ein ehemaliger, vom Inn völlig aufgefüllter See aus der späten Eiszeit. Darauf ist bereits hingewiesen worden.

Unablässig schiebt die Tiroler Ache ihre Sedimente in den Chiemsee. Sie wird das »Bayerische Meer« im Lauf der Zeit auffüllen.

An dieser Stelle soll mit solchen Beispielen bekräftigt werden, dass Seen, dass stehende Gewässer ganz allgemein, als Sammelbecken für Material wirken und daher weit weniger zur Selbstreinigung befähigt sind als Flüsse. Um es kurz und plakativ auszudrücken: Seen können nur altern, Flüsse können sich aber immer wieder verjüngen.

Aus dieser Feststellung folgt, dass Fließgewässer sehr wohl »zurückgebaut« werden können, so man sie verbaut hat. Bei Seen geht das nicht. Nur kleine stehende Gewässer lassen sich – mit viel Aufwand – gegebenenfalls wieder entlanden. Seen kann man nur schützen.

## »Sammelbecken« See

Es mag nun angebracht sein, auch die stehenden Gewässer aus den Blickwinkeln zu betrachten, unter denen die Fließgewässer bis hierher behandelt worden sind. Der Vergleich schärft den Blick. Und dies nicht nur für die Unterschiede, sondern auch für jene Zustände, in denen »stehende« und »bewegte« Gewässer ineinander übergehen. Was sie tatsächlich meistens tun.

Zunächst das Offensichtliche. Seen, Teiche und Tümpel sind stehende Gewässer. Gegen das Umland lassen sie sich zumeist recht gut abgrenzen, auch wenn ihr Wasserstand die Ufer überfluten oder von diesen zurückweichen kann, je nach Jahreszeit oder in Abhängigkeit von den Niederschlägen. Ihre Oberfläche steht selbstverständlich nicht wirklich still, da sie vom Wind bewegt wird und Wellen entstehen. Diese reichen von winzigem, nur die Glätte des Spiegels ruhenden Wassers etwas trübendem Gekräusel bis zu meterhohen Wasserwalzen, die gegen die Ufer schlagen. Anders als für Flüsse wird für Seen der Wind zu einem »Faktor«; das heißt zu einer Wirkgröße mit ökologischer Relevanz. Denn ein stehender Wasserkörper schichtet sich über unterschiedliche Temperaturen des Wassers ganz von selbst.

Gehen wir zur Behandlung der Schichtung vom vertrauteren Sommerzustand aus. Dank Sonneneinstrahlung und warmer Luft über dem Wasserspiegel hat sich die Oberfläche erwärmt und dabei für uns angenehme Badetemperaturen von 20 Grad Celsius und mehr erreicht. War die letzte

Zeit ruhig ohne nennenswerten Wind und ohne Durchwirbelung des Wassers mit Motorbooten, stellen wir vielleicht erstaunt beim Schwimmen fest, dass die Füße plötzlich kaltes Wasser erreichen. Das kann schon in Baggerseen der Fall sein. Die unvermittelte Kälte des tieferen Wassers ist das Ergebnis einer ziemlich stabilen Schichtung. Warmes Wasser überlagert kaltes Tiefenwasser, so der See tief genug ist. Bei sehr tiefen Seen mit breit spaltförmiger Beckenstruktur, wie sie manche Gebirgsseen haben, liegt die Temperatur des Tiefenwassers nur knapp über 4 Grad.

Dies ist die Temperatur, bei der Wasser die größte »Dichte« hat (das höchste spezifische Gewicht). Wird es kälter, nimmt die Dichte wieder etwas ab und beim Gefrieren zu Eis so sehr, dass es bekanntlich auf dem Wasser schwimmt. Diese Anomalie des Wassers ist lebenswichtig. Gäbe es sie nicht, könnte wahrscheinlich kein Leben existieren, kein komplexeres Leben zumindest. Denn in kurzer Zeit würden nicht nur alle Seen bis zum Grund zufrieren, sondern auch die Ozeane, wenn das Eis als feste Phase des Wassers schwerer als dieses wäre. Normalerweise werden die Stoffe schwerer, je kälter sie werden, und umgekehrt. Bei Erwärmung dehnen sie sich aus. Das tut das Wasser auch, aber erst von 4 Grad aufwärts. Warum das beim Wasser so ist, ergibt sich aus den physikalischen Eigenschaften der Wassermoleküle. Es kann in einschlägigen Büchern und Internetartikeln nachgelesen werden. Hier geht es um die Auswirkungen der Anomalie, und diese sind beträchtlich.

Bei größeren Seen entsteht zweimal im Jahr eine anhaltende, ziemlich stabile Schichtung. Im Sommer, wie oben schon beschrieben, und wieder im Winter. Im Sommer überlagert das erwärmte Wasser das kalt gebliebene Tiefenwasser. Im Winter schichtet sich das kältere und etwas leichtere Wasser gleichfalls über dieses Tiefenwasser, und bei entsprechender Kälte bildet sich eine Eisdecke. Beide Hauptschichten trennt eine vergleichsweise schmale Zone, in der sich vor allem im Sommer die Temperatur auf geringe Distanz rasch ändert. Von 20 Grad auf 4 Grad zum Beispiel, und dies innerhalb von nur einem Meter. Daher wird diese Schicht »Sprungschicht« genannt. Sie ist nach der Anomalie des Wassers bei 4 Grad die zweite Besonderheit (größerer) stehender Gewässer. Denn sie trennt zwei Wasserkörper, die in ihrer Temperatur und zumeist auch im Gehalt an Sauerstoff und Mineralstoffen weit auseinanderliegen. So weit, dass wir sozusagen plötzlich vom Zustand des warmen Unterlaufs auf den des kalten Bergbaches wechseln, wenn wir den Wechsel mit dem Fluss vergleichen. Aber dies auf die geringe Distanz von einem Meter. Im Winter ist der Wechsel nicht so krass, weil sich zwei oder ein Grad kaltes Oberflächenwasser nur wenig vom vier Grad frischen Wasser der Tiefe unterscheidet. Dennoch verhindert genau dies, dass es zur Bildung von Grundeis kommt. Bei extremer Kälte gefrieren sogar Quellbäche, aber mit dem Tiefenwasser von Seen wird dies nicht geschehen.

Was passiert aber, wenn sich im Frühjahr und Spätherbst die Temperatur des Oberflächenwassers jener des Tiefenwassers annähert? Da kommt der Wind mit ins Spiel. Schon mäßige Böen und aus unserer Sicht normale Wellen bewirken eine teilweise oder sogar vollständige Durchmischung des Wasserkörpers. Der See zirkuliert, so der Fachausdruck. Erfasst die Durchmischung den ganzen See, entsteht eine Vollzirkulation. Wird nur ein Teil des Tiefenwassers mit einbezogen, weil der See sehr tief ist im Verhältnis zur Oberfläche, gibt es eine Teilzirkulation. Dieser Vorgang ist so wichtig, dass er mit besonderen Fachausdrücken charakterisiert wird: holomiktisch für Vollzirkulation, meromiktisch für Teilzirkulation. Geschieht dies, wie oben skizziert, zweimal im Jahr, im Frühjahr und im Spätherbst, ist der See dimiktisch. In wintermilden Regionen kann es nur zu einer Mischungsphase im Winter kommen, weil es nicht kalt genug wird für die Eisbildung. Dann ist dies ein monomiktischer See. Flache Seen werden nicht nur ein- oder zweimal im Jahr durchmischt, sondern häufig, weil Wind und Wellen weit genug in die tieferen Bereiche wirken. Dies sind dann polymiktische Seen. Ihr Extrem wäre in logischer Fortführung der Fluss, denn in diesem herrscht dauernd Mixis, die großen trägen Unterläufe allenfalls ausgenommen, in denen sich bei ruhiger Strömung zeitweise eine gewisse Schichtung im Wasser ausbilden kann.

Nun neigt bekanntlich die Wissenschaft zur Bildung von Spezialausdrücken, genannt »Fachjargon«. Das geschieht um der Verständlichkeit willen, auch und besonders für die internationale Kommunikation. In

Texten wie diesem werden Fachausdrücke vermieden, die nicht allgemein verständlicher Sprache entsprechen. Wenn hier mit der Mixis, der Durchmischung von Seen, solche doch eingeführt werden, so deswegen, weil diese Vorgänge ähnlich wichtig für stehende Gewässer sind wie die Strömung für fließende. Denn mit der Mixis werden Mineralstoffe aus der Tiefe an die Oberfläche und Sauerstoff von dieser nach unten transportiert. Die Umwälzung stellt einen Versorgungs- und Ernährungszyklus dar. Dabei ist klar, dass der See neuen Sauerstoff nur an der unmittelbaren Wasseroberfläche aufnehmen kann, außer er erhält sehr viel Zustrom von Bergbächen mit stark durchwirbeltem Wasser. Das wird natürlich nur im Hochgebirge der Fall sein.

Die meisten Seen und andere stehende Gewässer, wie Baggerseen und große Teiche, sind von der Sauerstoffaufnahme aus der Luft direkt über ihrem Wasserspiegel abhängig. Dieser würde aber viel zu viel Zeit in Anspruch nehmen, bis er durch rein physikalische Diffusion nach und nach tiefer in den Wasserkörper vordringt. Das Tiefenwasser großer Seen würde er nie erreichen, weil er zwischendurch von den Organismen im Wasser bereits veratmet würde. Die Zirkulation beschleunigt und verstärkt also den Transport von Sauerstoff in den oberflächenfernen Wasserkörper ganz enorm. Herbst- und Frühjahrsstürme sind »gut« für den See, während Sommerstürme wenig bewirken, weil Oberflächen- und Tiefenwasser da durch einen großen Temperaturunterschied zu weit voneinander getrennt sind. Im Winter bei Eisbedeckung kann ohnehin kein Sturm Sauerstoff in den See eintragen. Warum ist dies so wichtig?

Selbstverständlich benötigen Fische in allen Wassertiefen, in denen sie leben, Sauerstoff. Doch nur sie zu betrachten wäre viel zu kurz gegriffen. Betroffen ist weit mehr, letztlich das gesamte Netz von Lebewesen im See. Denn an der gut durchlichteten Oberfläche wird produziert. Hier können sich mikroskopisch kleine Algen rasch vermehren. Ihre Fotosynthese läuft an, sobald das Licht im Frühjahr stark genug geworden ist, mitunter sogar schon im Winter unter Eis. Dabei nutzen und entziehen sie dem Oberflächenwasser mineralische Nährstoffe. Je besser die Algen gedeihen, desto schneller werden diese knapp und geraten ins

Minimum. Was von dieser Primärproduktion nicht schon von Kleinkrebschen und Kleinfischen an der Oberfläche verzehrt wurde, sinkt ab und verschwindet in der Tiefe. Dort werden die Algen und die Kleintierreste zersetzt und abgebaut. Dieser Vorgang erfordert – und zehrt – den Sauerstoff. Je produktiver die Oberflächenschicht, die Nährschicht, desto mehr Sauerstoff benötigt die Tiefe, die Zehrschicht. Falls dieser zu knapp wird oder ganz schwindet, entsteht eine Fäulniszone in der Tiefe. Sie mindert die Fischerträge und auch die Wasserqualität des Sees, der dann unter Umständen nicht mehr für die Gewinnung von Trinkwasser geeignet ist. Das kann erhebliche Konsequenzen haben, wenn Großstädte, wie Stuttgart beispielsweise, Trinkwasser aus einem großen See, dem Bodensee, beziehen.

Mit dem Sauerstoffhaushalt zudem verknüpft ist, wie gerade angeschnitten, die Mineralstoffversorgung. Im Idealfall transportiert die Umwälzung des Wasserkörpers im holomiktischen See die Nährstoffe, die bei der Zersetzung der zu Boden gesunkenen Organismen frei werden, wieder empor in die produzierende Oberflächenschicht. Läuft so ein Kreislauf im Wesentlichen vollständig ab, behält der See seine Wasserqualität und verbleibt im Zustand der Knappheit, dem oligotrophen Zustand. So ein See ist sauber, die Fische sind von hoher Qualität für den menschlichen Verzehr, aber ihre Bestände bleiben gering und die Fangerträge ebenfalls. Ein oligotropher See entspricht ökologisch den Oberläufen sauberer Fließgewässer mit der Forellen- und Äschenregion. Produktion und Verbrauch, Aufbau und Abbau bilden einen Kreislauf, dessen geringe, in der Natur unvermeidbare Verluste durch Nachlieferung aus dem Umland ausgeglichen werden. Die Zuläufe zum See schwemmen Nährstoffe ein, die ergänzen, was über Fische und Vögel oder auch durch die Entnahme seitens der Menschen dem Zyklus verloren geht. Der Seeboden bleibt »sauber«. Es bildet sich kein Faulschlamm. Die Sedimente, die sich absetzen, werden mineralisiert und bleiben ohne nennenswerte organische Rückstände.

Dieses quasi perfekte Recycling, das einen oligotrophen See sehr lange in diesem Zustand erhalten kann, im Extremfall, wie etwa beim Baikalsee, viele Jahrmillionen, kommt jedoch nur dann zustande, wenn die Oberfläche des Sees mit ihrer produzierenden Schicht klein ist bezogen auf die Tiefenzone oder dieser in der ökologischen Effizienz höchstens gleichkommt. Das ist leicht einzusehen. Wenn die Abbaukapazität der Tiefe größer ist als oder höchstens gleich groß ist wie die Aufbaufähigkeit der Oberfläche, kann das vollständige Recycling funktionieren.

Dichte Bestände von Rohrkolben und Schwimmblatt-Pflanzen zeigen gut sichtbar die vom Ufer ausgehende Verlandung an.

Produziert die Oberfläche mehr, als die Tiefe verwertet, kommt unweigerlich eine Anhäufung von unaufgearbeitetem, fäulnisfähigem Material zustande. Dies geschieht in Flachseen, deren Wasser reich an Mineralstoffen ist oder denen viel organisches Material zugeführt wird. Die Produktion übersteigt dann trotz oder gerade wegen wiederholter Durchmischung des Wasserkörpers die Kapazität zum Abbau. So ein See ist (zu) nährstoffreich, er ist eutroph. Am Boden bildet sich Faulschlamm, und die Wasserqualität nimmt ab. Für die Nutzung als Fischwasser kann dieser Zustand sehr günstig sein, weil er hochproduktiv ist. Im Idealfall dürfte jeweils so viel Fisch geerntet werden, dass eine weitere Nährstoffanreicherung verhindert wird, die zum schon beschriebenen sogenannten Kippen mit Massenentwicklung von Algen, speziell von Cyanobakterien (»Blaualgen«), führen würde. Genau diesen labilen Zustand hoher Produktivität strebt die Teichwirtschaft an. Das geht, wenn die Teiche zeitweise trockengelegt und der Einwirkung von Luftsauerstoff ausgesetzt werden können. In dieser Luftphase wird der nicht aufgearbeitete Überschuss an organischen Reststoffen mineralisiert, und Fischparasiten werden abgetötet. Mit Naturseen geht so etwas normalerweise nicht. Im Hinblick auf nachhaltige Nutzungsansprüche tun wir daher gut daran, ihre zu starke Eutrophierung zu verhindern.

Stehende und fließende Gewässer unterscheiden sich also in wesentlichen Aspekten ihrer Natur. Aber die ökologischen Vorgänge weisen auch Gemeinsamkeiten und Überschneidungen auf. Diese werden bedeutsam, wenn wir die Stauseen betrachten und ihre Kleinform an Bächen, die Mühlenteiche. Hier ist aber noch etwas nachzutragen, das Beachtung verdient, weil viele Missverständnisse damit verbunden sind. Thema ist der mittlere Status von Seen, der mesotrophe Zustand. Dieser liegt zwischen dem nährstoffarmen oligotrophen und dem nährstoffreichen eutrophen Zustand und sollte daher der Idealzustand sein, zumindest aus Sicht der Nutzungsansprüche der Menschen. Wäre er nicht anzustreben?

# Die Illusion vom stabilen Gleichgewicht

Die gängige Vorstellung vom Gleichgewicht in der Natur würde bestens mit dem mesotrophen Zustand übereinstimmen. Produktion und Nutzung wären darin ausgeglichen. Und dies auf hohem Niveau, das eine optimale Nutzung von Ressourcen zulässt. Von allem wäre genug im Kreislauf, aber von nichts zu viel. Nirgendwo blieben unverwertete Überschüsse zurück. Fast zu schön, um wahr zu sein. Diese Befürchtung ist vollauf berechtigt. Denn tatsächlich ist der mesotrophe

Zustand nicht stabil. Er ist ein Durchgangszustand, in dem das Gewässer – oder das ökologische System, ganz allgemein ausgedrückt – nicht von selbst verweilt, sondern sich rasch entweder in die eine oder in die andere Richtung weiter verändert. Zum oligotrophen Zustand zurück oder, was häufiger geschieht, zum eutrophen fortschreitend. Diese beiden sind die stabilen Systemzustände, nicht der mittlere, der aus unserer (Wunsch-)Sicht optimale. Wie bei einem schwingenden Pendel wird der mesotrophe Zustand besonders schnell passiert. Geringfügige Abweichungen reichen in diesem Durchgangsstadium aus, die Entwicklung voranzutreiben oder zurückzufahren. Wenn wir genauer hinsehen, was geschieht, wird sogleich klar, warum das so ist.

Im oligotrophen Zustand sind die Ressourcen ins Minimum geraten. Mindestens eine, oft aber mehrere, wie Phosphate, Stickstoffverbindungen oder andere Mineralstoffe. Kommen von außen keine nach, die den Mangel beheben, kann eben nicht mehr als das Wenige produziert werden. Das Recycling stellt die Rohstoffe immer wieder zur Verfügung. Der Gehalt an Sauerstoff bleibt hoch, weil die Abbauvorgänge weniger verbrauchen, als bei der Mixis des Wassers nachgeliefert oder im Fließgewässer vom strömenden Wasser aufgenommen wird. Der oligotrophe Zustand erlangt auf diese Weise anhaltende Stabilität.

Im eutrophen Zustand wird mehr produziert, als im Prozess des Recyclings im Jahreslauf wieder aufgearbeitet, das heißt mineralisiert werden kann. Also sammeln sich Rückstände an, die unter Sauerstoffzehrung zu Schlamm und schließlich zu Faulschlamm werden. Viele Nährstoffe, auch organischer Detritus, sind darin verhältnismäßig locker gebunden. Geringfügige Turbulenzen reichen aus, sie immer wieder zu mobilisieren und in den Produktionsprozess zurückzubringen. Dieser empfängt an der Oberfläche genug Licht, und einen Großteil des Jahres herrschen hinreichend hohe Temperaturen für die pflanzliche Produktion, die dank der überreich vorhandenen Nährstoffe pro Saison mehr erzeugt, als anschließend wieder abgebaut werden kann. Der Überschuss verschärft den Mangel an Sauerstoff und vergrößert das Überangebot an Pflanzennährstoffen im Tiefenwasser. Die Produktion läuft Jahr für Jahr auf (zu) hohem Niveau weiter. Wenn es zu keinem massiven Export von Nährstoffen kommt, was natürlicherweise im See kaum geschehen kann, bleibt das System im eutrophen Zustand. Und damit langfristig ebenfalls stabil.

Allerdings schreitet dabei die Verlandung fort, weil immer mehr Material im Becken akkumuliert wird. Im Klartext heißt dies: Das Gewässer wächst zu. Bei Tümpeln und Teichen geht es schnell. Das lässt sich von Jahr zu Jahr mitverfolgen. Bei großen eutrophen Seen dauert die Verlandung natürlich viel länger. Statt findet sie dennoch. Aus dem See wird ein Sumpf mit Bruchwald, und schließlich ist außer einer Senke kaum noch etwas davon zu erkennen. Sehr langsam wachsen Moore, Hochmoore insbesondere, und werden zu festem Land. Deshalb musste immer wieder betont werden, dass stehende Gewässer, verglichen mit Flüssen, kurzlebige Gebilde sind. Insofern ist der eutrophe Gewässerzustand tatsächlich weniger dauerhaft als der oligotrophe, aber stabil sind sie beide in Bezug auf die ökologischen Kreisläufe, die sich in ihnen vollziehen.

Instabil ist der mesotrophe, der optimal ausgeglichene Zustand. Wegen seiner hohen Produktivität ist er Zielwert in der Teichwirtschaft. Sie versucht, die natürliche Produktionskraft der meist künstlich angelegten Flachgewässer durch geeignete Bewirtschaftungsmaßnahmen zu maximieren. Das geschieht durch künstliche Anreicherung von Nährstoffen über Füttern der Fische und Düngen der Teiche, damit sich Plankton und Kleintierwelt im Wasser möglichst stark entwickeln, oder durch die Einleitung entsprechend verdünnter häuslicher Abwässer. Unabhängig vom Risiko, dass dadurch Erreger von Krankheiten, die für die Menschen gefährlich sein können, eingetragen und vielleicht mit den Fischen zu den Menschen zurückgebracht werden, erfordert eine solche Bewirtschaftungsform sehr genaue Abstimmungen der Nährstoffzuflüsse und die Erhaltung des hohen Sauerstoffgehaltes. Fischteiche müssen dauernd gemanagt werden. Der mesotrophe Zustand bleibt nicht selbststabil.

Noch schwieriger ist es, einen mesotrophen Zustand in Fließgewässern zu erreichen oder zu halten, weil gleichsam dauernd alles davonschwimmt und von Natur aus schon nicht auf Zeit »stabil« sein kann.

Daher neigen die Flüsse zum stabileren oligotrophen Zustand. Einen eutrophen erlangen sie ohne Zutun des Menschen nicht. Denn schon das nächste Hochwasser schwemmt wieder aus, was zu viel in sie hineingeraten ist. Dass es dennoch Unterschiede in den natürlicherweise zustande kommenden Fischbeständen in Fließgewässern gibt, hängt vom Land, von ihrem Einzugsgebiet ab. Ist dieses eutrophiert, werden das auch die Flüsse, die daraus entwässern. Herrschen magere, oligotrophe Verhältnisse, zeigen auch die Flüsse solche an. Ihre natürliche Nährstoffquelle ist der Auwald. Aus ihm gelangt der Bestandsabfall ins Wasser, der die Fische, die Wasserinsekten, die Krebse und all das andere Getier ernährt. Bäche und Flüsse, die aus Nadelwäldern kommen, waren und sind daher weit ärmer an Fischen als solche aus Laubwaldgebieten.

Doch die ursprünglichen Verhältnisse haben sich ganz gewaltig geändert, seit den Flüssen der weitaus größte Teil ihrer Auen genommen und in Kulturland umgewandelt worden ist. Deshalb sollten wir uns die ökologisch natürliche Verflechtung der Fließgewässer mit ihren Auen genauer ansehen, bevor wir die Folgen der Regulierungen des Aufstaus und der Ableitung von Wasser betrachten.

Teil III

# Von Auwäldern und Altwasser

# Wenn Bäume nasse Wurzeln bekommen

Von der Quelle bis zur Mündung säumen mehr oder minder breite Bestände von Bäumen und Buschwerk die Fließgewässer. Sie tragen unterschiedliche Bezeichnungen, wie »Galerie-« und »Auwald«, je nachdem, wie breitflächig sie entwickelt sind. Das hängt selbstverständlich von den örtlichen Gegebenheiten der Landschaftsstruktur ab. So kann sich an Bergbächen, die durch tief eingeschnittene, v-artig geformte Täler tosen, allenfalls ein Baumbestand direkt entlang des Wasserlaufes entwickeln. In den Ebenen jedoch breitet sich Auwald als richtiger Wald kilometerweit zu beiden Seiten des Flusses aus.

Die Grenze der Aue bildet die mittlere Reichweite der Hochwässer. Extreme Fluten können zwar unter Umständen erheblich weiter auf das Umland hinausgreifen, beeinflussen aber die Baumartenzusammensetzung und Wuchsformen der davon betroffenen Wälder nicht nachhaltig genug. Die mittlere Reichweite der Überflutungen hingegen wirkt sich anhaltend auf die Bestände aus, weil das Grundwasser davon entsprechend hochgehalten wird. Der Auwald kann daher charakterisiert werden als Wald, der unter Einfluss des Flusswassers wächst. Und dieses wirkt oberirdisch als mehr oder minder regel- oder unregelmäßige Überschwemmung und unterirdisch über das Grundwasser. Daraus folgt, dass die Grenzen nicht wirklich festliegen, sondern sich durchaus verschieben können: zum Fluss hin, etwa wenn im Einzugsgebiet jahrzehntelang unterdurchschnittliche Niederschläge die Hochwasser schwach ausfallen lassen; zum Land hin, wenn in Feuchtphasen viele und starke Hochwasser die Folge sind.

Solche Schwankungen sind kein Produkt des (menschengemachten) Klimawandels unserer Zeit; es hat sie immer gegeben. Mit einer Folgewirkung, die sich historisch in der Kultivierung der Flusstäler spiegelt. In den jahrhundertelangen Wärmephasen, wie sie im Hochmittelalter geherrscht hatten, war es verhältnismäßig leicht, die produktiven Flussauen zu besiedeln, die Auwälder zu roden und in Kulturland umzuwandeln. Vergleichbares geschah damals auch mit den großen Hochmooren. Feuchtphasen mit Häufung starker Hochwasser trafen die Menschen in den Flusstälern danach als besonders schlimme Katastrophen. Hochwassermarken an Gebäuden zeugen von diesen früheren Verhältnissen. An manchen Orten reichen sie weiter als ein halbes Jahrtausend zurück.

Dennoch bilden die Markierungen lediglich einen ganz geringen Restteil der spät- und nacheiszeitlichen Flussentwicklungen ab. Als die Gletscher schmolzen, fegten für heutige Verhältnisse unvorstellbare Fluten durch die Täler und formten sie zu dem, was sie heute sind. Die aus den Alpen kommenden Flüsse sahen damals, vor zehntausend Jahren, mit ihren weiten Schotterflächen ähnlich aus wie gegenwärtig manche in Alaska. Die späteren Auen entstanden auf Rohböden, die von Hochwassern angeschwemmt worden waren. Das unterscheidet sie immer noch sehr ausgeprägt von Waldböden außerhalb des Auebereichs. Dieser ist also nicht allein durch die Reichweite der Überschwemmungen charakterisiert, die an nicht regulierten und eingedämmten Flussläufen auftreten würden, sondern auch über den Boden darunter mit Auelehm und anderen Bodenformen über kiesigem und sandigem Untergrund. Häufige Umlagerungen, wiederum vom Fluss verursacht, unterscheiden die Auwaldböden zudem von flussfernen. Denn nicht nur die Hochwasser überschwemmen. Die unregulierten Flüsse mäandrieren, spalten sich in zwei oder mehrere Läufe auf und arbeiten über Seitenerosion beständig am Flussbett. Die Folge sind Abtragungen an den Prallhängen und Anlagerungen an den Gleithängen und damit Umlagerungen, die sich flussabwärts verlagern. Auwaldböden sind flussdynamischen Veränderungen unterworfen und langfristig nicht festgefügt. Dies ist letztlich der noch viel wichtigere Aspekt in der Abgrenzung der Auwälder von den anderen Waldtypen oder von was auch immer an den Fluss grenzt. Das können offene Grasländer sein, Steppen und Savannen oder im Extremfall auch Wüsten, wie im Fall des Nils an seinem Unterlauf.

Uferbewuchs in zumindest dicht buschartiger Form, meistens aber als Galeriewald ausgebildet, begleitet so gut wie immer die Flüsse, wenn wir von jenen Ausnahmefällen im hohen Norden oder im Hochgebirge absehen, wo sie durch eisbedecktes Land strömen. Dass wir dort keine Auwälder erwarten können, ist offensichtlich. In Mitteleuropa aber wären wie überall von den winterkalten und klimatisch gemäßigten Regionen bis zu den inneren Tropen Auwälder entlang aller Fließgewässer der Normalzustand. Speziell an diese ökologischen Verhältnisse angepasste Baumarten bieten die Möglichkeit zu einer Untergliederung, die auch dann bestimmte Zonen abgrenzt, wenn kein Hochwasser vorhanden ist. Für die Verhältnisse im klimatisch gemäßigten Bereich, also speziell auch in Mitteleuropa, werden die Weichholz- und die Hartholzaue als Haupttypen unterschieden. Die Weichholzaue entwickelt sich flussnah. Die sie kennzeichnenden Bäume, allen voran verschiedene Weiden- und Pappelarten, vertragen ziemlich regelmäßige Hochwässer und benötigen sie sogar. Ihre Zone erstreckt sich vom Flussufer landwärts bis in den Randbereich, den die alljährlichen Fluten durchschnittlich erreichen. An diese schließt die Hartholzaue an. Sie wird nur noch von starken Hochwässern überflutet, aber häufig genug, dass sie von der Konkurrenz durch Baumarten nicht verdrängt werden können, die kein Hochwasser vertragen.

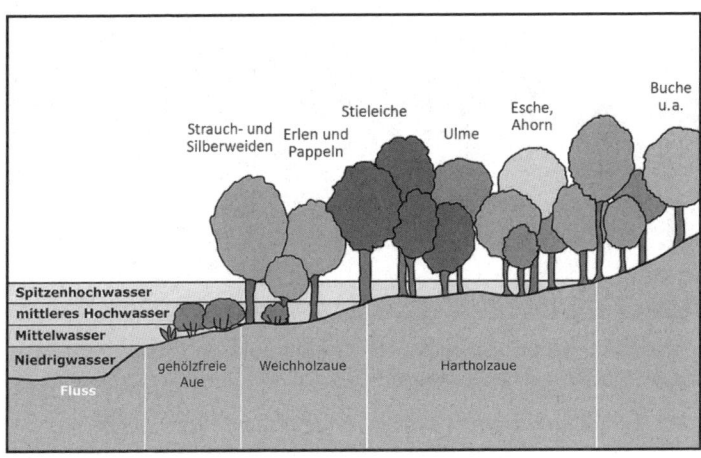

Die Häufigkeit, mit der erhöhte und hohe Wasserstände am Fluss vorkommen, bestimmt die Abfolge der Vegetation im Auwald.

Wenn Bäume nasse Wurzeln bekommen

Diese Zweiteilung ließe sich weiter verfeinern, je nachdem, welcher Bodentyp vorherrscht und ob das Hochwasser mit starker Strömung, also ausräumend und die Bodenvegetation zerstörend, durchfließt oder ob es langsam ansteigt und längere Zeit im Auwald verbleibt. Auch darauf reagieren verschiedene Pflanzen unterschiedlich und bilden in der Folge gut erkennbare Assoziationen. Die Häufigkeit und die jahreszeitliche Verteilung der Hochwässer sind weitere Faktoren, die gliedernd wirken. Und natürlich auch, ob mit diesen viel Sand und Schlick in die Aue geschwemmt werden oder kein Sediment abgelagert wird. All das stellt Herausforderungen an die Pflanzenökologen, die Geobotaniker, die versuchen, die unterschiedlichen Pflanzengemeinschaften zu erfassen und zu klassifizieren. Diese aufzuführen würde zu sehr ins Detail gehen. Zudem erweisen sich die verschiedenen Flüsse ganz ausgeprägt als »Individuen« mit besonderen, nur ihnen zukommenden Eigenschaften.

Vielfältige Ufervegetation ist ein Garant für Artenvielfalt an den Gewässern, ob an Quellseen oder Altarmen von Flüssen.

Für den Überblick ist das Ergebnis dieser Feinarbeit wichtig und aufschlussreich: Auwälder sind auf kleinem Raum die am unterschiedlichsten gestalteten Wälder. Und die dynamischsten dazu. Das drückt sich bestens sichtbar in der Artenvielfalt aus. Wenn die Vögel singen, wird die Vielfalt hörbar. Die Biodiversität der Auwälder ist immens. Für europäische Verhältnisse mutet sie geradezu tropisch-reichhaltig an. Dicht nebeneinander gibt es durchströmte Flussarme und stehende Altwasser; Gewässer groß oder klein mit sumpfigen oder steilen Ufern, dazwischen auf Inseln oder an den Uferzonen trockene, sandig kiesige Stellen, die im Sommer sehr heiß werden, aber auch feuchtschattige Dickichte auf alten, völlig wiederverlandeten Flussarmen. Offenen Boden, der noch unbewachsen ist, hat das letzte Hochwasser zurückgelassen. Anschwemmungen, die erst wenige Jahre alt sind, tragen Jungwuchs ganz unterschiedlichen Alters. Junge Bäume grenzen an Altbestände, die bereits mehr als hundert Jahre alt sein können. Von den Fluten aus- und mitgerissene Bäume, an andere Stellen ans Ufer angeschwemmt, treiben wieder aus und entwickeln einen Minibestand dieser Baumart, zumeist von Silberweiden.

Diese, *Salix alba* mit ihren schmalen lanzettlichen, unterseits silbrig glänzenden Blättern, kommt von allen Baumarten am besten mit dem Hochwasser zurecht. In Buchten gibt es Schilfbestände, Rohrkolbengruppen und anderes Röhricht. An Altwassern lassen sich Verlandungsstadien in geradezu lehrbuchhafter Abfolge studieren, wie die verschiedenen Pflanzenarten von der Tiefe im Wasser bis zum Land einander ablösen. Junges grenzt an Altes mit den unterschiedlichsten Alters- und Entwicklungsstadien. Hochwasser zerstört, insbesondere wenn es mit reißender Strömung oder gar mit Eisschollen in den Auwald eindringt. Der Boden kann danach wie rasiert aussehen. Aber darauf folgt ein kraftstrotzender Neuaufbau. Räumliche Vielfalt und zeitliche Dynamik greifen mosaikartig im Auwald ineinander, sodass dieser Waldtyp am unregulierten Fluss, um dies nochmals zu bekräftigen, der artenreichste Lebensraum außerhalb der Tropen ist. Sein besonderes Charakteristikum klingt geradezu absurd widersprüchlich: Über extreme Instabilität stabilisiert sich die Auwaldvielfalt.

Zur Hochwasserdynamik gehört das Niedrigwasser und mit diesem das Trockenfallen von Seitenarmen, Lagunen und Tümpeln. Dieses

Gegenstück ist bei Schifffahrt und Anglern eher noch unbeliebter als Hochwasserfluten, weil die Zeiten sehr geringer Wasserführung meistens weitaus länger als ein Hochwasser dauern. Flussökologisch ist Niedrigwasser dennoch ein sehr bedeutsamer Teil der Gesamtdynamik. Die normale Schwankungsbreite der Wasserführung bewegt sich im Jahreslauf zumeist beim Fünf- bis Zehnfachen der mittleren Niedrigwasserquote, kann aber erheblich darüber hinausgehen. Das hat entsprechende Konsequenzen für den Wasserhaushalt der Auen. Denn mit stark zurückgehender Wasserführung sinken die Pegelstände und damit verbunden auch das Grundwasser. Für die Auwaldbäume kommt im Jahreslauf ein Pendeln zustande zwischen so viel Bodenwasser, dass ihre Wurzeln unter Umständen nicht mehr atmen können, und so wenig, dass sie unter Stress durch Wassermangel geraten.

Beginnt die Niedrigwasserphase regelmäßig schon im Hochsommer, bilden Bäume den Hauptbestand im Auwald, deren Blätter klein sind und an ihrer Unterseite filzig-dichte Beläge tragen. Im Sommerwind, der sie dreht, leuchten sie silbrig auf. Daher wurden sie ganz treffend Silberweiden bzw. Silberpappeln *Populus alba* genannt. Sie charakterisieren die Auwälder an den osteuropäischen Strömen umso mehr, je weiter nach Osten man kommt, weil das Klima zunehmend sommertrockener und kontinentaler wird. Die Flussauen an den Alpen, wo im Sommer niederschlagsreichere Verhältnisse herrschen, kennzeichnet die Schwarzpappel *Populus nigra*. Sie ist mit ihrem Blattwerk weit weniger gut gegen starke Verdunstung geschützt. Die ebenfalls zur Weichholzaue gehörenden, sehr charakteristischen Erlenarten zeigen auf ihre Weise ähnlich deutlich die Zusammenhänge von Wasserführung und Grundwasser an. Die Grauerle *Alnus incana* kommt mit den Schwankungen von Wasserstand und Grundwasserpegel besser zurecht als die Schwarzerle *Alnus glutinosa*. Diese gedeiht sogar unter andauernden Sumpfbedingungen und in dauerfeuchten Bachtälern. Die kleiner bleibende Grünerle *Alnus viridis* ersetzt Schwarz- und Grauerle an den Oberläufen der Bäche im Bergland, wo der Boden auch im Sommer ziemlich kalt bleibt.

Die Hauptgliederung in Weichholz- und Hartholzaue drückt einen Unterschied zwischen Baumarten aus, die den flussnahen, häufig überschwemmten und den flussfernen, selten überfluteten Auwald bilden. Die »Weichhölzer« sind deshalb weich und bleiben es, weil sie schnell wachsen und als Bäume dann rasch altern. Die Harthölzer hingegen brauchen Zeit und leben lang. Ihr Holz wird hart; hart wie Eschen- und Eichenholz.

Jenseits der Grenzzone, die von den häufigen mittleren Hochwässern gebildet wird, nimmt die Häufigkeit der Eschen *Fraxinus excelsior* und Ulmen *Ulmus sp.* zu. Unter diesen gedeihen bereits große, kräftige Eichen, so es sich (noch) um einen naturnahen Auwald handelt. An durchschnittlicher Lebensdauer übertreffen die Hartholzbäume die Weiden, Erlen und Pappeln um das Drei- bis Fünffache. Das macht sie konkurrenzstärker, aber eben nur auf den weniger häufig überschwemmten Böden. Wo die Fluten alljährlich düngen, sind die Weichholzarten im Vorteil, weil sie viel schneller wachsen und ein viel dichteres gemeinsames Aufwachsen vertragen. Tausende Jungweiden keimen nach einem Hochwasser auf jedem Quadratmeter neu angeschwemmter Schlickfläche. Natürlich gehen die meisten im Verlauf weniger Jahre zugrunde. Aber die Überlebenden sprießen dennoch dicht an dicht weiter, sodass eine junge Eiche, die aus einer Eichel keimt, die das Hochwasser ebenfalls anschwemmte, keine Chance gegen diese Übermacht hat. Sie bekommt nicht genügend Licht. Im Bereich der Weichholzaue wächst der Auwald am weitaus dichtesten. Hier entspricht er am besten den Vorstellungen, die mit dem Begriff »Dschungel« verbunden werden. Häufig ist der Kampf um Licht der dominierende Faktor, denn Nährstoffe zum Wachsen sowie Wasser und Wärme gibt es in dieser Auwaldzone genug. Weiter landeinwärts ändert sich dies.

Im Frühjahr »riechen« wir den Übergangsbereich zur Hartholzaue, wenn im April die blühenden Traubenkirschen *Prunus padus* ihren unverkennbaren Duft verströmen. Damit geht die Zeit des schönsten Blühens im Auwald zu Ende. Sie beginnt mit den Schneeglöckchen.

# Frühlingsblumen im Auwald

Schneeglöckchen *Galanthus nivalis* erblühen oft schon gegen Ende Februar in den Auwäldern Mitteleuropas. Frühlingsknotenblumen *Leucojum vernum* schließen sich an, wo beide zusammen vorkommen, wie in manchen Auen im bayerisch-österreichischen Alpenvorland. Die Schneeglöckchenblüte gilt dort als kleines Naturwunder. Zigtausende bis Millionen Blüten überziehen den Auwaldboden, wenn der Schnee abschmilzt und Föhn darüber einen strahlend blauen Frühlingshimmel erzeugt. Die mehr oder weniger glöckchenartigen Blüten – die Glöckchenform ist bei den Frühlingsknotenblumen stärker ausgeprägt als bei den Schneeglöckchen – sind eigentlich schlicht in ihrem Perlweiß. Liegen noch Schneereste, fallen sie weniger auf als die kräftig bläulich grünen, schmal lanzettlichen Blätter, die meistens büschelartig aus dem Boden hervorkommen.

Dass Schneeglöckchen allgemein so geschätzt sind, dass man sie in vielen Gärten und Parkanlagen angepflanzt hat, liegt wahrscheinlich an ihrem frühen Erblühen. Sie sind »die Ersten«; zumindest die ersten Blüten, die im Vorfrühling richtig auffallen. Weit stärker als die Gänseblümchen *Bellis perennis* und einige andere, praktisch das ganze Jahr über blühende Pflänzchen. Deshalb gelten die Schneeglöckchen als Frühlingsboten. Eigentlich sind sie aber Spätwinterblüher. Ihre nähere Verwandtschaft lebt im Mittelmeerraum, in dem die Winterregen so manche Art zu einer Zeit erblühen lassen, in der nördlich der Alpen tiefer Winter herrscht. Woher »unsere« Schneeglöckchen stammen, ist allerdings umstritten. Manches spricht dafür, dass sie im Spätmittelalter oder in der frühen Neuzeit aus Gärten »entwichen« und verwilderten. Daher gibt es sie keineswegs überall in den Flussauen. Wo sie vorkommen, finden wir sie vor allem in der Hartholzaue.

Wie auch die anderen typischen Frühlingsblumen, deren Blütezeit an die der Schneeglöckchen und Frühlingsknotenblumen anschließt; die Blausternchen *Scilla bifolia*, die Goldsterne *Gagea lutea* und die Gelben

Windröschen *Anemone ranunculoides* sowie einige weitere Arten, die nicht in so großen Beständen vorkommen, dass sie dem Auwaldboden eine Zeit lang ihre Blütenfarbe aufprägen. Vor allem die spät im Frühling »grün« blühenden Blumen werden nur noch bemerkt, wenn man nach ihnen sucht. So das Moschuskraut *Adoxa moschatellina*, das Bingelkraut *Mercurialis perennis* und der Aronstab *Arum maculatum* oder auch die Haselwurz *Asarum europaeum* mit ihren auf dem Boden aufliegenden oder von diesem zum Teil bedeckten purpurnen Blüten. Man muss danach wirklich suchen, um sie zu finden. Dass diese Blumen hier hervorgehoben werden, hat mehrere Gründe. Erstens erzeugen sie eine sehr augenfällige Blühfolge. Diese beginnt mit Weiß und verläuft über Blau und Gelb zum optisch verschwindenden Grün. Beteiligt sind häufig noch weitere Arten, die nicht direkt zu den Auwaldblühern zählen. So die blauen Leberblümchen *Hepatica nobilis* mit ihrem Hauptvorkommen im Buchenwald und das gleichfalls blaue Kleine Immergrün *Vinca minor*. Beide fügen sich ein in die »Blauphase«. Zur »Gelbphase« gesellen sich die Hohen Schlüsselblumen *Primula elatior* und das Scharbockskraut *Ficaria ranunculoides*.

Frühlingsknotenblumen *Leucojum vernum* erblühen in großer Zahl in naturnahen Auwäldern im zeitigen Frühjahr.

Diese Abfolge von Hauptblühfarben erzeugt im Frühjahrsblühen »Aspekte«, wie es botanisch genannt wird. Im Buchenwald treffen wir nur zwei an, die oft gleichzeitig in Massen blühen, die Buschwindröschen *Anemone nemorosa* und die Leberblümchen. Der Fichtenwald bietet nichts dergleichen. Woraus sich der zweite interessante Zusammenhang erschließt: Es geht bei diesem Erblühen im Frühjahr um Licht. Der dichte Fichtenwald ist und bleibt auch im Frühling zu dunkel für die Ausbildung großer Blumenbestände am Boden. Der Buchen(hoch)wald ist zunächst licht und bleibt es auch bis zum Laubaustrieb der Rotbuchen *Fagus sylvatica*. Dann wird auch er rasch zu dunkel. Mehr Licht lassen die Eichen das Frühjahr hindurch auf den Boden kommen und auch die Eschen und die Ulmen, weil diese Hartholzarten spät austreiben. Im klimatisch kontinentaler getönten Bereich Nordostdeutschlands entstand der einer »Bauernregel« gleich kommende Spruch: »Treibt die Esche vor der Eiche, bringt der Sommer große Bleiche; treibt die Eiche vor der Esche, gibt's im Sommer große Nässe.« Beide plakativ voneinander getrennten Möglichkeiten drücken aus, dass die Bäume der Hartholzaue ziemlich spät austreiben und mit der Entfaltung ihres Laubdaches das Licht, das den Boden erreicht, stark vermindern.

Um dieses Licht geht es den »Erdwüchsigen«, den (Frühjahrs-)Geophyten, wie die Botaniker die Gruppierung der im Frühjahr blühenden Bodenpflanzen nennen. Die meisten sprießen aus Zwiebeln oder unterirdischen Speicherorganen, den Rhizomen. Sie erblühen also mithilfe von Stoffen, die im vorausgegangenen Jahr angesammelt und in den Zwiebeln oder Wurzelstöcken gespeichert worden waren. Den Sommer und Herbst über wäre das Licht zu schwach fürs Erblühen gewesen, und im Spätherbst, wenn die Blätter fallen, hätte es an Insekten gefehlt, die ihre Blüten besuchen und bestäuben. Mit den Frühlingsblühern treffen wir also auf eine uns im Prinzip geläufige ökologische Gegebenheit, die wir aber bei der Betrachtung der Naturvorgänge eher selten berücksichtigen: die jahreszeitliche Einnischung.

Einnischung bezieht sich auf ein ökologisches Grundkonzept, die »ökologische Nische«. Gemeint ist damit zwar auch das örtliche, räumliche Vorkommen einer Art, aber darüber hinaus auch das (jahres)zeitliche. Nicht allein die von der Pflanzenökologie hervorgehobenen Standortfaktoren, wie Bodenart, Nährstoff- und Wassergehalt und das örtliche Mikroklima, grenzen Vorkommen und Häufigkeit von Pflanzen ein. Das können auch andere Pflanzenarten, mit denen sie sich zu arrangieren haben, weil diese mit ihnen um die Ressourcen konkurrieren. Das Licht ist eine der wichtigsten für das Pflanzenwachstum.

Mit diesem gelangen wir zur dritten Besonderheit im Zusammenhang mit den Frühjahrsblühern. Sie kommen am weitaus häufigsten im Hartholzauwald vor. Seltener oder gar nicht gibt es sie in der Weichholzaue. Dieser Befund mag zunächst überraschen, weil sie genauso wie die Hartholzaue Laub abwerfend und damit winterkahl ist. Von Februar bis April sollten unter Silberweiden, Pappeln und Erlen mindestens ähnlich günstige Lichtverhältnisse herrschen wie unter Eschen, Ulmen und Eichen. Zudem sollten die von den häufigeren Hochwässern regelmäßiger mit frischen Nährstoffen versorgten Böden in der Weichholzaue eher noch günstigere Bedingungen für das Aufwachsen und Erblühen von Frühlingsblumen bieten als die viel seltener überschwemmte Hartholzaue. An den Nährstoffen und am Laubfall mit Lichtzutritt kann es also nicht liegen, dass der Unterschied so groß ist. Möchte man meinen.

Tatsächlich kehrt sich beides für die Frühlingsblumen ins ungünstige Gegenteil. Die Weichholzaue ist so wüchsig, dass die Bodenvegetation auch im Sommer stark wuchert. Zu keiner Jahreszeit wird man sie in eindrucksvoller Blüte antreffen. Sie ist, um es überspitzt auszudrücken, entweder dschungelartig grün oder kaum weniger dschungelartig dürr und braun in den Winter- und Frühlingsmonaten. Rohrglanzgras *Phalaris arundinacea* und andere Gräser sowie Jungwuchs und Gestrüpp bedecken den Boden so dicht, dass Schneeglöckchen & Co. zu wenig Licht und »Luft« bekommen. Die schmalen, kein wirklich geschlossenes Dach bildenden Blätter der Baumweiden und die gleichfalls viel Licht zum Boden durchlassenden der Grauerlen und Pappeln erzeugen keine annähernd so starke Schattenwirkung wie das Laubdach der Bäume der Hartholzaue oder auch der Buchenhochwald, der sich als

Erfahrung dafür bei einem Sommerspaziergang bestens eignet. In diesem treffen wir kaum Unterwuchs an, wohl aber noch im Sommer die goldbraune Schicht abgefallener Blätter vom letzten Jahr. In urwüchsiger Weichholzaue müssten wir uns gerade im Sommer mit dem Buschmesser durchschlagen. Daher ist sie generell weniger geeignet für die Entwicklung von Blüten als die Hartholzaue.

Der Vergleich der beiden Auwald-Haupttypen drückt ein noch grundlegenderes Prinzip des Pflanzenwachstums aus. Je üppiger dieses möglich ist, desto weniger wird geblüht. Blühen bedeutet ja, Ressourcen aus dem Wachstum in die Fortpflanzung zu investieren. Alle Angehörigen der sogenannten Einjährigen (Annuellen), also Pflanzen, die höchstens ein Jahr alt werden, das heißt eigentlich nur eine Vegetationsperiode lang leben, blühen schnell und bilden Samen. Das müssen sie tun, sonst würden sie alsbald aussterben. Wer hingegen an Ort und Stelle unter günstigen Bedingungen viele Jahre oder Jahrzehnte lang wachsen kann, investiert nicht gleich in die Fortpflanzung, sondern in Konkurrenzkraft durch Beständigkeit.

Kein Eichensprössling hätte eine reelle Chance, zu überleben und zum Baum zu werden, wenn er schon im zweiten oder dritten Jahr eine Eichel erzeugen müsste. Sie würde, reif geworden, praktisch an der gleichen Stelle landen, an der er selbst wächst. Investiert der Sprössling aber jahrelang alles ins Wachstum, wird er unter (günstigen) Umständen zum großen Baum. Dieser ist dann über Jahre und Jahrzehnte in der Lage, große Mengen Eicheln zu entwickeln. Viele davon scheitern, die allermeisten, die auf den Boden unter der Eiche fallen und dort von Mäusen und anderen Tieren verzehrt werden. Doch Eichelhäher oder Eichhörnchen holen sich Eicheln, verstecken sie und finden sie nicht wieder. Diese haben Chancen, an geeigneten Stellen aufzuwachsen.

Diese Zusammenhänge sind uns bei Bäumen wie den Eichen entweder längst klar, oder sie sind leicht nachvollziehbar. Grundsätzlich geht es aber bei allen Pflanzen darum. Blühen und Fruchten kostet Energie und Ressourcen, die dem weiteren Wachstum fehlen. Ein zu früh zu stark fruchtender Baum kann sich nicht so gut gegen Konkurrenz behaupten. Günstige Wachstumsbedingungen begünstigen das Wachstum, so die verkürzte Folgerung. Sie klingt nach einem Zirkelschluss, ist aber kein solcher. Fortpflanzung wird ausgelöst, wenn sich Mangel bemerkbar macht. Er signalisiert, dass der jeweilige Wuchsort, kurz ausgedrückt, nicht mehr allzu lange gut ist für weiteres Verweilen. Es naht die Zeit, auf andere, besser geeignete Stellen zu wechseln. Genau dieser Wechsel findet über das Blühen und Fruchten statt. An den drei typischen Baumarten der Weichholzaue können wir die Abläufe ziemlich direkt mitverfolgen.

# Silberweiden, Schwarzpappeln und Grauerlen

Als Erste, schon zur Zeit der Schneeglöckchen, blühen die Grauerlen. Allergiker bekommen das unter Umständen zu spüren, weil es sich dabei um das Stäuben der Erlenkätzchen handelt. Die dunkelbraunen, vom letzten Jahr schon angelegten »Würstchen« strecken sich nach den ersten sonnig warmen Vorfrühlingstagen. Aus den schuppenartig übereinander angeordneten männlichen Blüten wird nun Pollen frei. Diesen trägt der Frühlingswind fort, wie auch den Blütenstaub der ziemlich gleichzeitig blühenden Haselsträucher. Zu sehen ist außer kleinen gelben Wolken nahezu nichts. Sie schweben fort und lösen sich auf, wenn wir gegen die Erlenkätzchen stoßen. Das Blühen solcher Windblüher wird kaum als ein Erblühen wahrgenommen.

Auffälliger ist es, wenn die Weiden damit beginnen, denn ihre Kätzchen werden auffällig gelb. Silberweiß waren sie aufgefallen, nachdem die sich streckenden Kätzchen die dunkelbraune Hüllschuppe abgestoßen hatten. Ein filzartiger Belag isolierender Haare bedeckt sie noch, bis die gelben Pollengefäßchen sichtbar werden. Anders als bei den Kätzchen der Erlen kommen nun Besucher zu denen der Weiden. Die Weiden sind »insektenblütig«, nicht »windblütig«. Ist das Wetter sonnig, werden die Kätzchen von Bienen umsummt. Einige Wildbienenarten sind auf die Weidenblüte spezialisiert; eine, *Andrena vaga*, heißt daher Weiden-Sandbiene. Sie ist die häufigste unserer Sandbienen und die typische Frühjahrsbiene im Auwald. Vom etwa zur gleichen Zeit im April stattfindenden Erblühen der Schwarzpappeln bemerkt man wenig, bis die Kätzchen abfallen und dann als rötlich braune Würstchen den Boden unter den Bäumen bedecken.

Sie blüht also doch, die Weichholzaue, nur eben in anderer Weise und hoch oben in den Baumkronen, nicht unten am Boden wie die Frühlingsblumen in der Hartholzaue. Alles geschieht früh im Jahr, jedoch aus einem ganz anderen Grund als bei Schneeglöckchen, Frühlingsknotenblumen und Blausternen. Diese blühen früh, weil sie nur in dieser Zeit die Lichtphase am Boden nutzen und im frühlingslichten Auwald zum Blütenbesuch Insekten anlocken können. Das UV-reflektierende Weiß sehen Honigbienen wie auch früh fliegende Wildbienen. Sie besuchen die Blüten, das Blau der Blausterne und Leberblümchen wirkt alsbald ähnlich stark in der kräftiger gewordenen Märzsonne. Schließlich kommt das Gelb, die dritte Farbphase. Sie übt generell die stärkste Anlockwirkung auf Insekten aus. Bei den dann mehr oder weniger »grün« blühenden Arten der letzten Gruppe wirkt der Duft, nicht die Farbe. Ihre Düfte sind spezifischer; ihr Blühen findet auch nicht mehr in solchen Massen statt, dass der Boden bedeckt wird, wie bei den Weißen, den Blauen und den Gelben.

Die Verknüpfung der Frühlingsblumen mit den Frühlingsinsekten ist sehr eng. Daher lässt sie sich mit ein wenig Geduld leicht beobachten. Die Frucht des Blühens wird jedoch im Verborgenen geerntet, und zwar von Ameisen. Sie holen sich die reifen Samen der Schneeglöckchen und anderer Frühlingsblumen, weil diese zuckerhaltige Anhängsel tragen, »Elaiosomen« genannt. Diese sind sehr attraktiv für Ameisen. Von überall her kommen sie, um die reifen Samen abzuzwicken und zu ihren Nestern zu schleppen. Mitunter beißen sie auf dem Weg zurück schon die Elaiosomen ab. Dann haben sie kein weiteres Interesse mehr am Samen. Sie lassen ihn liegen. Oder sie entsorgen später die Samen aus dem Nest, wenn in diesem das »Ameisenbrot«, wie die Bildung auch genannt wird, verzehrt worden ist. Mithilfe der Ameisen »wandern« die

Samen dieser Frühlingsblüher erstaunlich rasch zu neuen, zum Keimen günstigen Stellen. Die kleinen Krabbler meiden zu feuchte oder gar nasse Bereiche und zu trockene ebenfalls. Schneeglöckchen, Frühlingsknotenblumen und Blausterne können sich in den Auwäldern dank dieser Ameisenhilfe rasch ausbreiten, wenn sie sich einmal an geeigneter Stelle festgesetzt haben. Solche bietet die Hartholzaue, aber sie können auch in Teilen der Weichholzaue entstehen, wo diese im Laufe der Zeit über Hochwasser neue Bodenanschwemmungen erhalten hat, die nicht mehr alljährlich überflutet werden. Auch Dämme und Deiche werden von den Ameisen und den Blumen besiedelt. Im zeitlichen Ablauf, im Tempo, entspricht diese Ameisen-Blumen-Dynamik durchaus der Auwalddynamik.

Bei Erlen, Silberweiden und Schwarzpappeln kommt eine ähnliche Einpassung in die Auwalddynamik zustande. Sie klinken sich ein in die Flussdynamik. Auch das lässt sich gut beobachten. Aus den Zäpfchen der Grauerlen, die nach dem Reifen wie Miniaturausgaben von Kiefernzapfen aussehen, fallen die kleinen, an den Seiten von einer dünnen Membran etwas flugfähig gemachten Samen im (Spät-)Winter aus. Oft landen sie auf Schnee, der dann wie grob gepfeffert aussieht. Wenn dieser schmilzt, treiben die Samen mit dem Schmelzwasser fort, werden vom Frühjahrshochwasser erfasst und mitgerissen. Die Fluten schwemmen die kleinen Erlensamen irgendwo an. Der Weidenjungwuchs an den Rändern der Inseln oder einer, der auf jungen Anlandungen aufgewachsen ist, filtert sie wie eine Reuse heraus. So geraten sie in die Weidenbestände, in denen sich die jungen Erlen ausbreiten werden, wenn der Untergrund fester geworden und nicht so nass ist, wie ihn die Silberweiden vertragen. Deren Vermehrung und Ausbreitung verläuft über den Luftweg. Die Samen reifen zwischen Spätfrühling und frühem Hochsommer. Sind sie so weit, beginnt es am Fluss bei schönstem Wetter scheinbar zu schneien. Die Weidensamen treiben wie Schneeflocken mit dem Wind dahin. Das Frühjahrshochwasser ist vorüber. Neue Sandbänke und Schlickflächen sind frei geworden. Die Weidensamen landen darauf, werden von der feuchten Oberfläche des Bodens regelrecht festgehalten und beginnen alsbald zu keimen. Bereits im

Spätsommer überzieht ein dichter Weidenjungwuchs die neue Sandbank oder Insel, sofern sie von einem späten Sommerhochwasser nicht wieder überflutet worden ist.

Alte Schwarzpappel *Populus nigra* im Auwald am Inn.

Schneefallartige Flocken bilden auch die Schwarzpappeln. Ihre Spezialität sind die nach einem Frühsommerhochwasser angeschwemmten, sandigen Stellen im Weichholzauwald. Starke Hochwasser werfen viel Sand in die Aue. Das sieht dann aus wie im Winter, wenn der Wind Schneewehen erzeugt. Solche Anschwemmungen sind ein idealer Boden für die Pappelsamen, um zu keimen. Wo aufgrund der Flussregulierungen keine Einschwemmungen mehr zustande kommen, tun sich die Schwarzpappeln schwer mit der Fortpflanzung. In vom Hochwasser ausgedeichten Auen klappt sie gar nicht mehr.

Im Idealfall von Flussauen, die von Eingriffen seitens der Menschen gänzlich verschont geblieben sind und voll der Flussdynamik ausgesetzt bleiben, folgen somit drei Phasen der Samenverbreitung klar aufeinander. Sie repräsentieren die drei Hauptbaumarten der Weichholzaue.

Das Aussamen der Grauerlen beginnt im Spätwinter. Es ist das Wasser der Schneeschmelze, das ihnen das Keimbett bereitet. Die Silberweiden folgen auf das Frühsommerhochwasser, das frische Sandbänke direkt an den Flussufern hinterlassen hat, und schließlich landen die Pappelsamen auf den »Dünen« des Sommerhochwassers. Idealfall. Von Natur aus vielfach abgewandelt und durch Eingriffe der Menschen auch.

Aber betrachten wir noch kurz die Samen selbst. Sie sind bei den Erlen wie auch bei den Weiden und Pappeln sehr klein; geradezu winzig. Fängt man eine Weiden- oder Pappelflocke, muss man genau hinschauen, um den oder die Samen zu entdecken, so winzig sind sie. Die Erlensamen sind zwar etwas größer, wirken auf dem spätwinterlichen Schnee aber auch wie grober Staub. Sie alle enthalten nahezu keine Vorräte, die den Keimling ernähren, sofern dieser an geeigneter Stelle gelandet ist und auszutreiben beginnt. Dieser überlebt nur und wächst, wenn der Boden nährstoffreich genug ist. Das ist bei den frischen Anschwemmungen der Fall. Offen und sonnig sind sie zudem. Keimlinge ohne Reserven für die erste Zeit des Wachstums haben unter solchen Bedingungen ganz gute Chancen aufzuwachsen.

Im Hartholzauwald wäre die Lage für sie hoffnungslos. Den Boden deckt bereits ein mehr oder weniger dichter Bewuchs. Oberflächennahes Wurzelwerk der vorhandenen Bäume konkurriert um die Nährstoffe. Die Samen benötigen für solche Umstände hinreichend große Vorräte, um die besonders schwierige Zeit des Keimbeginns bis zur Entfaltung erster Blätter durchhalten zu können. Beispielhaft zeigt sich dies an den Eicheln. Sie sind, verglichen mit den Weiden- oder Erlensamen, riesig und geradezu Kraftpakete an Nährstoffen. Deshalb taugen sie für Eichelhäher, Eichhörnchen und Mäuse oder Siebenschläfer so gut als Nahrung. Mit Weidensamen müssten diese in kürzester Zeit verhungern. Doch weil Eicheln schwer sind, fallen sie unter der Eiche zu Boden. Diese lebt jedoch Jahrhunderte, wenn sie nicht gefällt wird; ein Ereignis, das in ihrem natürlichen Leben »nicht vorgesehen« ist. Entsprechend lange haben folglich die Eicheln keine Chance, sich zu etablieren, wenn sie immer nur unter den Mutterbaum fallen würden. Weitertransport durch Tiere ist nötig, je weiter, desto besser. Eichelhäher tragen die Eicheln am weitesten fort. Sie werden so zum »Waldgärtner«, zum Pflanzer neuer Eichen. An mitunter höchst ungewöhnlichen Stellen weitab von fruchtenden Eichen kommen sie auf.

Wachstumsgeschwindigkeit und Lebensdauer stehen damit in umgekehrtem Verhältnis zueinander. Silberweiden und Schwarzpappeln erreichen, so man sie gedeihen lässt, in hundert bis hundertfünfzig Jahren eine ähnlich wuchtige, für uns höchst eindrucksvolle Größe wie mehrhundertjährige Eichen. Doch ihr Holz ist weich. Der Kern zersetzt sich rasch. Was übrig bleibt, wird so leicht, dass Stücke daraus von Holzscheitgröße fast nichts mehr zu wiegen scheinen, während Eichenholz gleicher Größe steinartig schwer wirkt.

Im Mai oder im Spätsommer quellen aus eichenartig großen Silberweiden riesige zitronengelbe Pilze hervor, die Schwefelporlinge *Laetiporus sulphureus*. Sie entwickeln sich meistens in mehreren Lagen übereinander und sind sogar essbar, solange sie frisch und weich sind. Allerdings enthalten sie recht viel »Aspirin«; chemische Verbindungen, die der Salicylsäure ähnlich sind. Diese kennzeichnet die Weiden so sehr, dass der Säurename von ihrem Gattungsnamen *Salix* abgeleitet worden ist. In den riesigen alten Silberweiden lassen sich keine Jahresringe mehr zählen. Innerlich sind sie völlig zersetzt. In der Flussdynamik würde eine Beständigkeit über ein halbes Jahrtausend kaum von Vorteil sein, weil sich die wassernahen Bereiche viel zu schnell verändern. Die Auwaldbäume sind mit ihrem Lebensstil diesen Verhältnissen angepasst. Weich zu sein bedeutet nicht, wenig aushalten zu können. Weichhölzer investieren einfach nicht mehr, als nötig ist, in Dauerhaftigkeit. Schnelles Wachstum, das Ausnutzen günstiger Bedingungen, die es nur für kurze Zeit gibt, bringt ihnen mehr. Ihre Resilienz, die Widerstandsfähigkeit der Auwaldbäume, äußert sich anders. Sie können in nahezu jeder Lage weiterwachsen, ob umgerissen vom Hochwasser oder angeschrammt von Eisschollen. Sie treiben aus und gedeihen weiter.

Vegetatives Wachstum ersetzt in der Weichholzaue die Ortsbeständigkeit der großen, dominant gewordenen Bäume der Hartholzaue. Wir können dies auch »Flexibilität« nennen; Eiche und Esche sind

»konservativ«. Weiden und Eichen repräsentieren die Enden des Spektrums der Auwaldbäume, auch in der Art, wie sie Samen erzeugen und verbreiten. Doch zwischen den winzigen Samen der Weiden, Pappeln und Erlen und den schweren Eicheln (oder Bucheckern) liegt eine Samengruppe, die das Gewicht der Keimvorräte mit der Tragkraft des Windes austariert. Es sind dies die Flügelsamen, wie sie Ahorne und in der Hartholzaue vor allem die Eschen ausbilden. Diese Samen trudeln nur bei Windstille direkt zu Boden. Bei stärkerem Wind werden sie Dutzende bis Hunderte Meter weit getragen, weil ihre Anhängsel wie Propeller aussehen und auch so wirken.

Schließlich fügt sich eine weitere, ganz anders geartete Gruppe von Holzgewächsen in das Spektrum der Samenverbreitung. Das sind die Sträucher und Bäume, die Beeren entwickeln. In der Weichholzaue, in ihrem Übergangsbereich zur Hartholzaue insbesondere, ist die Traubenkirsche die dafür charakteristische Baumart. Eine ganze Anzahl verschiedener Arten von Beerensträuchern wächst buschförmig. Ihr Spektrum reicht von Schneeball- und Ligusterbeeren bis zu den knallig orangegelben Samen des Pfaffenhütchen *Euonymus europaeus*. All diese »bedienen« sich der Vögel als Samenverbreiter. Ihre Samen umgibt eine Fruchtschicht, die reich ist an Zuckerverbindungen oder Fetten. Die Vögel verzehren die Früchte. Sie lassen die Samen unversehrt oder sogar besser keimfähig gemacht passieren. Am extremsten macht dies die Mistel *Viscum album* mit ihren Klebfrüchten. Manchmal ziehen Seidenschwänze oder Misteldrosseln diese im Flug an langen Fäden sichtbar nach. So werden die Mistelsamen auf andere, noch nicht befallene Bäume übertragen.

Hier weiter ins Detail zu gehen würde zu weit fortführen von der Flussnatur. Thematisch griffe dies tief hinein in die »Waldnatur«. Im Auwald am Fluss wirken eben beide »Naturen« aufeinander. Wenden wir uns daher wieder der Wasserseite zu, bleiben aber innerhalb des Auwaldes. Denn dieser enthält oft Nebengewässer, zumindest in den Unterlaufbereichen der Flüsse. Meistens sind es Altwässer, die vom Fluss nicht mehr direkt durchströmt werden. Als Seitenarme hatten sie angefangen. Altwässer kombinieren Fluss und Auwald besonders intensiv. Als Lebensraum sind sie außerordentlich artenreich und zudem sehr produktiv. Deshalb konzentriert sich der Naturschutz sehr auf die Erhaltung der Altwässer oder ihre Wiederherstellung.

## Die besondere Welt des Altwassers

Schauen wir auf einen Fluss, so sehen wir ein Zeitbild. Vom selben Standort aus betrachtet, kann er vor Jahrzehnten oder Jahrhunderten, im Fall eines unregulierten Fließgewässers auch erst vor wenigen Jahren noch erheblich anders ausgesehen haben. Das fließende Wasser arbeitet. Es nagt an den Ufern, gräbt in die Tiefe, verlagert, füllt wieder auf oder sucht einen neuen Lauf. Zurück bleiben Seitenarme oder Überflutungsmulden, wassergefüllt, aber nun nicht mehr durchströmt. Nur Hochwasser flutet sie noch. »Altwasser« hat man sie recht treffend und dennoch unzureichend genannt. Alt ist das Wasser nicht, das in ihnen steht oder noch langsam strömt, weil es vom Fluss her nachsickert. Alt im Sinne von früher ist jedoch sein Bezug zum aktuellen Zustand des Flusses. Als die Flüsse Europas im 19. und Anfang des 20. Jahrhunderts begradigt, für die Schifffahrt ertüchtigt oder im Abfluss beschleunigt wurden, um neues Ackerland zu gewinnen, entstanden besonders viele Altwässer. Fast alle gegenwärtig existierenden stammen von diesen Regulierungsmaßnahmen. Doch sie entstehen, wie oben beschrieben, auch von Natur aus und sind daher nicht naturfern, außer man hat sie jeglicher Einwirkung des Flusses entzogen.

Vom direkten Zu- und Durchstrom des Flusswassers abgeschnitten, setzt in den Altwässern alsbald eine eigenständige Entwicklung ein. Sie gleicht einer stark beschleunigten Seenverlandung. Einmal weil die Altwässer sowohl an Wasserfläche als auch an Tiefe im Vergleich zu den meisten Seen klein sind. Aber auch weil mit den sie unregelmäßig erreichenden Hochwässern ein vergleichsweise sehr großer Materialeintrag zustande kommt, ohne dass die ausräumende Wirkung der Flut dies ausgleichen könnte. Altwässer sind daher kurzlebig. Dies ist durchaus auch im Hinblick auf die Lebewesen selbst gemeint. Ihr Leben läuft der Verlandung, der sie in den Altwässern ausgesetzt sind, entsprechend schnell ab. Die Tiere und Pflanzen, die Altwässer besiedeln, gehören daher zu Arten, die ein neues Gewässer schnell finden, rasch die darin vorhandenen und sich entwickelnden Möglichkeiten nutzen und sich dabei entsprechend schnell vermehren.

Begradigter Flusslauf mit früheren, zu Altwässern gewordenen Flussschleifen.

## Wasserschlangen

Es geschieht sehr selten einmal, dass man beim Schwimmen einer Schlange begegnet. Größere Gewässer werden von den beiden Schlangenarten gemieden, die in Mitteleuropa am Wasser nach Beute jagen. Die am stärksten auf Wasser eingestellte Art, die Würfelnatter *Natrix tesselata*, kommt zwar in kleinen Restbeständen an Rhein und Mosel sowie deren Nebenflüssen vor. Aber hauptsächlich lebt sie in Südosteuropa. Denn sie braucht Fließgewässer mit höheren Wassertemperaturen.

Der Schlangenkörper hat ein extrem ungünstiges Verhältnis zwischen Masse und Oberfläche und verliert dadurch sehr schnell Wärme. Für das erfolgreiche Jagen nach kleinen Fischen muss die Schlange schneller als diese sein. Die warmen Sommer der letzten Jahrzehnte sollten der Würfelnatter zugutegekommen sein. Ihre Bestände reagierten offenbar nicht sonderlich darauf. Hierzulande. Auf dem Balkan mag das anders sein. Das Fehlen großer Bestände von Kleinfischen in unseren Bächen und Flüssen ist sicher der Hauptgrund. Der Würfelnatter bringt die günstigste Wassertemperatur nichts, wenn sie keine Fische finden kann.

Ringelnatter
*Natrix natrix*

Am häufigsten wird man daher, wenn überhaupt, eine andere, viel größere und zumeist schwärzlich dunkle Schlange am Wasser antreffen, die Ringelnatter *Natrix natrix*. Sie ist nicht auf Fische angewiesen. Häufiger jagt sie Frösche und folgt diesen ins Wasser, wenn sie ihr beim Anschleichen am Ufer davonspringen. Gut aufgewärmt, wie sie dann ist, kann sie sehr schnell und wendig abtauchen und den Frosch verfolgen. Häufig mit Erfolg. Die starke Zunahme der Seefrösche *Rana ridibunda*, die in den letzten zwei oder drei Jahrzehnten stattgefunden hat, kam der Ringelnatter zugute. Häufiger als früher jagt sie nun am Wasser. Stören wir sie am Ufer, gleitet sie hinein und taucht weg. Sie kann lange die Luft anhalten und weit tauchen. Geschickt lässt sie sich mit der Strömung ein Stück forttragen und schlängelt sich dann zum Ufer zurück.

Ist dieses naturnah mit Gebüsch, Schwemmholz und dem sogenannten Genist aus Pflanzenresten, die von kleinen Hochwässern abgelagert wurden, legen die Ringelnattern darin auch ihre Eier ab. Die feuchte, gärende Wärme bringt sie zur Entwicklung. Diese dauert je nach Witterung 60 bis 75 Tage. So lange müssen die Gelege ungestört im Genist verbleiben können. Viele gehen zwischendurch zugrunde, zum Beispiel weil ein Hochwasser sie fortschwemmt oder weil sie in heißen Sommern zu schnell austrocknen. Aber die 50 oder mehr Eier von Gelegen, in denen die Entwicklung der jungen Ringelnattern erfolgreich verläuft, gleichen hohe Verluste immer wieder aus. Von der Renaturierung der Bäche und Flüsse können unsere »Wasserschlangen« daher durchaus profitieren. Doch immer wieder werden welche erschlagen, obwohl sie ungiftig sind und alle Schlangen unter strengem Schutz stehen. Die alten Schlangenängste sind alles andere als überwunden. Die neuen Medien schüren sie weiter.

Zustande kommt die nahezu paradox anmutende Situation, dass im schnell fließenden und damit offensichtlich stark veränderlichen Fluss mehr Arten von hoher Beständigkeit in Vorkommen und Häufigkeit leben als im Altwasser, in dem sich, von außen betrachtet, so gut wie »nichts tut«, weil das Wasser steht und nur langsam von den Ufern her Schilf oder andere Wasserrandpflanzen vorrücken. Das Schilfrohr gehört dabei noch zu den beständigsten Arten. Aus guten Gründen ist es in der Lage, insbesondere an flachen Seeufern und in Sümpfen sehr große, regelrecht wie Monokulturen aussehende Bestände zu entwickeln. Die Verschilfung der Altwässer stellt daher wegen der Dichte der Schilfbestände die verhältnismäßig langsamste Form der Verlandung dar. Wo sich Gelbe Teichrosen *Nuphar luteum* und Unterwasserpflanzen wie Tausendblatt *Myriophyllum sp.* oder Laichkräuter *Potamogeton sp.* verschiedenster Arten ansiedeln, geht die Verlandung schneller vonstatten. Wir nehmen uns die Abfolge der Zonierung gleich genauer vor, in der die verschiedenen Ufer- und Wasserpflanzen im Altwasser vorkommen.

Dass sie sich so entwickeln, wie sie das tun, liegt an zwei grundlegenden Veränderungen, die sich mit der Abschnürung vom Fluss und der Bildung des Altwassers ergeben haben. Das nunmehr stehende bis höchstens langsam fließende Wasser erwärmt sich im Sommer erheblich stärker als das Flusswasser. Der Unterschied kann zehn Grad Celsius und mehr betragen. Höhere Temperatur beschleunigt die biologischen Prozesse. Eine Anhebung um 10 Grad verdoppelt sie, so die Faustregel. Bei 20 Grad können die Wasserpflanzen also doppelt so schnell wachsen wie bei 10. Sie tun dies aber noch schneller. Denn der zweite Effekt wirkt stärker. Im weitgehend stagnierenden Wasser werden Pflanzennährstoffe besser nutzbar als in stark strömenden. Was (zu) schnell vorbeirauscht, ist kaum einzufangen. So ließe sich die Lage für Wasserpflanzen charakterisieren, die in der vollen Flussströmung wachsen. Solche sehen wir in klaren Bächen als wabernde Matten von Wasserstern *Callitriche sp.* oder anderen Unterwasserpflanzen, die an den Ufern wurzeln und fast bis zur Bachmitte hinauswachsen. Sie erreichen diese offensichtlich nie; zumindest nicht in einem Sommer, obwohl vielleicht nur ein paar Handbreit freien Wassers der Hauptströmung die beiden Polster trennen, die von beiden Seiten aufeinander zuwachsen.

Gleiche Gruppen von Tausendblatt in einem Altwasser würden einander in kaum mehr als einer Woche erreichen. Wer sommers in einer größeren, von Wasserpflanzen besetzten Bucht eines Flusses, in einem großen, hinreichend sauberen Altwasser oder in einem Baggersee mit Unterwasserwiesen schwimmt, spürt ihre Wuchskraft. Im Volksmund werden sie, reichlich unzutreffend, »Schlingpflanzen« genannt. Diese wachsen oft sogar so stark, dass sich an ihren Blättchen feine Kalkabscheidungen bilden, weil die Fotosynthese – für Wasserverhältnisse – auf Hochtouren läuft. Bei sonnigem Wetter werden als Zeichen dafür die Bläschen aus Sauerstoff daran sichtbar. Altwässer sind fast immer hochproduktiv. Aber da sie auch sehr artenreich sind, ergibt sich die außergewöhnliche Situation, dass hohe Biodiversität und hohe Produktivität im gleichen ökologischen System miteinander kombiniert sind. Das ist in der Natur ein echter Ausnahmefall. Um zu verstehen, wie er zustande kommt, betrachten wir ihn über die Verlandungsserie der

Ufer- und Unterwasservegetation, auch weil sich diese in ihrem Verlauf und in der großen Geschwindigkeit direkt erkennen lässt.

In der Ökologie gilt, dass große Artenvielfalt meistens Ausdruck von Mangel ist. Knappheit an einer oder mehreren lebenswichtigen Ressourcen schränkt die Entwicklung der besonders konkurrenzstarken Arten ein und verhindert, dass sich einige wenige Arten ausbreiten und die Vielzahl anderer, schwächerer verdrängen. Umgekehrt gilt: Wo die Lebensbedingungen günstig sind, breiten sich die diese optimal nutzenden Arten aus und bringen eine hohe Produktivität zuwege. Die Landwirtschaft nutzt dieses Prinzip seit ihren Anfängen. Sie versucht, inzwischen mit buchstäblich allen Mitteln, die möglichen oder tatsächlich vorhandenen Konkurrenten der Feldfrüchte auszuschalten, um maximale Ernten zu erzielen. Solange die Flur mager war, weil sie durch jahrhundertelange Nutzung ausgelaugt worden war, existierte darauf eine große Artenvielfalt; eine viel größere sogar als auf ursprünglichen Steppen-Grasländern oder in ausgereiften Wäldern, die früher dort wuchsen, wo die Bauern Fluren anlegten. Wo immer wir genauer nachforschen, zeigt sich, dass die Lebensräume entweder produktiv und damit artenarm oder (sehr) divers und damit wenig ergiebig für die Nutzung sind. An den Fließgewässern gibt es zwei große Ausnahmen von dieser ökologischen Regel. Hochdivers und zugleich hochproduktiv sind Flussmündungen und Altwässer.

Weshalb dies so ist, verrät die ökologische Charakterisierung: Beides sind »pulsstabilisierte Ökosysteme«. Der Begriff benennt das so, erklärt es aber nicht. Nachvollziehbar wird diese Einstufung erst, wenn wir den Nährstoffhaushalt im Verlauf von Jahren und Jahrzehnten betrachten. Der Fluss ist für die Nährstoffe, für die anorganisch-mineralischen wie auch für die organischen im Detritus, ein permanentes Durchflusssystem. Die Strömung transportiert, schleust durch und bringt nach. Was im Moment wenig ist, summiert sich auf über Tage, Wochen und Jahre zu einer steten Versorgung. Als »eutrophierende Wirkung der Strömung« ist dieses Prinzip bereits vorgestellt worden. Auf einen bestimmten Flussabschnitt bezogen, trägt die Strömung jedoch unablässig fort, was nicht gleich genutzt werden konnte. Auswaschung ist der im allgemeinen Sprachgebrauch verwendete Ausdruck dafür. Das permanent (weitestgehend) ruhende Wasser, der See, ist hingegen eine Falle. Stehende Gewässer werden Sammelbecken für Nähr- und Schadstoffe. Je mehr hineingerät, desto problematischer wird die Nutzung. Die Produktivität überschlägt sich geradezu. Was dazu führt, dass der See »kippt«, weil er zu viel des Guten oder auch des Schlechten abbekommen hat.

Im Altwasser sind beide Effekte während des Zeitraums seiner Existenz, im Delta der Flussmündung hingegen langfristig miteinander kombiniert. Insbesondere die von den Hochwässern eingeschwemmten Nährstoffe wirken wie ein starker Düngeschub. Das ist der (Im-) Puls. Über die Monate und Jahre, bis wieder so ein Impuls kommt und das Altwasser (durch)flutet, stabilisieren sich die Verhältnisse. Eine hohe Produktivität setzt ein. Die kommt Fischen und anderem Getier zugute. Wasserpflanzen wuchern. Die Niedrig- und Normalwasserphasen bedeuten für die Altwässer Ruhezeiten mit ungestörten Abläufen.

Im Flussdelta gibt es diese so nicht. Aber dort, in den Ästuaren, folgen die Impulse von Flut und Ebbe sehr regelmäßig aufeinander. Häufig läuft an der Mündung die Kurve der Jahreswasserführung gemäßigter ab, weil sich Unterschiede im Zustrom von Wasser aus Nebenflüssen im Jahreslauf ausgleichen. Der Hauptstrom fließt ausgeglichener als seine Zubringer. Entscheidend für das Ästuar bleibt dennoch, dass pulsartige Wechsel des Wasserzustroms stattfinden. Sie kurbeln die Produktivität in ähnlicher Weise an wie das Gießen und Düngen im Garten, in dem damit auch eine größere Vielfalt an Nutzpflanzen und Blumen gedeiht.

Pulsstabilisierte Ökosysteme kombinieren also große Vielfalt mit hoher Produktivität. Genau das zeichnet die Altwässer aus, wenngleich, wie schon betont, nur für verhältnismäßig kurze Zeit. Denn sie entstehen und vergehen. Sie sind nicht von Dauer, nicht einmal von jener mäßigen Dauerhaftigkeit, die den (echten) Seen im Vergleich zu größeren Fließgewässern zukommt.

Berücksichtigen wir dies, wird klar, warum die Altwässer so schnell verlanden. Wie das geht, können wir gut an solchen beobachten, die durch wasserbauliche Maßnahmen entstanden sind und nicht von der Flussdynamik geschaffen wurden. Als ehemalige Flussarme oder einstige Teile des Hauptlaufes sind Altwässer so gut wie immer lang gestreckt und nicht sehr breit. Bei ihrem Zustandekommen sieht ein Querschnitt, ein Tiefenprofil, zunächst wie eine einseitig vertiefte Wanne aus. Einseitig deshalb, weil der halbwegs natürliche Fluss kaum jemals eine voll symmetrische Wanne bildet. Eine Seite ist fast immer tiefer als die gegenüberliegende. Deshalb enthält jedes Altwasser ein (ehemaliges) Prallhang- und ein Gleithangufer. Am Prallhang fällt der Grund steil ab, sanft am Gleithang zur Tiefe der anderen Seite hin. Am Gleithangufer beginnt die Verlandungsserie mit Uferpflanzen, die es ertragen, eine Zeit lang überschwemmt zu werden. Ist die Uferbank schlammig, trägt sie eine andere Artenzusammensetzung als bei kiesigem Grund. Auf schlammigem geht das Wachstum schneller. Die Serie der Uferpflanzen wird dichter. Der Übergang vom Land her verläuft unmerklich ohne Wasserkante.

Der Tannwedel *Hippuris vulgaris* vermittelt mit fein zerteilten Unterwasserblättern und nadelbaumartigen, festen Luftblättern (Bild) als Spezialanpassung zwischen dem Wasser und dem Luftraum.

Die Vielzahl der als Uferpioniere infrage kommenden Pflanzen auch nur aufzuzählen würde den Rahmen dieses Buches sprengen. Das ist nicht nötig, weil es zahlreiche sehr gute Pflanzenbestimmungsbücher hierfür gibt. Wichtiger sind, auch im Hinblick auf das Tierleben, die Wuchsformen der Pflanzen. Das Ufergebüsch bilden Bruchweiden und andere Weidenarten. Gruppen horstartig wachsender Blütenpflanzen schließen sich zum offenen Wasser hin an. Es können große Bestände der unverkennbaren Sumpf-Schachtelhalme *Equisetum palustre* folgen, wenn der Untergrund feinkörnig-schlammig ist. Manche dieser Uferpflanzen sind einjährig. Sie müssen jedes Jahr neu aufwachsen, und sie tun dies entsprechend unregelmäßig, oft mosaikartig. Einjährige charakterisieren Uferzonen, die aufgrund stark wechselnder Wasserstände immer wieder für längere Zeit, insbesondere im Herbst und Winter, frei fallen. Diese Zone trägt die Fachbezeichnung »Annuellenflur«, wenn sie überwiegend oder ausschließlich von solch »Einjährigen« gebildet wird.

Besonders auffallend, aber recht rar sind die zwergenhaften Wiesen, die von den Löffelblättchen des Schlammling *Limosella aquatica* gebildet werden. Die Annuellenflur ist bevorzugter Lebensraum für Uferschnecken wie die gelbbraun glänzenden Bernsteinschnecken der Gattung *Succinea*. Die größere der beiden in Mitteleuropa an den Ufern häufigen Arten, *Succinea putris*, erklettert auch höhere Uferpflanzen wie Wasserschwertlilien *Iris pseudacorus* und Rohrkolben *Typha latifolia*. Diese markanten Uferpflanzen erreichen Wuchshöhen von einem Meter und mehr, werden aber weit übertroffen vom Schilf, das an nährstoffreichen Altwassern bis zu drei Meter Höhe erreicht und breite, dichtwüchsige Säume ausbilden kann. Landeinwärts folgt eher noch dichteres Ufergebüsch, zusammengesetzt aus unterschiedlichen Arten, aber oft dominiert von Weiden, weil diese am längsten »nasse Füße« ertragen.

Schilfbestände rücken ziemlich weit ins Wasser vor; bis in Wassertiefen von einem halben bis zu einem ganzen Meter, je nach örtlichen Verhältnissen. Ihr Wurzelwerk, ein weitverzweigtes Rhizom, aus dem mehrere bis zahlreiche Sprosse nach oben wachsen und die Schilfhalme bilden, toleriert geringen Sauerstoffgehalt am Boden. Noch toleranter, weil davon tatsächlich unabhängig sind die Knollen der Teich- und Seerosen, die bei uns mit der Weißen Seerose *Nymphaea alba* und der schon genannten gelben Teichrose vertreten sind. Letztere hat noch größere, sich häufig sogar schräg von der Wasseroberfläche aufrichtende Blätter, wenn der Bestand sehr dicht geworden ist. See- und Teichrosen sind in der Lage, aktiv Luft über die langen, fast kabelartig zähen Blattstiele in die Wurzelknollen zu pumpen, sodass diese in einer Umgebung aus Faulschlamm liegen können, ohne Schaden zu nehmen. Zwei Meter Wassertiefe ertragen die Seerosen. Nicht so weit hinab kommen die unter Wasser sehr langen und zartblättrigen Sprosse des Tannwedels *Hippuris vulgaris*. Ragen sie über die Wasseroberfläche, sehen sie ganz anders aus und ähneln Spitzentrieben von Nadelbäumen, allerdings nicht wie der Name »Tannwedel« dies andeutet, den flach zweizeilig benadelten Trieben der Tanne, sondern den rundum benadelten der Fichten. Aber diese Verwechslung trifft meistens auch den »Tannenbaum« zu Weihnachten. Draußen, wasserwärts vor Tannwedel und Schilf, gibt es in vielen Altwässern, in denen keine See- und Teichrosen vorkommen, mehrere andere Schwimmblattpflanzen, die viel kleinere Blätter entwickeln. Sie können einen eigenen Vegetationsgürtel bilden. Es sind dies die im Frühsommer auffällig gelb blühenden Seekannen *Nymphoides peltata* und insbesondere Laichkrautarten mit an der Oberfläche schwimmenden Blättern. Das Schwimmende Laichkraut *Potamogeton natans* ist die häufigste Art.

Unter Wasser setzt sich die Wasserpflanzenentwicklung fort mit Tausendblatt, Hornkraut *Ceratophyllum demersum* und den aus Amerika zu uns gelangten Arten der Wasserpest *Elodea canadensis* und *Elodea nuttalli*, die neuerdings vermehrt vorkommt, kleiner ist und dichter wächst als die »Kanadische«. Die Ufervegetation taucht also in das Altwasser hinein mit jeweils ganz speziellen, an die Tiefenverhältnisse angepassten Arten. Und sie wächst und wächst, da gut mit Nährstoffen und Wasser versorgt, in der temperierten Lichtfülle des Altwassers. Wer über Jahrzehnte ein bestimmtes beobachten kann, erlebt das Fortschreiten seiner Landwerdung. Mitunter reicht bei kleineren Altwässern ein starkes Hochwasser, um es plötzlich komplett zuzuschütten. In den Jahrzehnten seines Bestehens und seiner Entwicklung bot es einer eindrucksvollen Vielfalt von Tieren Lebensmöglichkeiten: Fischottern und Reihern, Eisvögeln, Kormoranen, Tauchern und Sägern als natürlichen Fischjägern und den Anglern dazu, die in den Altwässern oft so etwas wie eine stets gefüllte Fischwanne sehen, an der es nicht so herausfordernd ist, Beute zu machen, wie am schnell strömenden Fluss. Die Angler halten die von Fischen lebenden Vögel für Konkurrenten, die sie am liebsten bis auf wenige pro forma verbleibende Exemplare von ihrem Fischwasser verbannen möchten. Hechte als Fischjäger setzen sie hingegen ein, weil der Hechtfang eine attraktive Herausforderung darstellt. Später mehr zum so problematischen Verhältnis der Fischer zu den Wasservögeln.

Noch sind andere Altwassertiere zu behandeln, insbesondere die großen Muscheln. Es fällt auf, wenn Schalenhaufen von Muscheln am Ufer liegen oder wenn wir uns beim barfuß Hineinsteigen ins Altwasser an einer in den Fuß schneiden. Sie verdienen eine nähere Betrachtung.

# Flussperlmuscheln und verwandte Arten

Muscheln sind Weichtiere mit (sehr) harter Außenschale aus zwei Klappen. Bivalvia, ihre wissenschaftliche Bezeichnung, hebt dieses Grundkennzeichen hervor, wahrscheinlich weil die Doppelschale, die sich mehr oder weniger weit öffnet, seit alten Zeiten besser bekannt war als der Tierkörper im Inneren. Dieser wurde aber und wird gegessen; von Menschen, die Muscheln mögen und an Meeresküsten leben, wo es sie frisch genug gibt. Auch von Tieren wie der Bisamratte *Ondatra zibethicus*.

In ihrer nordamerikanischen Heimat taucht sie Muscheln vom Gewässerboden herauf, legt sie sich am Ufer zurecht und versucht die nun dicht schließenden Schalen entweder durch Einschieben der Schneidezähne des Unterkiefers aufzuhebeln, oder sie legt die Muscheln einfach an ihrem Fressplatz ab und wartet darauf, bis diese von selbst aufmachen. Weil ihnen Kraft und Wasser ausgehen. Dann frisst sie das sehr leicht verdauliche Muschelfleisch. Da die seit rund hundert Jahren in Europa lebenden Bisamratten dieses Muschelfressen auch pflegen, vor allem in den Wintermonaten, wenn es an den Ufern kein frisches Grün mehr gibt, das sie verwerten könnten, wird über ihr Tun sichtbar, welche Großmuscheln in welchen Mengen und Häufigkeitsverhältnissen im Altwasser, im Fluss oder ufernah im See leben. Die Schalen, die sie an den Fressplätzen zu Hunderten anhäufen, fallen auf. Insbesondere im Sommer werden sie gefunden, wenn Erholungssuchende an die Ufer kommen. Angler kennen die Muschelhaufen. Kinder sammeln die schönsten Stücke. Manche sinnieren vielleicht darüber nach, wie diese Schalenhaufen zustande gekommen sein mögen. Dabei wird selten das Offensichtliche erkannt: Die Muschelschalen tragen Zuwachsstreifen. Diese entsprechen den Jahresringen der Bäume. Mit ihrer Breite zeigen sie die Gunst oder Ungunst des betreffenden Jahres an. Aus ihrem durchschnittlichen Zuwachs lassen sich die Lebensbedingungen im betreffenden Gewässer ableiten, die für die ökologische Gruppe der Filtrierer gegeben sind.

Es ist das biologisch weitaus wichtigere Kennzeichen der Muscheln, dass sie sich durch Filtern von Wasser ernähren, als die Erzeugung einer Doppelschale. Bakterien und kleinstteilige organische Reststoffe bilden die Nahrung der Muscheln – derjenigen Arten, die im Süßwasser leben, ist einschränkend zu sagen, denn Besonderheiten der Meeresmuscheln gehören hier nicht zum Thema. In Altwässern und in leicht durchströmten Flussabschnitten kommen Muscheln häufig vor. Zumindest sollten sie dies, wenn die Gewässer »in Ordnung« sind. Das Artenspektrum der Großmuscheln deckt die unterschiedlichen Bedingungen der Gewässer ab. Wir betrachten es daher genauer. Auf die große Teilgruppe der Kleinmuscheln im Detail einzugehen würde wiederum den Rahmen sprengen; sie sind sehr artenreich und kommen in unterschiedlicher Häufigkeit vor. Als »Erbsenmuscheln« werden sie bezeichnet, weil sie (nur) bis etwa erbsengroß werden. Manche Arten sitzen an Wasserpflanzen. Mit diesen geraten sie gelegentlich in Kaltwasser-Aquarien.

Darin lassen sie sich gut beobachten und relativ leicht für längere Zeit halten. Manche Aquarianer werden erstaunt feststellen, dass diese Kleinmuscheln lebendgebärend sind. Eines Tages umgibt die kleine Erbsenmuschel eine ganze Anzahl »Kinder«. Sitzt eine Trächtige nahe an der Glasscheibe, ist zu sehen, dass sie solche in ihrem Körper trägt. Diese Kleinmuscheln bieten faszinierende Einblicke in das Muschelleben. In der Natur werden sie ganz anders »betrachtet«, nämlich von den Schnäbeln tauchender Wasservögel ertastet, die sie im Bodenschlamm oder an den Wasserpflanzen suchen und verzehren. Die Kleinmuscheln gehören zu den ergiebigen Nahrungsquellen des Makrozoobenthos, der ökologischen Gruppierung kleiner Tiere, die sich von organischem Detritus im Bodenschlamm ernähren. Gibt es viel davon in den obersten Schichten, entwickeln sich die Kleinen zu Tausenden pro Quadratmeter. Oder sie bleiben selten, wenn das Wasser zu sauber ist.

Dieser Abhängigkeit vom organischen Detritus unterliegen auch die Großmuscheln. Die größte Art, die Schwanenmuschel *Anodonta cygnaea*, erreicht eine Schalenlänge von mehr als 20 Zentimetern und ein Gewicht von bis zu einem halben Kilogramm. Sie kommt in sehr nährstoffreichen, eutrophen Altwässern vor und auch in für die Karpfenhaltung gedüngten Teichen. Darin leben Schwanenmuscheln oft in großer Zahl, sodass pro Quadratmeter Gewässerboden über zehn Kilogramm Frischgewicht (das Schalengewicht mit eingeschlossen) zustande kommen. Wo diese Muscheln leben, herrscht kaum Strömung. Ihre Filterleistung ist enorm. Die Wachstumsgeschwindigkeit liegt für eine Großmuschelart sehr hoch. Das lässt sich deutlich an der Breite der jährlichen Zuwachszonen ablesen. Doch ihre Schalen sind dünn; so dünn, dass die Bisamratte sie leicht aufsprengen kann. Dann fehlen einer Schalenhälfte in den Muschelhaufen, die sich am Ufer finden lassen, stets größere, unregelmäßig geformte Bruchstücke.

Ihre kleiner bleibende, rundlichere Verwandte, die Teichmuschel *Anodonta anatina*, lebt hauptsächlich in leicht durchströmten, weniger nahrungsreichen Buchten und größeren Altwässern. Bis in die jüngere Vergangenheit war für sie unklar, ob sie eine eigene Art ist oder nur eine Standortform darstellt. Mitunter wird sie, dem wissenschaftlichen

Artnamen gemäß, auch »Entenmuschel« genannt. Doch das kann zu Verwechslungen mit den echten Entenmuscheln führen, die im Meer leben und zu den Rankenfüßern gehören, nicht zu den Muscheln. Die Teichmuschel wächst schnell, je nachdem, wie ergiebig die Nahrung ist, die sie aus dem Wasser filtern kann, aber auch, wie warm das Gewässer im Sommer wird oder wie kalt es unter dem Einfluss des Flusswassers bleibt. Das Wachstum der Muscheln ist nicht nur nahrungs-, sondern auch temperaturabhängig. In größeren Flüssen, Altwassern und kleineren Seen findet man die Teichmuschel zumeist als die häufigere der *Anodonta*-Arten. Diese lateinische Bezeichnung bedeutet »Zahnlose«. Ihre Schalenklappen greifen am Schloss nicht über Rillen und Leisten ineinander wie bei der Malermuschel.

Die länglichen, recht stabilen Schalen der Malermuschel *Unio pictorum* (der Artname *pictorum* bezieht sich darauf!) dienten früher den Kunstmalern zum Anrühren von Farben. Man warf sie weg, wenn sie nicht mehr gebraucht wurden, ohne sie zu säubern, wie heutzutage die Glas- oder Porzellanschälchen. Schon diese spezielle Nutzung weist darauf hin, dass Malermuscheln in früheren Zeiten sehr häufig gewesen sein müssen. Ihre Schalen sind sehr viel härter als die der Teichmuscheln. Sie halten im Schloss fester als diese zusammen, weil die Ränder ihrer Schalen beim Schließen leistenartig ineinandergreifen. Ihre Perlmutterschicht wird viel dicker als bei den Teichmuscheln. Damit ist ihr Kalkbedarf entsprechend größer. Sie wachsen langsamer, kommen mit deutlich weniger organischem Detritus zurecht und können damit nahe beieinanderleben. In leicht durchströmten Buchten und Seitenarmen größerer Flüsse im Tiefland kommen sie in hoher Bestandsdichte vor. Dutzende Malermuscheln pro Quadratmeter können als normal gelten.

Das Verhältnis zwischen Teich- und Malermuscheln vermittelt in den Schalenhaufen der Fressplätze der Bisamratten einen guten ersten Eindruck von den Muschelverhältnissen im Gewässer und besagt damit auch viel über die Wassergüte. Aber diese Muscheln bieten noch mehr, viel Aufschlussreicheres. Denn als Filtrierer, die jahrzehntelang leben, sammeln sie Schadstoffe, die in die Gewässer geraten. Eingelagert in die Schalen und darin aufs Jahr genau ablesbar an den Jahresringen des Wachstums, können sie mit moderner, hochauflösender Laboranalytik untersucht werden. Ob Radioaktivität, Gehalt an Strontium und anderen Schwermetallen, die Muscheln zeigen mit ihren Schalen an, wie belastet das betreffende Gewässer war und noch ist. Denn sie leben lange, wie bereits angemerkt, und ihre Schalen halten noch viel länger. Bekanntlich gaben versteinerte Muschelschalen die ersten Hinweise darauf, dass heutige Hochgebirge aus Kalkstein einst Meeresboden gewesen waren und dass sich das Leben auf der Erde über Jahrmillionen hinweg immer wieder stark veränderte. Zur Zurückverfolgung unserer menschengemachten Umweltbelastungen können daher sogenannte subfossile Muscheln untersucht werden. Es handelt sich bei diesen um im Bodenschlamm abgelagerte, längst abgestorbene Muscheln aus früheren Jahrhunderten oder Jahrtausenden, die noch nicht versteinerten, aber dennoch nicht »rezent« sind, also aus unserer Zeit stammend.

Kleinere Verwandte der Malermuscheln gibt es in Bächen und kleinen Flüssen – oder es gab sie, wie eingeschränkt werden muss, weil sie weithin ausgerottet sind. Weit verbreitet war die Dicke Flussmuschel *Unio crassus*. Sie lebt(e) im feinkörnigen Kies dieser kleinen Fließgewässer, auch vom Filtrieren, und wächst entsprechend langsam, weil es darin normalerweise wenig organischen Detritus gibt. Sie war und ist, wo sie noch vorkommt, Anzeiger guter Wasserqualität. Noch anspruchsvoller und zur großen Rarität geworden ist die Flussperlmuschel *Margaritifera margaritifera*. Sie wird sehr alt, über hundert Jahre mitunter, wobei genauere Altersangaben schwer zu treffen sind, weil man Flussperlmuscheln nicht so lange durchgehend mitverfolgen kann. Tatsache ist, dass sie sehr langsam wachsen, Jahresringe aber oft nur schwer erkennbar sind und die »oberen«, die ältesten Teile der Muschelschale anfangen zu korrodieren, weil die Gewässer, in denen Flussperlmuscheln leben, sehr wenig Kalk enthalten.

Geraten bei ihrem Filtrieren im flachen Bach winzige Steinchen in den Schalenmantel, überwächst die Flussperlmuschel diese mit Perlmutt. Damit bildet sie über Jahrzehnte die als Schmuck begehrten Perlen in genau gleicher Weise, wie das die Perlaustern im Meer tun. Meistens fallen diese bei den Flussperlmuscheln aber nicht »schön rund« aus, sondern werden länglich, auch etwas »verbogen«, weshalb sie, als »Barockperlen« bezeichnet, von den perlrunden Formen unterschieden werden. Die Perlenfischerei war über Jahrhunderte etwas so Besonderes, dass sie als »Regal« von Fürstenhäusern oder vom hohen Kirchenklerus beansprucht und die Perlenräuberei unter schwerste Strafen gestellt wurde. Im Bayerischen Wald, wo sich ein Schwerpunkt des Vorkommens von Flussperlmuscheln in verschiedenen Waldbächen befand, wurden sogar spezielle Galgen zur Abschreckung aufgestellt. Diese sollten in drastischer Weise für die örtliche Bevölkerung ausdrücken, was jedem droht, der sich an den Perlen vergreift, die nur gekrönten Häuptern zustehen.

Woraus wir entnehmen können, dass Perlmuscheln früher schon recht selten waren und Perlbildungen noch viel seltener vorkamen, jedenfalls bis Japaner die künstlich induzierte Perlbildung entdeckten und durch Einfügung eines Auslösekorns in die Muschel die Ära der Perlenzucht begründeten. Auf die mitteleuropäischen Fließgewässer bezogen, spielten Perlen aus Flussmuscheln als begehrte Schmuckstücke lediglich eine Nebenrolle.

Nicht beachtet worden war dabei ihre Abhängigkeit von Fischen. Die Larven der Flussperlmuscheln, Glochidien genannt, brauchen für ihre Entwicklung zur selbstständig lebensfähigen Kleinmuschel die Kiemen von Fischen, insbesondere von Forellen. Das ist eine im Detail recht verwickelte, noch immer nicht ganz durchschaute Geschichte. Aber auf die wesentlichen Teile zusammengefasst, wird sie aufschlussreich genug, auch für einen Vergleich, bei dem sich umgekehrt ein Fisch zur Fortpflanzung der Muscheln bedient.

Flussperlmuscheln leben dicht gedrängt beisammen in Muschelbänken, nicht verteilt in größeren Abständen zueinander. Das mag man zunächst für nachteilig halten, geraten doch zwangsläufig die benachbarten Muscheln in Nahrungskonkurrenz zueinander. Wenn man bemerkt, wie in einem flachen Gartenteich im Winter eine Malermuschel normaler Größe, also mit 12 bis 15 Zentimeter »Länge« (= Schalenbreite), ein Loch im Eis für lange Zeit offen hält, weil sie ihren Atemwasserstrom, mit dem sie organische Partikelchen aus dem sie umgebenden Wasser gefiltert hat, schräg nach oben richtet, drängt sich diese Vermutung geradezu auf: Nachbarn, dicht gedrängt, konkurrieren um die Nahrungspartikel. Im Perlmuschelbach verhält es sich jedoch anders. Er ist sehr kalkarm, weil Granit oder anderes Urgestein den Untergrund bildet. Das Bachbett bleibt daher eher weich in den Formen, sodass die Strömung über Grund nicht allzu turbulent verläuft. Recken dort Hunderte Perlmuscheln ein Stück ihres Muschelkörpers schräg in die Strömung, entstehen Turbulenzen mit zahlreichen kleinen, gegen die Hauptströmung kurz zurücklaufenden Wirbeln. Dabei fällt es der einzelnen Muschel leichter, insbesondere den Kleineren unter ihnen, Wasser einzustrudeln und durchzufiltern. Sehr viel ist davon nötig, weil das, was kommt, sehr nahrungsarm, aber stets reich an Sauerstoff ist. Dass sich Muschelbänke überhaupt bilden können, setzt jedoch zweierlei voraus. Erstens das Vorhandensein von dafür geeignetem, feinkiesigem Untergrund, in den sich die Muscheln entsprechend eingraben und gegen das Fortgerissenwerden sichern können, und einen Koloniestart mit mehreren, sogar möglichst vielen Jungmuscheln. Denn je mehr Muscheln dicht beisammen aufzuwachsen beginnen, desto schneller und wirkungsvoller stellt sich die Rauigkeit der Muschelbank ein.

Viele Perlmuschelbänke, insbesondere solche, bei denen noch Nachwuchs festzustellen ist, enthalten klar erkennbare Alterskohorten. Langes individuelles Leben der Flussperlmuscheln entwickelt sich weiter zu einem noch viel längeren Bestand einer derartigen Muschelbank. In dieser kann sich die Fortpflanzung, also die Bildung von Eiern und Samenzellen, weit besser synchronisieren als bei einzeln verteiltem Vorkommen. Und hier werden nun die Fische eingeklinkt. Wie an Forellen gut sichtbar, atmen sie beständig und kräftig, auch weil sie sich schwimmend gegen die Strömung behaupten müssen. Setzen die Perlmuscheln schubweise Glochidien frei, geraten davon mehrere allein durch die zum Atmen nötige Wasseraufnahme in die Kiemen der Fische. Darin halten sie sich mit einer Art Klebefaden fest und werden zu milden Parasiten. An den Fischkiemen haftend, erhalten sie beständig Sauerstoff, von den Kiemen die nötige Nahrung und wohl auch bereits vorbeidriftende organische Partikelchen, die für die Forelle zur Aufnahme zu klein und daher

Der Blautopf, der große Quelltopf des Flüsschens Blau bei Blaubeuren, beeindruckt mit einer geradezu unwirklichen Farbe (Bild oben). Alte Silberweide, aufgewachsen am Ufer des Inns und sicher weit über hundert Jahre alt (u.l.). Quellseen am Fuß einer eiszeitlichen Schotterterrasse an der Salzachmündung.

An Auwiesen sieht man, wie Flusstäler früher bewirtschaftet wurden: Hochwasser konnten sie gut aufnehmen (oben). Oberlauf eines Alpenflusses, hier der oberen Isar (unten).

Auwald am unteren Inn: ein echter Urwald im Entstehen, ohne Eingriffe des Menschen.

Flussuferläufer (oben) und Flussregenpfeifer, zwei typische Ufervögel von Fließgewässern. Flussuferläufer nisten am Rand von Inseln, Flussregenpfeifer auf Schotterbänken. Beide werden durch den Erholungsbetrieb gefährdet.

Graureiher (oben) nutzen nicht nur Flussufer zum Nahrungserwerb. Sie fangen oft auch Mäuse auf den Fluren. Eisvögel nisten an steilen Uferabbrüchen, wenn diese Sandbänder enthalten. Uferverbauung hat ihnen viele Brutplätze genommen.

Werden Flussmündungen (hier die des Rheins in den Bodensee) mit eng gefassten Dämmen in die Seen geführt, kann sich kein vielfältiges, artenreiches Mündungsdelta entwickeln, wie es beispielsweise in der Inselwelt am unteren Inn entstanden ist (unten).

Zu viele Nährsalze aus Abschwemmungen landwirtschaftlicher Düngung führen zur Massenvermehrung von Algen und beeinträchtigen die Wasserqualität (oben). Weiße Seerosen und die gelben Blüten der Wasserschwertlilien gehören zu den eindrucksvollsten Blüten am Altwasser.

Mit 6.000 Kubikmetern pro Sekunde donnerte der Inn beim Jahrhunderthochwasser Anfang Juni 2013 über das Kraftwerk Simbach-Braunau (oben). Weiter flussabwärts sind am »Wassertor« in Schärding historische Hochwasserstände vermerkt. Sie geben eine Vorstellung, was für Fluten kommen können.

Fluss im Mittellauf, aufgeteilt in eine freie Fließstrecke und in einen gestauten Teil mit Kraftwerk (Isar südlich von München, oben). Mäandrierender Bachlauf mit Prallhang (im Bild rechts) und gegenüber liegendem Gleithang.

Forellen (l.o.) charakterisieren als Fischart die schnell fließenden, sauerstoffreichen Flussstrecken, während Hechte (r.o.) im Unterwasserwald lauern und Welse in ruhigen Gumpen leben. Der Auwaldbach behält auch im Winter eisfreie Ufer.

Gelbrandkäfer jagen unter Wasser nach Kaulquappen und anderer Beute (oben). Sie holen sich Luft von der Oberfläche. Männchen der an sauberen Flüssen lebenden Blauflügel-Prachtlibelle.

Fischotter (oben) und Biber sind höchst unterschiedliche Säugetiere unserer Tierwelt, sie haben sich in vielfacher Weise an das Leben in und an Flüssen angepasst.

Große, seit Jahrzehnten benutzte Biberburg in einem Auwald am unteren Inn, wo die Wiedereinbürgerung der Biber in Bayern in den 1970er-Jahren begonnen wurde (oben). Larven von Kriebelmücken auf überströmtem Stein im Bergbach.

Frühlingsblüher im Auwald: Zweiblättrige Blausterne (oben) und das goldgelbe Sterne bildende Scharbockskraut. Dieses wächst besonders üppig an sumpfigen Quellen.

Kleine Schwellen zur Stabilisierung des Bachbettes können wandernde Fische überwinden (oben). Begradigter, naturferner und artenarmer Flusslauf (u. l.). Bildung von Eisenocker durch Bakterien. Der Ocker vernichtet nahezu alles weitere Leben im Bach.

Mäandrierender, gänzlich unregulierter Flusslauf: Für die meisten unserer Flüsse ein Blick in die Vergangenheit.

unbedeutend sind. Die Glochidien wachsen langsam heran und wandeln sich um zur Jungmuschel. Und weil die Forellen sowohl wandern, wenn es sich um jüngere Fische handelt, als auch stationär in ihrem »Revier« verbleiben, wenn sie alt und stark genug dafür sind, können die »reif« gewordenen Glochidien ziemlich gleichzeitig den Fischwirt verlassen und an geeigneter Stelle für sie im Bach niedergehen, sich festsetzen und so zu einer neuen Muschelbank heranwachsen. Oder die alte, beständige Kolonie mit einer neuen Generation noch beständiger machen. Die Fische werden dabei nicht nennenswert geschädigt. Der Parasitismus ist »mild«, wie schon betont. Aber er ist ziemlich eng. Die meisten Flussfische sind als Wirte der Muschellarven ungeeignet, entweder weil sie zu wenig oder zu viel auf- und abwandern oder nicht ins freie Wasser schwimmen, um über oder direkt hinter den Muschelbänken die Glochidien aufnehmen zu können. Forellen nutzen die offene Strömung, weil auf ihr immer wieder Insekten vorbeidriften. Forellenangler machen sich dies mit »Fliegenfischen« zunutze, indem sie eine künstliche Fliege mit Haken auf dem Wasser »tanzen« oder treiben lassen.

Nun ist kein Fließgewässer in der jüngeren Vergangenheit so stark beeinflusst worden wie gerade die kalkarmen Mittelgebirgsbäche, in denen es die Muschelbänke gegeben hatte. Zwei Änderungen wirkten sich hier besonders aus. Die Beweidung der Bachtäler mit Vieh, insbesondere mit Rindern, ging stark zurück, da dies unrentabel geworden ist; weithin wurde sie sogar ganz aufgegeben. Damit fehlt nun die Hauptquelle des organischen Detritus. Der Viehdung hatte diesen geliefert. Zudem wuchsen die Bachtäler mit Wald zu. Das wäre nicht unbedingt nachteilig gewesen, wäre es nicht mit Fichten geschehen. Denn deren Bestandsabfall, die Nadeln, versauert den ohnehin kalkarmen bis fast kalkfreien Boden noch mehr. Durch den »Sauren Regen« im letzten Drittel des 20. Jahrhunderts enorm verstärkt, verschwanden die Fische aus den Waldbächen. Jahrzehntelang kam keine Fortpflanzung bei den Flussperlmuscheln mehr zustande. Die letzten Muschelbänke unter Schutz zu stellen war zwar nötig, aber aus beiden Gründen nicht sonderlich wirkungsvoll. Auch die so sauberes Wasser benötigende Flussperlmuschel lebt nicht von Wasser allein.

Sauber und rein sind natürlich relativ. In unserem Trinkwasser sollen keine Bakterien und organische Detritus-Reste enthalten sein, auch wenn diese im Bach nötig sind, um so etwas Besonderes hervorzubringen wie schimmernde Perlen. Blenden wir daher nochmals zurück zu den Grußmuscheln in den Altwassern an großen Flüssen und den Seen. Auch sie leben von diesem Detritus, brauchen aber für ihr schnelles Wachstum viel größere Mengen davon. In für uns recht unangenehmer Weise, weil es den aus guten Gründen geforderten Sauberkeitsverhältnissen nicht entsprach, gediehen sie am besten, als häusliche Abwässer weitgehend ungeklärt ins Wasser entsorgt wurden. Die größten und schwersten Schwanen- und Teichmuscheln wuchsen in jener Zeit heran, kurz bevor Kläranlagen gebaut wurden. Die organische Belastung der Gewässer war bis ins frühe 20. Jahrhundert so groß und regional höchst unterschiedlich, dass die Spezialisten für Großmuscheln Hunderte verschiedener Arten meinten unterscheiden zu können und wissenschaftlich benennen zu müssen.

Doch es handelte sich, wie man inzwischen weiß, nur um sogenannte Standortmodifikationen. Die Muscheln wuchsen unterschiedlich schnell und änderten dabei ihre Schalenform, sodass sie ohne genauere Kenntnis des Muschelkörpers für verschiedene Arten gehalten wurden. Inzwischen sind die meisten dieser Modifikationen verschwunden. Sie sind ausgestorben, weil sich die Lebensbedingungen durch den Rückgang organischer Stoffe sowie den Zustrom vieler chemischer Stoffe wiederum veränderten. Neue, in unseren Gewässern bislang nicht vorhandene Muschelarten kamen hinzu. Sie wurden eingeschleppt oder auch absichtlich eingeführt, weil man sie hatte haben wollen.

Die Wandermuschel *Dreissena polymorpha* ist eine dieser eingeschleppten Arten. Wegen ihrer manchmal deutlich streifenartig gemusterten Schalen wird sie auch »Zebramuschel« genannt. *Corbicula*, die Körbchenmuschel, ist eine andere, vornehmlich in den großen Flüssen vorkommende Art, die erst im 20. Jahrhundert festgestellt wurde und seither »gefürchtet« wird. Wie alles Neue, noch nicht vertraut Gewordene. Manche Wasservögel betrachten die »Neuen« ganz pragmatisch und nutzen sie als Nahrungsquelle. Vor allem die Wandermuschel ist begehrt, weil Tauchenten und Schwäne sie mit ihren Schnäbeln leicht packen und ohne die Muscheln zerkleinern zu müssen, verschlucken können. Die Kalkschale lösen die sauren Verdauungssäfte auf. Das Muschelfleisch stellt für die Vögel ein höchst willkommenes Protein dar. Zigtausende Tauchenten überwintern, seit sich die Wandermuscheln massenhaft vermehrten, auf den randalpinen Seen und auf anderen mitteleuropäischen Gewässern. Hier entgehen sie dem viel stärkeren Abschuss in Südeuropa. Die kleine Muschel wäre also eines Artenschutzpreises würdig.

Doch weil sie »fremd« ist, wird sie verteufelt, und das, obgleich viele Fische, die seitens der Angelfischerei in die Gewässer eingesetzt werden, ebenso fremd sind, wie auf den Fluren der Mais, die Kartoffeln oder unsere »klassischen« Getreidearten, die wie die Wandermuschel aus dem Vorderen Orient stammen und keine Hiesigen sind. Welchen heimischen Muscheln die Wandermuscheln Konkurrenz gemacht haben sollten, die sich anders als all diese auf einer festen Unterlage anheften, bleibt offen. Verdrängung wird einfach behauptet. Dabei ist es unmöglich, für die so dynamische Natur von Fließgewässern oder für die jungen, spät- und nacheiszeitlich entstandenen Seen festzulegen, was der »richtige Zustand« ist oder sein sollte. Fischbesatz liefert gewiss keinen solchen.

Dennoch ist es nicht grundsätzlich falsch und unvernünftig, Fischbestände zu stützen oder wieder aufzubauen, wenn diese, aus welchen Gründen auch immer, geschädigt und dezimiert worden sind. Diesem Urteil »zuzustimmen« fiele manchem Wasservogel sicherlich leicht, wie auch den letzten Nerzen, als amerikanische Krebse in europäische Fließgewässer eingeführt wurden. Doch die »Stimmen« der Wasservögel und der Nerze zählen nicht. Das sollten sie aber, wie gleich aus der Betrachtung der Krebstiere im Süßwasser hervorgeht.

# Flusskrebse, Fischotter und invasive Krebse

Die gewässerökologisch so bedeutende Tiergruppe der Krebstiere (Crustacea) soll nun betrachtet werden. Wie fremd sie uns sind, kommt in der außergewöhnlichen Doppeldeutigkeit der für sie benutzten Bezeichnung zum Ausdruck: Krebs steht für ein gefährliches Gebilde, das aus unkontrolliertem Zellwachstum im Körper von Mensch, Tier und Pflanze hervorgeht und tödlich werden kann. Krebs bezeichnet aber auch im Wasser lebende Tierformen mit einem festen Außenpanzer und mit Beinen, deren vorderste Scheren tragen, mit denen viele Krebse, nicht alle, Beute packen und zum Mund führen. Die weitaus meisten und auch die bei Weitem größten Arten der Krebstiere leben im Meer.

Im Süßwasser gibt es nur wenige mittelgroße bis kleine Arten sowie die zum Plankton zählenden Kleinstkrebse wie Wasserflöhe (Daphnien), Hüpferlinge (*Cyclops*) und andere Ruderfußkrebse. Ihre Arten- und Formenvielfalt wird hier nicht berücksichtigt; auch dies würde den Rahmen sprengen. Viele andere Tiere der (Fließ-)Gewässer können aus dem gleichen Grund ebenfalls nicht behandelt werden. Einige kurze Hinweise müssen jeweils genügen. So sind die zum Plankton zählenden Kleinkrebse bedeutende Nahrung für Klein- und Jungfische in Altwässern, Lagunen und natürlich auch in beständigen Seen. Die meisten dieser Kleinen strudeln winzige Algen als Nahrung ein und betätigen sich damit als »Weidegänger« im Freiwasser. Strudelnd, aber durchaus auch zupackend ernähren sich die aufgrund der Namensähnlichkeit mitunter mit den Wasserflöhen verwechselten (Bach-)Flohkrebse. Sie sind aber viel größer, gut einen Zentimeter lang, stark gegliedert und eher asselförmig in ihrer Form. Da sie sich mit ihren gekrümmten Körpern über kurze Strecken ziemlich unvermittelt fortschnellen können, kam die Verbindung ihres Namens mit dem »Floh« zustande. Bachflohkrebse sind von Forellen gesuchte Beute.

Für die Dezimierung der Flusskrebsvorkommen und ihr Aussterben weithin in Europa gilt die Krebspest als Ursache und Musterbeispiel dafür, was eine fremde Art anrichten kann, die eingebürgert oder eingeschleppt wird. Diese fremde Art war nicht die Krebspest, bei der es sich um eine Pilzerkrankung handelt, hervorgerufen von *Aphanomyces astaci*. Eingeschleppt wurde sie mit dem im Jahre 1890 aus Nordamerika eingeführten und bei Berlin ausgesetzten Amerikanischen Flusskrebs *Orconectes limosus*. Von dort breitete sich dieser Krebs rasch aus, weil er gegen die Krebspest immun ist. Doch er war kein kulinarischer Ersatz für den Edelkrebs *Astacus astacus*. Er bleibt ein Drittel bis um die Hälfte kleiner und erreicht nur etwa zwölf Zentimeter Länge. Die Krebspest, die er mitgebracht hatte, dezimierte die letzten Bestände des Edelkrebses.

Zu dessen Aussterben heißt es in der Naturenzyklopädie Europas: »In der zweiten Hälfte des 19. Jahrhunderts wurden die Krebsbestände durch die Krebspest, eine Pilzinfektion, über weite Strecken ausgelöscht.« Der Edelkrebs war aber bereits verschwunden, bevor die Krebspest kam, die ihn angeblich so dezimierte. Dass sie dies tatsächlich tut, steht außer Frage, denn der europäische Flusskrebs ist ebenso wenig resistent dagegen wie die beiden anderen, weniger bekannten Flusskrebsarten, der Sumpfkrebs *Astacus leptodactylus* und der Steinkrebs *Austropotamobius torrentium*. 1973, also ein Jahrhundert später, gelangten nun die roten Amerikanischen Sumpfkrebse *Procambarus clarkii* nach Spanien. Sie breiten sich seither von der Iberischen Halbinsel nach Zentraleuropa aus. Auch sie sind immun gegen die Krebspest und gelten nunmehr selbst als Pest. Dass man die amerikanischen Flusskrebse eingeführt hatte, weil es keine Edelkrebse mehr gab, bleibt dabei ebenso unbeachtet wie die zeitliche Diskrepanz. Die Krebspest wirkte erst in der Endphase des weitgehend beendeten Niedergangs der Bestände des europäischen Flusskrebses; sie war nicht Verursacher seines Verschwindens.

Diese Klarstellung ist aus mehreren Gründen wichtig, nicht allein im Hinblick auf die so kreuzzugartige Verdammung gebietsfremder Arten. Diese verrät mehr über die Einstellung der betreffenden Kreise, manche Angehörige der wissenschaftlichen Ökologie nicht ausgenommen, als über die tatsächlichen ökologischen Effekte oder die Hintergründe von Veränderungen. Eine andere, zunächst scheinbar zusammenhanglose Entwicklung vermittelt aufschlussreiche Einblicke. In derselben Zeit, in der die Flusskrebsbestände zusammenbrachen, wurde auch der Nerz *Mustela lutreola* selten. Er verschwand bis auf wenige Restvorkommen aus Europa. Sein wissenschaftlicher Artname *lutreola* stellt die Verkleinerungsform von *Lutra* dar, der Bezeichnung für den Fischotter. In den ersten Auflagen von *Brehms Thierleben* hieß er nicht nur Nerz, sondern auch Krebsotter. Nerz ist aus dem Slawischen abgeleitet von *norc/nörc*, was so viel bedeutet wie Schwimmer. Darin steckt wiederum die lateinische Wurzel *nectere*, schwimmen. Dieser kurze Ausflug in das sehr interessante Gebiet des Ursprungs von Namen und Bezeichnungen hat gute Gründe. Denn es geschah mit dem Nerz etwas ganz Ähnliches wie mit dem Flusskrebs.

Sein Verschwinden wurde dem Amerikanischen Mink *Mustela vison* angelastet. Dieser war aus Pelztierfarmen entwichen oder freigelassen worden und hatte sich im 20. Jahrhundert in Europa etabliert und ausgebreitet. Er gilt nun als invasive Art, wie die amerikanischen Flusskrebse. Doch zwischen dem Niedergang der Nerzbestände und der Ausbreitung des Minks klafft eine ähnlich weite Zeitspanne wie bei den Flusskrebsen. Die Überlegenheit der kleineren amerikanischen Krebse schrieb man ihrer Resistenz gegen die Krebspest zu, von der sie nicht befallen werden. Der Mink wurde aber für die Verdrängung des Nerzes nun direkt verantwortlich gemacht. Dass dessen Bestände schon lange vorher, nämlich parallel zum Zusammenbruch der Flusskrebsvorkommen, schwanden, wollte man nicht zur Kenntnis nehmen. Das hätte die Schuldigen ja hier in Europa dingfest gemacht. Es war dies die maßlose, bis zur Vernichtung betriebene Überfischung der Flusskrebse.

Dass sie sich davon nicht wieder erholten und dass die eingeführten »Amerikaner« auch bei Weitem die frühere Häufigkeit der Edelkrebse nicht erreichten, obwohl sie hier in Europa keine Konkurrenz hatten, beruht auf ganz anderen Vorgängen. Im frühen 19. Jahrhundert setzte die umfassende Begradigung und Regulierung der Fließgewässer ein. Die vordem mäandrierenden, von Bäumen als Uferbewuchs gesäumten

Bäche und Flüsse wurden begradigt, um Überflutungen abzuschwächen und um neues Ackerland zu gewinnen. Diese »Korrektur« drückt als Bezeichnung die zugrunde liegende Haltung in aller Deutlichkeit aus. Es galt, die »Fehler« der natürlichen Fließgewässer zu berichtigen! Auch die Regulierung der großen Flüsse wirkte sich auf die Nebenflüsse und die Bäche aus. Im 19. Jahrhundert fing der große, in Mitteleuropa fast zweihundert Jahre andauernde Umbau der Fließgewässer an. Ziel war, alles zu regulieren, bis zu den kleinsten Bächen und Gräben, die noch in den 1970er-Jahren mit öffentlichen Mittel »ausgebaut« und »abflussertüchtigt« wurden. Der Widerstand der Naturschützer nützte nichts. Die übermächtige Interessenvertretung der Landwirtschaft stand hinter dieser Entwässerung der Landschaft.

Parallel dazu nahm die Verschmutzung der Fließgewässer bis über die Mitte des 20. Jahrhunderts hinaus in einem solchen Ausmaß zu, dass sie de facto zu Ableitungen von Abwasser, zu Kloaken, gemacht wurden. Schaumberge bildeten sich als sichtbares Zeichen für das, was aus dem Wasser zum Himmel stank. Die immer häufigeren Fischsterben zeigten ab den 1960er-Jahren dann überdeutlich, dass es so nicht weitergehen konnte und zumindest die Abwässer gereinigt werden mussten; die häuslichen Abwässer, nicht die der bis heute privilegierten Landwirtschaft. Als nach mehr als hundert Jahren katastrophaler Verhältnisse für die Fließgewässer in den 1970er-Jahren allmählich wirkungsvolle Maßnahmen zur Verminderung der Wasserverschmutzung ergriffen wurden, war längst viel vom Leben in den Flüssen vernichtet. Vor allem Fische und die großen, auf hinreichend sauberes Wasser angewiesenen Krebse. Doch dass es nach Verbesserung der Wasserqualität nicht mehr zur entsprechenden Wiedererholung der Krebsbestände gekommen ist, zeigt auf, dass etwas Wesentliches fehlt.

Worum es sich handelt, vermittelt der Blick auf die Nahrung der großen Flusskrebse. Sie verzehren fast alles Tierische, das sie bewältigen können. Besonders bedeutsam waren Kadaver von Fischen und Muschelfleischreste. Mit geeigneten, in speziellen Krebskörben platzierten Kadavern wurden sie früher gefangen. Die Krebse profitierten jahrhundertelang von dem, was die Menschen an gröberen organischen

Resten in die Bäche und Flüsse warfen, um es zu entsorgen. Davon gab es früher jede Menge: tote Ratten, Reste von Schweinen und Schlachtvieh, Fische, die nicht mehr essbar waren, weil sie ohne Kühlung zu schnell verdarben, und so fort. Eine Trennung der Abwässer gab es nicht. Sie wurde erst nach den großen Ausbrüchen der Cholera im 19. Jahrhundert eingeführt. Nicht überall gleichzeitig. In Mittel- und Westeuropa zuerst, dann auch in Mittelost- und Osteuropa. Aasverwertende Vögel nahmen zeitgleich stark ab. Viele verschwanden wie die Flusskrebse. Mitgezogen von ihrem Schwinden wurde der stark auf diese spezialisierte Nerz.

Die Vorstellung, es hätte so etwas wie eine gute alte Zeit an unseren Flüssen gegeben, könnte kaum wirklichkeitsferner sein. Die Seuchengeschichte belegt die aus heutiger Sicht geradezu unvorstellbaren Zustände. Richtig ist lediglich, dass die Fließgewässer bis ins frühe 19. Jahrhundert weitgehend unreguliert waren. In flach überströmten, kiesigen Bereichen und mit rasch wechselnden Strömungen wurde das Wasser immer wieder mit Sauerstoff angereichert. Stark genug, um Flusskrebsen und Forellen das Leben zu ermöglichen und sie bestens wachsen zu lassen. Manche Fische erreichten damals Größen, die heute wie Fischerlatein wirken.

Unter diesen Verhältnissen konnten der große Fischotter und der viel kleinere Nerz nebeneinander an denselben Flüssen leben. Der Kleinere wich dem Großen mit Spezialisierung auf Krebse im Spektrum seiner Ernährung hinreichend aus. Daher der alte Name Krebsotter. Beide, Otter und Nerz, traf der Zusammenbruch der Krebs- und der Fischbestände, als die Fließgewässer bis hin zu den kleinen Bächen begradigt, kanalisiert und abflussertüchtigt wurden. Für den hauptsächlich Fische jagenden Fischotter kam erschwerend hinzu, dass Waschmittelrückstände, die ab den 1950er-Jahren verstärkt in die Gewässer eingeleitet wurden, sein Fell durchnässten. Von den Rückständen »gewaschen«, verlor es seine im kalten Wasser so wichtige isolierende Wirkung. Verfolgt wurden die Otter zudem noch stärker, weil die Fische immer seltener wurden.

Restbestände der Fischotter überlebten in Mitteleuropa bezeichnenderweise nicht an den großen Flüssen, sondern an Waldbächen des

Böhmerwaldes, wo es zwar nahezu keine Fische und Krebse mehr gab, aber als gewissen Ausgleich als Otterbeute einen anderen »Amerikaner«, die Bisamratte. An den Fischteichen, die sie immer wieder aufsuchten, erlitten die Otter jahrzehntelang sehr hohe Verluste, weil sie gerade dort, wo es die meisten Fische gab, besonders intensiv verfolgt wurden. Die großen Flüsse und die fischreichen Stauseen konnten sie erst besiedeln, als gegen Ende des 20. Jahrhundert die Waschmittelrückstände aus den Abwässern verschwunden waren. Man macht es sich gegenwärtig viel zu leicht mit der scheinbar so klaren, in Wirklichkeit aber nicht vollziehbaren Trennung in »heimisch« und »fremd«, zumal wenn historische Entwicklungen nicht beachtet werden.

### Fischotter

Die Vorlieben sind zwar recht verschieden, aber Fischotter gehören sicherlich zu den eindrucksvollsten Tieren unserer Flüsse und Bäche. Das geben sogar Angler zu, die Otter erlebt haben, obgleich diese in Fischereikreisen nach wie vor als unerwünschte Fischräuber gelten. Die Fischotter verbinden als größte Angehörige der Marderfamilie deren geschmeidige Beweglichkeit mit ausdrucksstarken Gesichtszügen. Die langen Schnurrbarthaare lassen sie stets älter wirken, als sie sind. Ihr Kopf ist breit. Die Augen sind groß. Mit ihren Blicken deuten sie unmissverständlich an, was sie vorhaben oder wozu sie anregen möchten. Zum Beispiel gemeinsam auf Fischfang zu gehen.

Handaufgezogene Fischotter stellen sich fast wie ein Hund auf den Menschen ein. Kommen sie von erfolgreichem Fang zurück, den Fisch quer im Maul, präsentieren sie diesen und machen ihn zum Geschenk. Werden sie gelobt, rollen und quieken sie vor Vergnügen, springen auf den Schoß oder fordern auf, nun gemeinsam zum Fischfang zu gehen. Mit bogenförmig gekrümmtem Rücken springen sie voran, gleiten ins Wasser, schlängeln sich darin umher wie ein Aal, tasten mit den Vibrissen der Schnauze in die Nischen unter Wurzeln oder von Felsblöcken und untersuchen alle Ecken und Winkel.

Fischotter
*Lutra lutra*

Die Reaktionen der Fische sind erstaunlich. Zuerst eilen sie zu ihren Verstecken in Deckung. Damit gehen sie dem Otter in die Falle. Das geschieht ein paarmal, dann haben die nicht betroffenen Fische gelernt, dass dies keine gute Strategie ist. Sie halten sich nun in der starken Strömung, in der es für den Otter schwieriger ist, sie zu sehen oder zu ertasten. Das lässt nach den Seiten Ausweichmöglichkeiten. Nach wenigen Tagen in einem Bachabschnitt nimmt der Fangerfolg des Fischotters stark ab. Er müsste weiterwandern, würde er nicht wie der geschilderte, von Hand aufgezogene vom Menschen gefüttert. Denn die Jagd nach Fischen unter Wasser kostet viel Energie. Die Bilanz muss sich lohnen, also positiv für den Otter ausfallen. Damit reguliert sich sein Druck auf den Fischbestand ganz von selbst auf geringem Niveau. Zudem erbeutet er vornehmlich solche Fische, deren Kondition nicht so gut ist. Im Bach oder im kleinen Fluss hat dies zur Folge, dass kleinere Fische, junge Forellen zum Beispiel, nachrücken können. Die großen machen ihnen nun keine Konkurrenz mehr, die die kleinen sogar fangen würden. Das Jäger-Beute-System, das sich zwischen Fischotter und Fischen entwickelt, stellt einen komplizierten Regelkreis mit Rückwirkungen dar. Die Otterjagd wirkt anders als das Angeln. Naturnahe Fließgewässer mit gutem, natürlichem Fischbestand lassen beides zu, das Leben der Otter und das Angeln. Die Größe der Streifgebiete der Otter richtet sich nach der Größe der

Fischbestände. Ein Otterrüde muss Flussstrecken von mehreren Kilometer Länge nutzen. Ein Otterweibchen kommt nicht etwa deshalb mit geringeren Reviergrößen zurecht, weil es weniger Nahrung braucht, sondern weil es zur Versorgung und Sicherheit der Jungen nicht zu lange unterwegs sein darf. Daher konzentrieren sich Fischotterweibchen auf die ergiebigeren Gewässerabschnitte. Die Menge der von Fischottern entnommenen Fische bleibt so pro Kilometer Fließgewässer sehr gering.

Schäden entstehen allenfalls, wenn die Otter Zugang zu einer Fischzuchtanlage finden. Die darin vorhandenen Fischmengen sind völlig unnatürlich (und werden deshalb häufig auch medikamentös vor Erkrankungen und Parasiten geschützt). Die Fische selbst sind eine ganz leichte Beute, weil ihnen die natürlichen Ausweich- und Fluchtmöglichkeiten fehlen. Fischteichanlagen müssen daher otterdicht gemacht werden. Am besten mit doppelter Sicherung, um die Anlage selbst und zudem ein gutes Stück bachabwärts bereits, damit Fischotter möglichst erst gar nicht in den Nahbereich der Teiche gelangen. Denn auch wenn sie durchaus über Land laufen, ziehen es die Otter doch vor, im Gewässer und direkt am Ufer zu wandern. Ein Otterwehr zwei- bis dreihundert Meter bachabwärts der Anlage, das Fische durchlässt und nur den viel größeren Fischotter zurückhält, kann den Schutz stark verbessern. Ohne zu töten.

Überlegungen wie diese, die hier die Problematik nur anreißen können, betreffen auch eine andere, sehr große Muschel, die sich seit einigen Jahrzehnten in »unseren« Gewässern ausbreitet – oder auch nicht, weil ihre neuen Vorkommen längst nicht immer von Dauer sind. Es ist dies die Chinesische Teichmuschel *Sindanodonta woodiana*. Sie kann bis über ein Kilogramm schwer werden und mit über 20 Zentimeter Schalenlänge für Flussmuscheln wirklich eindrucksvolle Größen erreichen. 1984 wurde sie erstmals in Polen gefunden, im Jahr 2000 in Österreich und seither in verschiedenen Gewässern. Ist nun sie, da Größe oft »zählt«, eine Bedrohung der heimischen Schwanen-, Teich und Malermuscheln? Befürchtungen gibt es jede Menge, konkrete Befunde zu einer möglichen Verdrängung der heimischen Großmuscheln sind hingegen rar, und was dazu veröffentlicht wurde, ist bei genauer Nachprüfung nicht schlüssig begründet. Denn natürlich benötigen diese Riesenmuscheln besonders viel Nahrung in Form von organischem Detritus. Doch dieser ist stark zurückgegangen, verglichen mit den noch bis in die 1970er-Jahre vorhandenen Verhältnissen starker Wasserverschmutzung. Folglich ist es nicht gerade wahrscheinlich, dass eine auf viel organisches Material angewiesene Muschelart invasiv wird, wenn genau dieses rar geworden ist.

Somit ist nicht zu befürchten, dass die große Muschel aus China mit ihrer Konkurrenz unsere Teichmuscheln so sehr dezimiert, dass die kleinen Bitterlinge aussterben, die diese Muscheln für ihre Fortpflanzung brauchen. Bitterlinge *Rhodius sericeus amarus* legen nämlich ihre Eier in den Kiemenraum von Teich- und auch von Malermuscheln ab. Darin entwickeln sie sich, ständig umspült vom Atemwasser der Muschel und dabei mit Sauerstoff versorgt. Mit einer speziellen Legeröhre gelingt dies den Weibchen, ohne dass die Muschel auf den Reiz hin zumacht und den Zutritt der Eier verwehrt. Durch diese besondere Form der Eiablage können Bitterlinge in flachen, an Wasserpflanzen reichen Buchten von Flüssen und Seen leben, ohne dass sie sich der Gefahr ausgesetzt sehen, keine geeigneten Stellen für die Entwicklung der Eier zu finden. Diese kleinen Fische aus der Karpfenverwandtschaft sehen zur Paarungszeit sehr reizvoll aus. Die Männchen werben mit lockenden Bewegungen, roter Kehle und Brust um die Weibchen.

Für die meisten Fische in Altwässern und flachen Lagunen ist es ein großes Problem, geeignete Orte für die Eiablage zu finden. Die dank starker Fotosynthese tagsüber im Überfluss Sauerstoff erzeugenden Wasserpflanzen können bei hoher Wassertemperatur nachts eine Zehrung bewirken und damit den Eiern den Sauerstoff zu sehr verknappen, der für ihre Entwicklung unentbehrlich ist. In verschmutzten Gewässern wurden deswegen viele Kleinfische selten, sogar manch größere und große, wie die Karpfen, weil es mit der Fortpflanzung nicht mehr klappt. Intensiv bewirtschaftete Teiche können nicht auf Nachwuchs aus eigenen Beständen aufbauen, sondern müssen jedes Frühjahr neuen

Besatz einbringen. Letztlich erklären sich daraus auch die Wanderzüge verschiedener Fischarten zu günstigen Laichgründen. Wo es reichlich Nahrung für die erwachsenen Fische gibt, sind die Bedingungen für die Laichentwicklung und für die Fischlarven keinesfalls ebenso günstig; meistens sogar sehr ungünstig. Die Unterbrechung der Fischwanderungen durch den Bau von Staudämmen wirkt sich aus diesem Grund mittel- und langfristig stärker aus; kurzfristig weit weniger, wenn Altwässer und Lagunen mit ihrem Nahrungsreichtum erhalten geblieben sind.

Wiederum grob vereinfacht, auch wenn es immer Ausnahmen gibt und in der Natur andere »Lösungen« als ein striktes Entweder-oder verwirklicht wurden, lässt sich das Altwasser als guter Nahrungsraum für Fische, Muscheln und andere Wassertiere charakterisieren. Die fließenden Strecken sind meistens die günstigeren Bereiche für die Fortpflanzung. Sehr deutlich wird dies in den Lagunen, die es früher an den unregulierten Flüssen erst in der Nähe ihrer Mündungen ins Meer gegeben hatte, die aber durch den Bau von Stauseen in diesen entstanden sind. Sie gleichen weder einem Altwasser noch einem See, vereinen aber Eigenschafen dieser stehenden oder langsam durchströmten Gewässer und werden dadurch am Fluss ähnlich produktiv. Häufig existieren sie noch kürzere Zeit als die Altwässer. Die Betrachtung der Lagunen leitet zudem über zu den von Menschen verursachten Veränderungen an den Fließgewässern.

## »Exotische« Lagunen

Flache Wasserwannen entstehen in Bereichen, in denen die Flüsse nur noch wenig Gefälle haben. Bei erhöhtem Abfluss dringt Wasser hinein in solche Seitenbereiche und bleibt darin mehr oder weniger lang stehen. Nahe den Flussmündungen entstehen diese Flachgewässer am häufigsten. Aber sie können sich auch weit entfernt davon flussaufwärts bilden, wenn sich der Fluss durch breitflächige Ebenen schlängelt.

## Flussmündungen

An den Mündungen schieben die Flüsse das Land ins Meer hinaus. Wie sich dies äußerlich zeigt, hängt von der geografischen Situation ab. Im häufigen, gleichwohl in verschiedenen Regionen nicht so ausgebildeten Fall bildet der Fluss mit seinem Geschiebe ein Delta, das meerwärts vorrückt. Eine Hauptmündung oder auch mehrere können vorhanden sein, wie im Donaudelta mit drei großen Teilflüssen und entsprechenden Inseln mit weiten Lagunen dazwischen. Die Schifffahrt favorisierte von jeher eine Hauptmündung, sodass zumeist auch eine solche ausgebaut und uferbefestigt wurde wie im Fall des Rhonedeltas.

Vielfach münden Flüsse aber lediglich als erweiterte Trichter ohne Deltabildung. Solche Verhältnisse stellten sich ein, während der Meeresspiegel in den letzten Jahrtausenden anstieg, im Nordseebereich stieg dieser allein seit der Zeitenwende um rund eineinhalb Meter. Nacheiszeitlich, also in den letzten etwa 12.000 Jahren, betrug der Anstieg über hundert Meter, so viel Wasser war in Landeis gebunden. Mit dem Schmelzen der Gletscher wurde es frei und ließ das Meer wieder steigen. In Gebieten, in denen die Erosion nicht so stark verlief, weil harter Fels dem Wasser Widerstand entgegensetze, kamen dadurch »ertrunkene Flussmündungen« zustande. Die alten Strukturen verlaufen unter dem gegenwärtigen Meeresspiegel; im Fall des Rheins sogar bis in die Region des »Englischen Kanals« unter dem Südwestteil der Nordsee. Zu keiner größerflächigen Deltabildung kam es nacheiszeitlich an den beiden einstigen Rheinnebenflüsse Elbe und Weser; sie enden in einem einzigen »Arm« in die Nordsee und bilden damit den Typ der sogenannten Trichtermündung (trichterförmiger Ästuar). Der starke Tidenhub der Nordsee sorgt dafür, dass das Meerwasser über die Ästuare kilometerweit vordringen kann. Doch nicht an allen Küsten mit kräftigem Tidenhub entstehen solche Trichtermündungen. Ist die Sedimentfracht sehr hoch, kommt es auch hier zur Bildung eines Deltas, wofür das größte Delta der Welt, das von Ganges und Brahmaputra, ein schönes

Beispiel ist. Oft ist die Trennung der beiden Mündungstypen nicht einfach bzw. schlicht nicht gegeben, und es bilden sich Mischformen aus, wie an Amazonas oder Rhein, Maas und Schelde (Deltas mit Ästuar). Auf besondere Weise münden die kurzen Flüsse Skandinaviens in die Nordsee, nämlich über Fjorde. Das Meer war nacheiszeitlich in die alten Gletschertäler eingedrungen und hatte diese landeinwärts über Kilometer vereinnahmt.

In Mitteleuropa gibt es die ausgeprägtesten Flussdeltas, wo Flüsse aus den Alpen in entsprechend große Seen münden. Beispiele sind das Rheindelta im östlichen Bodensee und ähnliche, jedoch kleinere Deltas, gebildet von der Ammer bei der Mündung in den Ammersee und der Tiroler Ache in den Chiemsee. Durch Aufstau des nach der Begradigung stark eingetieften Inns konnte seit Mitte der 1950er-Jahre das Mündungsdelta der Salzach wiedererstehen. Ökologisch sind solche Flussdeltas charakterisiert durch die Verknüpfung von hoher Produktivität mit hoher Biodiversität. Diese kommt zustande, weil über den mehr oder minder regelmäßigen Wechsel in der Wasserführung Nährstoffimpulse entstehen, die rasch umgesetzt werden können. Das Delta ist daher meist (sehr) reich an Fischen und anderem Wassergetier, insbesondere wenn sich flache Lagunen ausbilden, in denen dank der Sonneneinstrahlung auch eine starke Produktion von pflanzlichem Plankton aufkommt. Als Lebensraum ist das Delta aber auch sehr raschen Veränderungen unterworfen. Land kann überschwemmt und ins Meer gespült werden oder aus diesem auftauchen und von Pflanzen und Tieren neu besiedelt werden.

Kennzeichnend sind zwei Eigenheiten. Die Gewässertiefe bleibt in den Lagunen gering, und sie entstehen und vergehen im Jahreslauf oder in Abständen mehrerer Jahre, je nachdem, wie sehr sie vom Hochwasser abhängig sind. Häufig ist das Wasser trüb, weil es bei Hochwasser eintritt. Es wird aber nach und nach klarer und wärmer. Denn als Flachgewässer, die der Sonneneinstrahlung ausgesetzt sind, erwärmen sich

Lagunen schneller als die Flüsse oder die Seen. Küstennah enthalten sie meistens Brackwasser, weil das Meer in sie hinein überschwappt oder bei Flut eindringt. Das Meer wirkt an der Flussmündung wie ein andauernder leichter, jedoch wechselnder Stau, es sei denn, der Fluss ergießt sich mit einer schmalen Trichtermündung über eine Schwelle ins Meer. Wo ein größeres Delta gebildet wird, entstehen Lagunen.

Sie sind in aller Regel reich an Nährstoffen und daher fischreich. Seit alten Zeiten wird in Lagunen Fischerei betrieben, oft mit Reusen. Lagunen sind bevorzugte Gewässer für bestimmte Wasservögel, wie Pelikane, Kormorane und Reiher. Pelikane und Kormorane fischen häufig in Gruppen. Dabei treiben sie einen Fischschwarm und versuchen ihn einzukreisen. Die Fische rücken enger zusammen und können so leichter erbeutet werden. Ein einzelner Fischjäger täte sich schwerer, im Schwarm einen bestimmten Fisch zunächst zu fixieren und dann auch noch im entstehenden Durcheinander, das sein Fangversuch auslöst, zu verfolgen und zu erbeuten. Dank des flachen Wassers können die von einer Gruppe Pelikane oder Kormorane gejagten Fische nicht nach unten in die Tiefe ausweichen, wie sie dies in einem See täten. Getrübtes Wasser, verursacht von Wind und Wellenschlag im Flachwasser, kommt den Fischjägern zusätzlich zugute, außer die Trübung wird zu stark.

An den Ufern lauern Reiher auf die Fische. Sie nutzen die Strategie des unbewegten Wartens mit blitzschnellem Zustoßen, wenn ein Fisch in Schnabelreichweite heranschwimmt. Die draußen im Freien offener Lagunen fischenden Reiher sind zumeist weiß gefiedert; in Mittel- und Südosteuropa werden sie vor allem vertreten vom nahezu global verbreiteten Silberreiher *Ardea alba*. Die am Röhrichtrand lauernden Reiher sind ihrem Hintergrund farblich angepasst und schwer zu sehen: Purpurreiher *Ardea purpurea* und Rohrdommel *Botaurus stellaris*. An Lagunen jagen gern auch große Greifvögel, wie Seeadler *Haliaeetus albicilla* und Fischadler *Pandion haliaetus*. Sie stoßen nach Fischen ins Wasser. Seeadler versuchen auch, Schwimmvögel zu erbeuten. Der Fischadler macht das nicht. Er ist auf Fische als Beute spezialisiert.

Seit sie EU-weit geschützt sind, überwintern Silberreiher *Ardea alba* jetzt zu Tausenden in Mittel- und Westeuropa.

Die von Fischen lebenden Wasservögel bilden nur einen geringen Teil der Vogelwelt der Lagunen. Sie nehmen Spitzenpositionen in den Nahrungsketten ein und sind demzufolge von Natur aus selten. Nutzer von Wasserpflanzen, die sich in Lagunen besonders üppig entwickeln können, und Verwerter von Kleingetier aus dem Bodenschlamm sind entsprechend viel häufiger: Enten, Schwäne und Blesshühner. Zu den Lagunen kommt an Wasservögeln, was sonst für Seen typisch ist. Sie stellen ja Flachseen dar, die sich von beständigen Seen lediglich durch die kürzere Existenzdauer und durch Ortswechsel unterscheiden.

Bedeutsam wird der Unterschied in der Existenzzeit insbesondere dann, wenn sich die Lagunen im Frühjahr füllen, weil die Wasserführung des Flusses steigt, aber im Lauf des Sommers und Herbstes wieder austrocknen. Dies geschieht in Niederungen entlang von mäandernden Fließstrecken durchaus häufig und regelmäßig. Die Lagune wird dann in großem Stil zu dem, was entlang der Sand- und Schlickbänke an den Flachufern stattfindet, aber kaum beachtet wird, weil das Wasser einfach nur zurückweicht oder wieder ansteigt: zu einem Wechselebensraum. Die Tiere und Pflanzen der Uferzonen sind dem gleichen Wechsel zwischen Überflutung und Austrocknung unterworfen wie die Bewohner der Lagunen. Und weil es sich dabei um ganz natürliche Vorgänge handelt, entwickelten die davon betroffenen Arten entsprechende Anpassungen.

Großmuscheln ziehen sich in den Schlamm zurück, »machen dicht« und überwintern in der feuchten Tiefe, wenn die Austrocknung im Spätherbst einsetzt und Wasser erst wieder im Frühjahr eindringt. Sinkt der Wasserspiegel zu schnell, schaffen sie es mitunter nicht, und viele gehen zugrunde. Wie auch die Fische in Restpfützen. Vor allem Kleinfische trifft dieses Austrocknen. Die Großen merken schnell genug die Veränderung und verlassen die Lagunen über die Verbindungen zum Fluss. Sterbende Fische, klaffende Muscheln, denen fauliger Geruch entströmt, und Schlamm, der freiliegt, erwecken den Eindruck einer Katastrophe. Für die Betroffenen ist sie dies zwar, sie bleibt aber dennoch ein natürlicher Vorgang. Dies zu akzeptieren fällt insbesondere den Anglern schwer, die dort »Fischrechte« (erworben) haben und nun die ihnen zustehenden Erträge zugrunde gehen sehen. Dass eine im Winter trockengefallene Lagune im nächsten Sommer besonders produktiv und eine »gute Kinderstube« für Jungfische sein wird, ist schwer zu vermitteln, gleichwohl ist es die natürliche Nachwirkung.

Wir Menschen streben Beständigkeit an. Veränderung, Dynamik missfällt uns, außer sie wirkt von uns zielgerichtet auf einen anderen Zustand. Deshalb wird immer wieder versucht, den Lagunen Verbindungen zum Fluss offen zu halten oder neu zu öffnen, damit sie nicht austrocknen. Mit dem längerfristigen Ergebnis, dass sie noch schneller auflanden und verschwinden. Den kurzfristigen Gewinn entwerten die langfristigen Verluste. Aber das sind Anmerkungen, die bereits die Folgen regulierender Eingriffe der Menschen auf die Fließgewässer betreffen. Lagunen entstehen und vergehen in Jahrzehnten. Ihre Dynamik lässt sich in der Spanne eines Menschenlebens mitverfolgen. Man könnte sie (wie den Gartenteich) als Fallbeispiele betrachten, um daraus Lehren zu ziehen für die viel größeren Gewässer, die man begradigt und aufgestaut sowie zu Wasserstraßen oder zu Energielieferanten umfunktioniert hat. Wasser wurde abgeleitet, um Kulturen zu bewässern oder Städte mit Trinkwasser zu versorgen. Abwasser wurde eingeleitet, um Fließgewässer als wohlfeile Möglichkeit zur Entsorgung zu nutzen. Die Kraft im Hintergrund kostete nichts, weil sie so und so alles fließende Wasser antreibt, die Schwerkraft. Fließendes Wasser setzt diese überall wirkende Schwerkraft in Bewegung um. Daraus lässt sich nutzbare Energie gewinnen.

# Teil IV

# Der Mensch greift ein

# Vorbemerkung

Unser Leben hängt vom Wasser ab. Biologisch sind wir jedoch nicht auf einen sparsamen Umgang mit Wasser eingerichtet. Wir müssen viel trinken, weit mehr als Säugetiere vergleichbarer Körpermasse, um die täglichen Verluste durch die Abgabe von Harn auszugleichen. Mehr noch verlangen körperliche Anstrengung und das damit verbundene Schwitzen. Der Wasserbedarf für die Zubereitung von Nahrung kommt hinzu. Waschen und Kochen, Entsorgung von »Abwasch« und anderem Abfall ergeben nicht nur in unserer sehr verschwenderisch mit Trinkwasser umgehenden Form von Zivilisation eine ungleich größere Tageswassermenge, als dem rein physiologischen Bedarf entspricht. Die monatlichen oder jährlichen Wasserrechnungen enthalten die Mengenangaben. Sie kommen uns teuer, Tendenz steigend. Weil Beschaffung und Bereitstellung sauberen Wassers immer aufwendiger werden. Verschmutztes Wasser löst global sehr viele Krankheiten aus. Als Ursache von Todesfällen rangiert es in der Spitzengruppe. All dies ist längst bekannt. Es soll hier nicht weiter vertieft werden. Vielmehr dient der Hinweis dazu, die krasse Diskrepanz zwischen dem hohen Wert des Wassers und unserem geradezu sorglosen Umgang damit zu verdeutlichen. Für akute Gefahren gibt es den intuitiv sofort verständlichen Ausdruck vom »Spiel mit dem Feuer«. Nichts dergleichen ist auf das Wasser gerichtet, sieht man von »Geldwäsche« und »Reinwaschen« ab.

Vielleicht sind solche Ausdrücke Indiz für den Umgang mit Wasser. In alten Zeiten hatte seine Verteilung Vorrang. Wasserrechte wurden vergeben oder in Anspruch genommen. Jemandem »das Wasser abzugraben« gehörte sich nicht und gab nicht selten Anlass für Streitigkeiten, auch zwischen Völkern und Staaten. Um das Graben selbst ging es dabei nicht, auch nicht um Kanäle oder Schöpfwerke. Sondern um die Menge. Wasser galt wie die Luft als Gemeingut. Es einem Fluss abzuleiten und über Bewässerungsanlagen gleichsam Tropfen für Tropfen der Erzeugung von Nahrung zukommen zu lassen war eine Frage des guten Managements.

Mit Schöpfrädern fing einstmals die kontinuierliche Wässerung von Feldern an. Hohe Erträge waren die Folge.

Die Ackerwirtschaft entstand und florierte an Flüssen, denen dazu Wasser abgezweigt wurde, wie im antiken Zweistromland von Euphrat und Tigris, am unteren Indus in der Harappa-Kultur und am Nil mit seinen fruchtbringenden Fluten, aus dem Geschichtsunterricht uns besonders bekannt. Ähnlich verhielt es sich an den ostasiatischen Strömen und letztlich überall, wo das Klima für Ackerbau geeignet war. Frühzeitig – die Anfänge verlieren sich im Dunkel der Geschichte – fingen die Menschen in diesen Flussoasen-Kulturen auch damit an, die Kraft des Wassers zu nutzen. Sie bauten Schöpfwerke und bald auch Mühlen zum Mahlen der Getreidekörner.

Das mag genügen, um einleitend auf die Ursprünge der drei Kernbereiche der Nutzung von Wasser hinzuweisen: Versorgung der Felder über den Bau von Zuleitungskanälen, Speicherung gewisser Mengen für die spätere dosierte Abgabe sowie Antrieb von Wasserrädern als früheste

Form der mechanischen Nutzung der Wasserkraft. Nachdem das Schöpfradprinzip erkannt war, ließ es sich über das Windrad benutzen, Wasser aus der Tiefe, aus dem Grundwasser, nach oben zu pumpen, wenn der Fluss zu wenig führte, um es in die Kanäle leiten zu können. Da alle zugehörigen Arbeiten mit den Händen zu leisten waren, blieben die Eingriffe gering. Die sprachliche Zuordnung auf das Zugreifen drückt es aus.

Alles andere als geringfügig wurden aber die ökologischen Folgewirkungen. In diesen ersten Bewässerungskulturen kam es bekanntlich zur Bodenversalzung, weil das in der subtropischen Hitze verdunstende Wasser aus dem Boden Salz nachzog und oberflächennah anreicherte. Verhindern konnten dies nur starke Fluten, die frischen Schlamm mit sich führten, wie die Hochwässer des Nils und der großen ostasiatischen Flüsse. Je mehr Bewässerungskulturen in anderen Regionen in sehr flachen Ebenen, wie in Mesopotamien, um sich griffen, desto stärker wurde die Bodenversalzung. Sie gilt als einer der Hauptgründe für Schwächeln und Zusammenbruch der Flusskulturen, auch wenn die Eroberungen durch Fremdvölker meistens politisch den unmittelbaren Untergang einleiteten. Nilhochwasser und Nilschlamm machten eine ungleich längere Existenz möglich, die allen historischen Turbulenzen und Veränderungen zum Trotz bis in die Gegenwart anhält. Allein dieser grobe Vergleich verdeutlicht, wie sehr es in der Nutzung von Wasser auf die Verhältnismäßigkeit ankommt.

Viele Probleme unserer Zeit kamen zustande, weil die Eingriffe in die Natur unverhältnismäßig ausfielen. Das lässt sich meistens erst rückblickend erkennen. Hinterher ist man klüger. Dieses Urteil trifft bekanntlich leider sehr oft zu. Aber ändert nicht jeder Eingriff zwangsläufig den vorgegebenen Zustand? Die Landwirtschaft hat dies von Anfang an getan, aber auch in der viel längeren Zeit davor, in der die Menschen als Jäger und Sammler lebten, veränderten sie die Natur. Den unberührten Urzustand gibt es nicht. Überall, wo Leben tätig ist, zeitigt es Folgen. Sollten wir nicht einfach akzeptieren, dass das so ist, und aus jedem Eingriff das Beste zu machen versuchen? Nirgendwo sonst im Umgang mit der Natur haben wir uns dieser Frage so sehr zu stellen wie beim Wasser.

Beginnen wir deshalb mit der Betrachtung eines Wasserbauers, den es schon sehr viel länger als uns Menschen gibt, den Biber. Was er macht, hat sich als zukunftsfähig erwiesen, weil Biber seit Zehntausenden, wahrscheinlich seit Hunderttausenden von Jahren Bäche und kleine Flüsse mit Dämmen stauen und den Wasserfluss in ihrem Sinne regulieren. Sie schaffen Seen, überschwemmen Ufer, verändern, wo sie tätig sind, die Zusammensetzung des Waldes und den Stoffhaushalt im Gewässer dazu. Sie als »Wasserbauer« zu bezeichnen strapaziert den Vergleich gewiss nicht. Sie bauen so wirkungsvoll, dass sie Hochwässern ihre Wucht und Zerstörungskraft nehmen, weil sie die Fluten verteilt zurückhalten und dosiert abfließen lassen.

## Wasserbauer Biber

Biber sind sehr große, kompakt gebaute Nagetiere mit einem Merkmal, das sie allein auszeichnet: dem flach abgeplatteten Schwanz, »Kelle« genannt. Er wirkt als Höhensteuer beim Tauchen, aber nicht als Antrieb. Schwimmen und Tauchen besorgen einzig die Beine, insbesondere die Hinterbeine. Sie tragen Schwimmhäute zwischen den Zehen. Diese Eigenheit weist die Biber als Wassertiere aus. Solche gibt es zwar viele, aber nur zwei Arten vom »Bibertyp«, die zudem einander extrem ähnlich sehen, weil es sich um großgeografisch nur getrennt lebende Zwillinge handelt, den Eurasischen *Castor fiber* und den nordamerikanischen Biber *Castor canadensis*. Letzterer wird auch Kanadabiber genannt, was aber den Eindruck erweckt, er würde nur oder vorwiegend in Kanada vorkommen. *Castor canadensis* ist aber sehr weit verbreitet. Sein Vorkommen reicht südwärts bis Nordmexiko. Auf noch größerer Gesamtfläche kommt der Eurasische Biber vor. Sein natürliches Areal reicht von Westeuropa bis Ostasien und von Skandinavien bis Südrussland. Derart riesige natürliche Verbreitungsgebiete sind ein sicheres Zeichen dafür, dass die betreffenden Arten nicht nur über spezielle Eigenschaften verfügen, sondern über so besondere, dass diese das Leben unter sehr unterschiedlichen klimatischen Bedingungen ermöglichen. Beim Biber – so werden sie nachfolgend zusammenfassend bezeichnet, weil sie sich in den hier zu behandelnden Aspekten ihres Lebens tatsächlich nicht nennenswert unterscheiden – ist dies ihre (semi)aquatische Lebensweise.

Wasser ist aber, wie die genauere Betrachtung ergibt, eigentlich nur Mittel zum Zweck. Dieser steht in Beziehung zu ihrer verwandtschaftlichen Herkunft. Biber sind Nagetiere. Sie gehören damit im weiteren Sinne zu den Mäusen. Man könnte sie als Riesenwühlmäuse bezeichnen. Denn in ihrem Körperbau entsprechen sie weitgehend dem Wühlmaustyp: kompakt mit dichtem Fell und sehr viel grabend und wühlend tätig. Der Ernährung nach sind sie sogar noch ausgeprägter »Wühlmäuse«, weil sie sich ausschließlich pflanzlich ernähren. Die Verbindung zum Wasser ergibt sich aus ihrem Gewicht. Biber werden bis über 30 Kilogramm schwer. Sie übertreffen damit die meisten Rehe an Gewicht, die mit ihren langen Beinen viel größer wirken.

Dass Rehe viel Nahrung brauchen, beklagt die Forstwirtschaft. Denn sie verbeißen die Knospen von Jungbäumen im Wald, von gepflanzten Bäumchen vor allem. Das macht die Rehe unbeliebt, um es zurückhaltend auszudrücken. Auch den Bibern sind nicht alle Menschen zugetan, seltsamerweise werden sie aber viel mehr geschätzt als die Rehe. Ihre Wiedereinbürgerung förderten nicht nur die Naturschützer. Die Biber waren rund ein Jahrhundert lang in weiten Teilen Europas ausgerottet. Als es in den 1970er-Jahren darum ging, sie an verschiedenen Flüssen wieder anzusiedeln, war die Bevölkerung umfassend dafür. Mit ihrer »öffentlichen Meinung« hält sie eine Bekämpfung der Biber in engen Grenzen, auch wenn diese ganz offensichtlich Dinge tun, die von den »Betroffenen« als Schäden beklagt werden.

So fällen die Biber Bäume; sehr große Bäume mitunter. Bäume, die die Besitzer zum betreffenden Zeitpunkt noch nicht hatten nutzen wollen. Bäume, die am Wasser stehen, in dieses fallen (sollen, aus Sicht der Biber) und damit ein gewisses Hindernis bilden, zum Beispiel für Angler, die Blinker auswerfen. Sie stürzen oft auch auf oder über Uferstraßen und müssen daher entfernt werden. Biber lernten schnell die Zuckerrüben- und Maisfelder zu schätzen, so diese bis in die Nähe der Gewässerufer reichen. Sie mögen Zuckerrüben und Mais. Das neiden ihnen die Bauern, auch wenn die Biberschäden völlig vernachlässigbar gering sind für die Erntemengen, die sie tatsächlich einfahren. Diese werden ohnehin von öffentlichen Mitteln hochgradig subventioniert. Aber da die Biberschäden gut sichtbar werden, erregt das Zorn. Dank des guten Images der Biber, das sie nach wie vor in der ganz großen Mehrheit der Bevölkerung genießen, gibt es staatliche Ausgleichszahlungen. Aus dieser Situation kam eine beispiellose Wiedererholung der bis auf winzige Restvorkommen dezimierten Biber in Europa und ähnlich auch in großen Teilen Nordamerikas in unserer Zeit zustande. Biber gehören zu den wenigen Arten, deren Schutz ein voller Erfolg geworden ist. Diese Feststellung könnte im Rahmen des Buches über die Flussnatur ausreichen. Allenfalls zu ergänzen wäre, dass die Biber Flussufer, Bäche und gebietsweise auch Seeufer besiedeln. Auf trockenem Land leben sie nicht.

Vom Biber »gefällte«, große Silberweide. Die Rinde ihres Astwerks wird insbesondere als Winternahrung von den Bibern verwertet. Oft werden Biber-Bäume zu schnell entfernt. Dann müssen sie neue umnagen.

Das Besondere der Biber wäre damit aber nicht erläutert. Denn mit dem Rothirsch *Cervus elaphus* gibt es einen noch viel größeren Pflanzenfresser in unserer Tierwelt. Dieser hat mit den Gewässern nicht mehr zu tun, als bei Bedarf zu trinken und, so man das Rotwild dies wie früher tun ließe, im Winter in die Flussauen zu ziehen. Das darf es längst nicht mehr, und daher füttern Jäger und Förster das Rotwild, um es im Revier zu halten und nicht verhungern zu lassen. Diese überraschende Einbeziehung der Hirsche in die Betrachtung der Biber geschieht aus einem triftigen Grund. Sie ernähren sich im Winter ähnlich wie die Hirsche, aber auf recht unterschiedliche Weise. Das zwingt die Biber ins Wasser. Das ganze Jahr über leben sie von Pflanzenkost, verarbeiten diese aber ganz anders. Hirsche sind, wie auch die Rehe, Wiederkäuer wie Kühe, Schafe und Ziegen. Die Pflanzen, ob Gräser, Kräuter, Knospen oder Rinde, werden zunächst nur abgebissen, in den Pansen hinuntergewürgt und darin von Mikroben vorverdaut. Anschließend wird der Brei wieder heraufgewürgt und nun richtig durchgekaut, erneut verschluckt und jetzt erst eingeschleust in die auf den Pansen folgenden Magenkammern. Darin findet die weitere Verdauung statt, die es dem Darm ermöglicht, die Nährstoffe aufzunehmen.

Beim Biber läuft dies anders. Er verzehrt im Sommer die weichen Wasser- und Uferpflanzen, auch Wurzelknollen von Rohrkolben zum Beispiel, aber Baumrinde vom Herbst bis weit in den Frühling. Die Rinde, ist zu betonen, nicht die tote Borke, die diese bedeckt und wenig bis nichts mehr hergäbe für die Biberverwertung. Die Rinde ist die lebendige Hüllschicht, die das tote Holz umgibt. Sie wird von der Borke geschützt, die je nach Baumart mehr oder weniger dick ausgebildet ist. Die Rinde ist gehaltvoll. In ihr steckt ein wesentlicher Teil der Reservestoffe, die den Sommer über gespeichert worden sind für den Neuaustrieb im nächsten Frühjahr. Eine Komponente davon ist uns wohlbekannt, der Zuckersaft, der im Frühjahr verstärkt fließt und bei einigen Baumarten, wie dem Zuckerahorn, sogar zur Gewinnung von Sirup abgezapft wird. Die Biber verwerten die Rinde auf eine ganz andere Weise als die Hirsche, nämlich über eine bakterielle Zersetzung. Diese Fermentierung geschieht in ihren riesigen Blinddärmen. Rohfaserreiche Kost, wie sie Rothirsche schätzen und auch Rehe im Winter vertragen, sagt ihnen nicht zu. Sie brauchen nährstoffreiche Rinde. Diese sitzt aber umso höher am Baum, je größer dieser ist. Generell ist davon mehr an Ästen und im Kronenbereich zu holen als am Stamm. Nun kommt die Größe der Biber mit ins Spiel. Sie wären viel zu schwer, um in die Baumkronen hinaufzuklettern. Aber mit ihrem starken Nagergebiss sind sie in der Lage, mit vergleichsweise tolerablem Aufwand an Energie Bäume zu fällen. Etwa 30 Zentimeter bis einen halben Meter über Grund nagen sie die Stämme so durch, dass diese umfallen; am besten ins Wasser. Nun kommen sie an die gehaltvolle Rinde der Äste und Zweige. Sie nagen diese fein säuberlich ab.

Die Schneidezähne des beweglichen Unterkiefers wirken dabei gegen die scharfen Kanten der Schneidezähne des Oberkiefers. Wie eine Kneifzange dringen sie ins Holz. Nicht einmal Eichenholz hält ihrem Kaudruck stand. Am besten gelingt das Nagen an Weichhölzern. Allein aus diesem mechanischen Grund bevorzugen die Biber solche Baumarten. Zudem stehen diese in der Nähe von Wasser oder direkt daran. Das hat den Vorteil, dass die Kronen umfassend erreichbar werden, wenn die Bäume ins Wasser stürzen. Schwimmend können die Biber Äste und Zweige zu ihrem Bau transportieren. Diesen graben sie in den Uferhang oder bauen daran eine Zweiguferburg. Gibt es keine dafür günstigen Ufer, errichten sie im Flachwasser einen freistehenden, zwei bis drei Meter hohen Kuppelbau. Im Nahbereich ihrer Burgen legen sie im Wasser Nahrungsflöße für den Winter an. Diese bleiben unter Wasser zugänglich, auch wenn sich Eis gebildet hat. Die als Weichhölzer rasch wachsenden Weiden und Pappeln haben zudem den Vorteil, dass ihre Rinde zuckerreich und recht arm an Abwehrstoffen ist. Eichenrinde wurde wegen ihrer Gerbstoffhaltigkeit zum Gerben von Tierhäuten verwendet, nicht aber Pappelrinde. Die Weichholzaue, speziell ihr direkter Uferbereich, passt also bestens als Nahrungsraum für die Biber.

Günstig ist dieses Biotop aus einem weiteren, nicht direkt ersichtlichen Grund. Das Wasser verschafft und garantiert Kühlung. Diese haben Biber nötig, weil ihr Körper sehr kompakt gebaut ist. Das sehr dichte, außerordentlich gut isolierende Fell brauchen sie aber auch, um

Winterkälte abzuhalten und die Auskühlung beim Schwimmen und Tauchen zu vermeiden. Ein Biberfell wärmt etwa wie drei Kleidereinheiten. Wenn sie einen Baum umnagen, entsteht bei dieser körperlichen Anstrengung im Körper viel Wärme. Die Biber müssen diese nach außen abführen. Ansonsten würden sie sich überhitzen. Ein Wärmeaustauschsystem im platten Schwanz, das über unterschiedliche Durchblutung gesteuert wird, ermöglicht dies. Die Wärmeableitung über den Schwanz ist schwer zu messen, weil sie in dem Ausmaß abläuft, in dem sich die Biber anstrengen. Sie muss über implantierte Wärmesensoren erfolgen.

All das ist spannend genug, zumindest aus biologischer Sicht. Die Lebensweise der Biber hat Folgen, die sich direkt auf die Fließgewässerökologie auswirken. Biber leben lang. Sie fabrizieren große Burgen, die sie in Familien bewohnen. Je nach Härte und Dauer des Winters benötigen sie größere Mengen Weichhölzer. Nagt ein Biber eine Pappel am Ufer um, die einen Stammdurchmesser von einem halben Meter hat, so dürfte diese 50 Jahre alt oder älter sein. Ähnlich verhält es sich mit den Silberweiden. Diese sind der Menge nach die wichtigste Bibernahrung. Pappeln werden von den Bibern zwar bevorzugt, speziell die Zitterpappeln (Espen) *Populus tremula*, aber diese kommen in den Auwäldern bei Weitem nicht so häufig vor wie die Silberweiden. Mit dem Fällen nutzen die Biber jedoch Bäume, die vor einem halben Jahrhundert oder vor noch längerer Zeit aufgewachsen sind. Über kurz oder lang müssten daher im Falle dicht siedelnder Biberbestände die Weichhölzer aufgebraucht und die betreffenden Uferzonen für die Biber unbrauchbar geworden sein. Genau dies vermeidet das Revierverhalten der Biber. Allerdings nur bedingt, denn weiter als einen Kilometer flussauf- und flussabwärts können sie ihr Territorium nicht verteidigen, das sie in Anspruch nehmen. Meistens gelingt dies schon nach einem halben Kilometer nicht mehr, wenn es gute Weichholzbestände am Ufer gibt.

Eine andere Besonderheit der Biber behebt mittelfristig dieses Problem. An Bächen und kleineren Flüssen, an denen die Baumbestände rasch aufgebraucht werden können, bauen sie Dämme und stauen. Dabei entstehen Biberseen. Diese durchlaufen nun einen langjährigen Zyklus, der in seiner Dauer etwa dem Alter einer groß gewordenen Pappel oder Baumweide entspricht. Hartholzer und Nadelbäume sterben ab, weil sie es nicht aushalten, dauerhaft im Wasser zu stehen. Das schafft Platz für Weichhölzer und günstige Bedingungen zum Keimen, wenn der Bibersee abläuft, weil der Damm aufgegeben und nicht mehr repariert wird. Eine neue Generation Weichhölzer wächst auf und erreicht nach ein oder zwei Jahrzehnten das für Biber attraktive Alter. Diese bauen daraufhin hier wieder eine Burg und gründen ein Revier. Bis die Weichhölzer aufgebraucht sind und erneut Hartholzer oder Nadelbäume vorrücken. Ein neuer Zyklus beginnt. So kann die Nutzung in Abständen weiterlaufen, die ein halbes oder ein Dreivierteljahrhundert umfassen. Die Biber schaffen sich und erhalten ihren speziellen Lebensraum.

Diese ihre Besonderheit übertrifft das passive Einwirken auf den Lebensraum bei Weitem, wie das zahlreiche andere Arten großer Tiere tun. Auch Elefanten oder weidende Wiederkäuer schaffen Biotope, die zu ihnen passen – oder zerstören geeignete durch Übernutzung, sodass sie weichen müssen. Beim Biber kommt jedoch das aktive Gestalten durch den gezielten Bau von Dämmen hinzu. Sie regulieren damit den Wasserhaushalt ganzer Flusssysteme. Deshalb blieben sie über die klimatisch so extrem unterschiedlichen Phasen des Eiszeitalters erfolgreich, in Warm- wie in Kaltzeiten. Biber wurden hoch geschätztes Vorbild für nordamerikanische Indianer. Es waren Trapper europäischer Abstammung, die in Nordamerika die Biber ihrer Felle wegen im 19. Jahrhundert weithin ausrotteten. In Europa und Westasien unterlagen sie einer ähnlich starken Verfolgung und Vernichtung, jedoch mehr zur Gewinnung von Bibergeil, dem Inhalt ihrer Analdrüsen, mit denen sie ihre Reviere geruchlich markieren. Diese Substanz war bis ins späte 19. Jahrhundert ähnlich begehrt wie gegenwärtig Tigerpenisse, Bärengalle und Ähnliches in Ostasien.

Mit der Vernichtung der Biber schwand die regulierende Wirkung ihrer Dämme und Seen auf den Wasserhaushalt der Täler just in der Zeit, in der die großen Flussregulierungen vorgenommen wurden. Das 19. Jahrhundert war besonders destruktiv für die Natur. Dass Naturschützer heutige Verhältnisse vielfach darauf beziehen, ist – zurückhaltend ausgedrückt – sehr problematisch. Offenbar wirkt die Deutsche Romantik nach, in der die Natur so wirklichkeitsfremd verklärt worden war. Insbesondere fällt es vielen Naturschützern sehr schwer, ob von Nichtregierungsorganisationen oder im behördlichen Naturschutz, die »Urteile« zu akzeptieren, die Tiere und Pflanzen mit ihrem Vorhandensein oder ihrem Fehlen gewiss selbst am besten fällen, wenn es im Artenschutz um sie geht. Nicht was wir für die Biber »gut« finden, sollte für uns die Basis für die Beurteilung sein, sondern was sie selbst vorziehen. Voreingenommenheiten bestimmen vielfach auch, wenn Landschaften bewertet werden.

# Es klappert die Mühle ...

Wassermühlen waren die frühesten technischen Einrichtungen zur Nutzung natürlicher Energien. Darauf ist bereits in den Vorbemerkungen zu Teil II hingewiesen worden. Der Biber folgte als »Fall«, weil er mit seinem Aufstau von Bächen und kleineren Flüssen sehr Ähnliches macht, wie es bei der Errichtung von Mühlen, den ihnen vorgelagerten Stauweihern oder den Zuleitungskanälen geschieht. Dem Biber dient der Aufstau zur Sicherung ausreichender Wassertiefe für sein Schwimmen und Tauchen, auch dass der Eingang zu seiner Burg unter Wasser verbleibt. Ganz Ähnliches hat der Mühlbach für den dauerhaften Betrieb der Mühle zu leisten. Das zum Mühlenteich gestaute Wasser war Speicher für Zeiten, in denen anhaltende Trockenheit zu wenig Zufluss brachte. Ein Bypass gewährleistet, dass Hochwasser vorbeifließt, ohne Schaden an der Mühle anzurichten.

Längst nicht immer gab es einen solchen. Alternative war ein Überlaufwehr an der Mühle. Der freie Fluss des Baches war damit unterbrochen; an den meisten Bächen und Flüssen mehrfach, weil viele Mühlen möglichst gut übers Land verteilt errichtet wurden. Das hielt die

Antransportstrecken für das zu mahlende Getreide kurz. Die enorme Häufigkeit des Familiennamens »Müller« spiegelt die einstige Mühlenlandschaft. Aus den Bachtälern machten die Mühlen Kulturlandschaft. In ihrer Umgebung wurde zumindest Vieh gehalten, das die Talaue begraste. Der Getreideanbau musste nicht in unmittelbarer Nähe der Mühlen stattfinden. Fast alle Bachtäler der Mittelgebirge und des Voralpenlandes gehen in ihrem gegenwärtigen Zustand auf die Mühlenkultur zurück. Sie sollen nun nicht »zuwachsen«, damit ihre Schönheit nicht verloren geht. Denn diese offenbart sich, weil man die offen gehaltenen Täler durchwandern kann. Sie sind Erholungslandschaft. Als solche sind sie nicht großartig und schroff wie Szenerien in Gebirgen, sondern lieblich, weil man sie anschauen und erleben kann, nicht nur überschauen von Bergeshöhen aus.

Wie Flussstaustufen unterbrechen Mühlenwehre Bäche zur Gewinnung von elektrischem Strom, allerdings in kleinerer Dimension. Heute gelten die Mühlen als Kulturerbe.

Ihr Wert als Landschaft und ihr naturschutzfachlicher Wert steckt in der kleinteiligen Strukturiertheit. Sie sind abwechslungsreich, weil sich nach jeder Biegung des Flusses ein etwas anderer Anblick bietet. Sie sind artenreich, weil die kleinräumige Strukturiertheit die Artenvielfalt fördert. Der Eisvogel zum Beispiel lebt am Mühlenbach und fängt sich die Fischlein, die er für sich und seine Brut braucht. An Uferabbrüchen gräbt er seine Brutröhre. Die Bäche frieren normalerweise im Winter nicht zu. Das macht sie gleichermaßen attraktiv für zwei spezielle Bachvogelarten, die an Mühlbächen ihre größte Häufigkeit erreichen, die Wasseramsel *Cinclus cinclus* und die Gebirgsstelze *Motacilla cinerea*. Beide nisten gern direkt an den Mühlen, am Wehr oder am Mühlenhaus, wenn sich passende Nischen und Winkel finden lassen. Zu den Mühlenbächen kommen zahlreiche weitere Landvögel wie der Zaunkönig, Grasmücken und Drosseln, weil das Bachtal fast immer offene Flächen enthält wie Wiesen und Weideland. An den Bächen blühen Blumen in größerer Fülle, als es an natürlich dicht bewachsenen Ufern der Fall wäre. Sumpfdotterblumen *Caltha palustris* mitunter stockartig auf Miniinseln im Bach, Wiesenschaumkraut *Cardamine pratensis* im feuchten Wiesengrund davor, um nur zwei markante Arten aus der Vielzahl anzuführen, die es in diesen Bachtälern gibt.

In den Bächen und kleinen Flüssen selbst lebt die größte Artenfülle von Stein-, Eintags- und Köcherfliegen und anderen Wasserinsekten. In keinem Typ von Fließgewässern ist deren Biodiversität größer als in den Bächen und Flüssen der deutschen Mittelgebirge. Selbstverständlich kommen Forellen in den Mühlbächen vor, auch Mühlkoppen *Cottus gobio*, deren deutscher Name direkt auf die Mühlen Bezug nimmt, und weitere sehr seltene Fischarten sowie die Bachneunaugen als parasitische Rundmäulerfische, sofern das Wasser sauber genug ist. Und, und, und ... Landschaftliche Schönheit und Artenvielfalt sind im Mühlenbachtal aufs Engste miteinander verbunden.

Mit den Mühlenteichen verhält es sich ebenso. Sie waren und sind vielfach noch immer die besten Laichplätze für Erdkröten *Bufo bufo* und Grasfrösche *Rana temporaria*, in wärmeren Lagen auch für die Laubfrösche *Hyla arborea*, sofern kein hoher Fischbestand in ihnen gehalten wurde. Im Frühjahr wimmelt es in diesen Teichen vor Fröschen, Kröten und Molchen. Aber um diese zu sehen, muss man zur rechten Zeit, Ende März oder im April, flache, möglichst etwas abgesonderte Uferbereiche intensiv inspizieren. Dann entdeckt man die »Minidrachen«. Im Sommer kommen Feuersalamander bei Regen zu später Stunde hervor. Sie sind gelb-schwarz gemustert. Diese Warntracht zeigt an, dass sie giftig sind. Die Bachtäler der Mittelgebirge genießen zudem den Vorteil, dass in ihnen keine intensive Landwirtschaft betrieben wird. So kann Artenvielfalt überleben und landschaftliche Schönheit weiter bestehen. Die zugrunde liegenden Eingriffe in den Verlauf der Bäche mit dem Stau zu Mühlenteichen verblieben in einem Größenbereich, den wir spontan als »verhältnismäßig« oder angemessen empfinden. Das Maß passte.

Die Abstimmung der Nutzung auf die vorhandene Naturkapazität entwickelte sich über Jahrhunderte aus der Erfahrung heraus. Niemals war die Supermühle das Ziel. Zahl und Größe der Mühlen wurden dem Gewässer und dem Bedarf der umliegenden Bauern angepasst. Solche Charakterisierungen mögen den Verdacht einer romantischen Einfärbung des Rückblicks auf alten Zeiten erwecken. Das entspricht unserer Natur. Das Alte, das Vertraute, erlangt rasch den Status des Erhaltungswürdigen, wenn sich die Verhältnisse ändern. Aus der Wertschätzung des Früheren schöpft der Denkmalschutz. Doch die Befunde zur Vielfalt der Tiere und Pflanzen belegen auch, dass objektive Fakten unabhängig von den Vorlieben der einzelnen Menschen vorhanden sind. Die Biodiversität der Bachtäler rechtfertigt die hohe Wertung genauso wie die Konzepte des Denkmalschutzes und die Begeisterung Erholung suchender Menschen für die Schönheit dieser Täler. Von naturschützerischer Seite muss man sogar zugeben, dass eine nur vom Biber gestalte Flussnatur durchaus etwas weniger artenreich sein kann, weil ihr die offenen, gepflegten Wiesen fehlen. Angler hingegen können aus ihrer Sicht einwenden, dass die Mühlen Unterbrechungen im Wasserlauf darstellen, die manche Fische bei ihren Wanderungen aufwärts zu den Quellbächen nicht überwinden können. Auch dies ist richtig.

Aber es ist eben nicht möglich, alles in jeder Hinsicht optimal zu haben. Jeder Eingriff verändert. Einen Biberdamm überwinden Fische sicherlich leichter oder völlig problemlos, nicht aber jeden Mühlenstau oder gar die großen Wehre von Stauseen. Deren Zeit brach an, als die

Bedeutung der von Wasser getriebenen Mühlen schwand. Die Phase des Übergangs reichte etwa von Anfang des 19. Jahrhunderts bis in das frühe 20. Jahrhundert. In dieser Zeit wurden in Mitteleuropa fast alle Flüsse begradigt.

# Begradigungen – oder: Rennstrecken für Flüsse

Naturschützer verteidigen vehement das freie Fließen der mitteleuropäischen Flüsse, wo es noch letzte Strecken ohne Stau und Querverbau gibt. So an der Donau im Bereich der Isarmündung oder die außeralpine Salzach bis zu ihrer Mündung in den Inn, um zwei Beispiele zu nennen, die vielfach von den Medien aufgegriffen worden sind. Im Querverbau sieht man den »Tod der Flüsse«. Der Längsverbau hingegen gilt inzwischen als »natürlich«. Wahrscheinlich unterliegen solche Haltungen dem Gewöhnungseffekt. Denn was es schon lange gibt, ist vertraut geworden. Der Zustand gilt als selbstverständlich und wird für natürlich gehalten. Das ist Menschenart. Ganz unbewusst lassen wir uns auf einen bestimmten Zustand prägen. Weicht dann etwas davon ab, weil ein Eingriff vorgenommen wurde, wird die Änderung als Bildstörung empfunden und emotional spontan abgelehnt. Mit einer ökologischen Beurteilung hat das nichts zu tun. Diese darf sich nicht von Bildern und Vorurteilen leiten lassen, sondern muss, wie man derzeit häufig zu betonen pflegt, faktenbasiert sein.

Fakt ist aber, dass der Längsverbau das Fließgewässer in ein enges Korsett zwingt, in dem die Fließgeschwindigkeit stark erhöht ist und das Wasser damit zwangsläufig in die Tiefe arbeitet. Die Möglichkeit zur ausgleichenden Seitenerosion ist dem Fluss dabei genommen. Da das Wasser mit erhöhter Energie, mit mehr kinetischer Energie, um es genauer auszudrücken, durch den Kanal strömt, richtet sich seine ganze »Arbeit«, die es im physikalisch-technischen Sinne leistet, auf die Flusssohle. Der Fluss tieft sich ein. Und zwar so lange, bis felsharter Untergrund erreicht wird. Das kann gebirgsnah rasch geschehen, draußen im Vorland wird es aber kaum gelingen, weil dort die Flüsse auf Schwemmebenen fließen. Stammen diese von Wassermassen, die am Ende der letzten Eiszeit mit gewaltigen Fluten hinausrauschten, kann der Untergrund, bodenkundlich-geologisch »Alluvion« genannt, sehr mächtig sein. Der Fluss schiebt dann unablässig Schottermassen in seinem zur Rennstrecke umgebauten, kanalartigen Verlauf vor sich her. Diese sammeln sich zwangsläufig weiter flussabwärts an, wo die Fließgeschwindigkeit entweder durch Eintritt in einen nicht regulierten Bereich verringert oder durch einen Aufstau stark abgebremst wird. Das durch die Begradigung zu beseitigende Problem ist damit nicht behoben, sondern lediglich flussabwärts verlagert worden. Mit oftmals verheerenden Begleiterscheinungen, weil sich flussabwärts durch den gleichen Effekt die Hochwässer steigern. Die Fluten werden höher, weil das Wasser schneller kommt.

Mit massivem Gestein am Ufer verbaute Flussläufe; eine »Rennstrecke« zur raschen »Entsorgung« von Wasser.

Doch gemäß dem mittelalterlichen Prinzip, was kümmert es uns, was weiter flussabwärts geschieht, wenn wir den ganzen Unrat und die Abwässer in den Fluss leiten, schert man sich gegenwärtig immer noch nicht um die Folgen der beschleunigten Wasserabfuhr weiter flussabwärts. Nicht einmal innerhalb des gleichen Landes wurden sie angemessen berücksichtigt. Die Regulierung des Oberrheins trifft die Menschen am Niederrhein. Die so umfangreichen Flussbegradigungen in Bayern an Inn und Donau verschlimmern die Hochwasserwellen bereits in Österreich und weiter donauabwärts. Das »Sankt-Florians-Prinzip« findet weiterhin Unterstützung und Anwendung. Naturschützer, die »unverbaute« Fließstrecken verteidigen, rechtfertigen im Nachhinein tatsächlich oft kanalisierte Rennstrecken an begradigten Flüssen.

Allerdings macht sich im begradigt-regulierten Fluss über kurz oder lang seine Eintiefung sehr wohl auch im Umland bemerkbar. Der Grundwasserspiegel sinkt. Denn nicht nur Fluss und Flussaue stehen in Wechselwirkung zueinander, sondern das Grundwasser ist auch mit den Bächen und Flüssen verbunden. Mitunter zeigt sich schon sehr Auffälliges, lange bevor sich eine Absenkung des Grundwassers auf den Fluren bemerkbar macht. Davon gleich mehr. Bekanntlich gehört Grundwasser zu den wichtigsten natürlichen Ressourcen. Über Schöpfbrunnen wird es seit alten Zeiten gepumpt. An den Quellen tritt es zutage. Versiegen diese, signalisiert das seine Absenkung. Auf den Fluren wird das Wachstum beeinträchtigt, wenn das Grundwasser nicht mehr von den Kapillarkräften des Bodens erreicht und von den Baumwurzeln nicht mehr angezapft werden kann.

Gegenwärtig wird in weiten Regionen Mitteleuropas ein großes Niederschlagsdefizit beklagt. Nun hat es zwar nie Jahr für Jahr und zu den von der Landwirtschaft gewünschten Zeiten die genau richtigen Regenmengen gegeben. Aber niederschlagsreichere Jahre glichen Dürrezeiten immer wieder aus. In den Ganglinien des Grundwassers zeigen sich die Änderungen in den Niederschlägen mit Verzögerungen. Inzwischen vielfach nicht mehr, weil mehr Wasser entnommen wird, als über die Niederschläge nachkommt. Der Wasserbedarf für die Landwirtschaft gerät immer stärker in Konflikt mit der Wasserversorgung der

Kommunen und deren Bedarf mit den Bedürfnissen der Wälder, wenn die Wasserfassung in diesen erfolgt. Bleiben mittelfristig Niederschlag und Verbrauch nicht in ausgewogenem Verhältnis, kommt zwangsläufig Wassermangel zustande. Überschüsse aus zu regenreichen Perioden entsorgten von Natur aus die Flüsse. Nur in abflusslosen oder abflussschwachen Becken und Niederungen sammelten sie sich an und bildeten Moore. Ohne dies weiter zu vertiefen, ist festzuhalten: Der Wasserhaushalt der Landschaften ist für das Leben und Wirtschaften der Menschen essenziell. Das Wasser möglichst schnell abgeleitet zu bekommen drückt eine extrem egoistische Einstellung aus, die nur die eigenen Vorteile sieht, sich aber nicht um die Folgen für andere kümmert.

So geschah es rund zwei Jahrhunderte lang im landwirtschaftlichen Wasserbau. Von den kleinsten Gräben und sumpfigen Stellen angefangen, die mit in den Boden verlegten Rohren drainiert wurden, über die Begradigung oder Verrohrung der Bäche und der Eindämmung der Flüsse, damit sie kein potenziell nutzbares Auengelände mehr überschwemmen konnten, war und ist vielfach noch bis heute die generelle Zielsetzung darauf gerichtet, das Wasser möglichst schnell von den Fluren abzuleiten und von diesen fernzuhalten. Gebaut und drainiert wurde im Wesentlichen mit öffentlichen Mitteln. Die Eigenleistung der Grundstücksbesitzer blieb gering. Jetzt fordern sie vom Staat den Ausgleich von Ernteausfällen über Steuermittel, wenn die Fluren austrocknen oder Starkregen Abschwemmungen verursachen. Mais wird in Hanglagen angebaut, die besonders abschwemmgefährdet sind. Bis weit in den Sommer hinein deckt er den Boden nicht hinreichend ab. Nach jedem stärkeren Frühsommerregen werden die Flüsse braun, so viel Feinmaterial wird aus den offenen Böden ausgewaschen.

Es lag nicht im Interesse der Städte, das Wasser immer schneller aus der Landschaft abzuleiten. Die umfassend privilegierte Landwirtschaft setzte sich durch. Bis heute. Sogar um schmale Uferschutzstreifen muss gestritten werden, von Schutzgebieten für Trinkwasserschöpfung ganz abgesehen. Ein Großteil der enormen Hochwasserschäden unserer Zeit müsste letztendlich auf das Konto der Landwirtschaft angerechnet werden. Was mit dem Ausbau der sogenannten Gewässer dritter Ordnung, also dem Ausbau von Bächen, Gräben und sumpfigen Stellen, an zusätzlicher landwirtschaftlicher Produktion erzielt wurde, erzeugte die sattsam bekannten, inzwischen aber wieder in Vergessenheit geratenen »Berge« der zweiten Hälfte des 20. Jahrhunderts, die Butterberge, Fleischberge, Getreideberge und Milchseen. Es waren Mengen, die nicht benötigt wurden. Mit weiteren Steuermitteln musste man sie »bewirtschaften«, im Fall von Getreidemengen bis zur Vernichtung als Heizmaterial. Die Hochwasserschäden wurden niemals den Verursachern angerechnet. Speziell dem Maisanbau in Hanglage müsste eine angemessene »Abwassergebühr« auferlegt werden, wegen seiner Verstärkung des Oberflächenabflusses und der Einschwemmung von Agrochemikalien in die Flüsse. Der ungleich harmlosere Oberflächenabfluss von Dächern und Gebäudeflächen ist über die Abwassergebühren seit Jahrzehnten kostenpflichtig. Das ist eine extreme Ungleichbehandlung.

Die Wasserwirtschaftsämter waren nahezu ausschließlich auf den Ausbau ausgerichtet. Naturschützer der 1970er- und 1980er-Jahre äußerten mitunter ganz direkt den Vorwurf, dass die verwaltungsinternen Aufstiegschancen darin von der Menge an verbautem Beton und Granit in der Landschaft abhingen. Das hat sich inzwischen stark geändert, wenngleich das »Bauen« immer noch einen weit höheren Stellenwert als das »Lassen« hat. Eine selbstständige Renaturierung einfach durch Entfernen der Uferbefestigungen kommt immer noch viel zu selten infrage, selbst dann, wenn die Ufergrundstücke dem Staat gehören. Sogar in Naturschutzgebieten werden auch gegenwärtig direkt am Ufer für Lastwägen taugliche Straßen gebaut, damit »gebaut« werden kann. Viel zu geringe Streckenanteile unserer Fließgewässer dürfen verwildern. Straßen werden für unbedingt nötig erachtet, wo die Natur eigentlich sich selbst überlassen bleiben sollte, damit der »Wasserbau« überall Zugang hat. Der in letzter Zeit in Gang gekommene Rückbau der so extrem teuren Ausbaumaßnahmen früherer Jahrzehnte wird wie ein Perpetuum mobile den Wasserbau noch sehr lange Zeit beschäftigen und weiterhin die Gesellschaft sehr viel Geld kosten. Zu akzeptieren, dass Bäche und Flüsse aus sich selbst heraus existieren und funktionieren können, fällt dem »Macher Mensch« extrem schwer.

# Verockerung – oder: wenn Flüsse rosten

Die Eintiefung begradigter Fließgewässer war vorhersehbar. Im Wasserbau war auch vor über hundert Jahren bekannt, dass bei Begradigung und Verengung des Flussbettes die umlagernde Seitenerosion ersetzt wird von Tiefenerosion, weil die Kanalisierung die Schleppkraft des Wassers verstärkt. Auch die Auswirkung auf das Grundwasser kann nicht überrascht haben. Die Absenkung war beabsichtigt, sonst hätte man die Drainagemaßnahmen nicht vorgenommen. Unerwartete Folgen kamen aber auch hinzu, die sich nicht als Kollateralschäden abtun ließen. Zuerst bemerkt wurde dies in Drainageröhren, als aus diesen ein breiig rotbraunes Wasser zu fließen anfing. Nähere Untersuchungen ergaben, dass Eisenbakterien wucherten und ockerrote Schlämme lieferten. Diese Bakterien stecken in Schleimscheiden, in denen der gebildete Eisenocker kleben bleibt. Lief die Drainage in einen reichlich Wasser führenden Bach (»Vorfluter« in der üblichen Ausdrucksweise), so schwemmte sie die Ockerflocken fort, und diese entschwanden aus dem Blickfeld. Doch an manchen Stellen blieb es nicht nur bei rotbraunen Flöckchen. Gräben, Bäche und ganze Altwässer wurden ockerrot und schließlich schwarzbraun. Die Gewässer verrosteten.

Diese Ausdrucksweise ist durchaus berechtigt, denn es handelt sich um den gleichen Vorgang wie bei der Bildung von Rost. Zweiwertige Eisenionen ($Fe^{2+}$) werden von Sauerstoff oxidiert. Das entstehende, chemisch 3-wertige, also als $Fe_2O_3$ zu charakterisierende Oxid hat diese rotbraune Färbung, gleichgültig ob es auf metallischem Eisen oder über in Wasser gelöste Eisenionen entsteht. Der chemische Vorgang ist einfach und hochinteressant, weil er gleichsam eine primitive Alternative zur Atmung darstellt. Bei dieser für uns wie für alle tierischen Organismen und auch für die Pflanzen grundlegend wichtigen Atmung wird der Kohlenstoff organischer Verbindungen in kleinen Schritten und auf feinstens geregelte Weise oxidiert. In Kurzform betrachtet, ist dies die Verbrennung von Kohlenstoff zu $CO_2$, das wir ausatmen müssen. Die dabei frei werdende Energie geht aber nicht wie bei direkter Verbrennung als Wärme verloren, sondern wird über komplexe Abläufe im Körper chemisch gespeichert und zu weiteren Aufbauvorgängen verwendet. In groben Zügen lernt man im Biologieunterricht, was geschieht und was entsteht. Und auch dass die Atmung als Umkehrung der Fotosynthese einen recht guten Wirkungsgrad hat.

Worauf es hier nun ankommt, ist die Ähnlichkeit mit der Verockerung. Die Eisenbakterien verbrennen keinen Kohlenstoff, sondern Eisen. Das Endprodukt, das ockerbraune Eisen(III)oxid, ist aber kein Gas wie das Kohlen(stoff)dioxid, sondern ein Feststoff. Rost eben. Dieser Vorgang gibt auch Energie frei, jedoch beträchtlich weniger als bei der Veratmung kohlenstoffhaltiger Substanzen. Das entstehende Kohlendioxid kehrt anders als der Rost in den Kreislauf zurück und kann über Fotosynthese wieder in organische Stoffe aufgenommen und eingebaut werden.

Mit dem Eisenoxid geht das nicht. Es bleibt Rost und sinkt ab in Lagerstätten, wenn die Verockerung anhält, wird zu Eisenoxidschlamm und schließlich, nach Jahrmillionen, zu »Erz«, zum Raseneisenerz. Ökologisch betrachtet, ist die Verockerung eine Einbahnstraße. Weitgehend zumindest, denn das für die bakterielle Oxidation benutzte Eisen ist, im Wasser gelöst, als Ion vorhanden, als zweiwertiges $Fe^{2+}$, das gut wasserlöslich ist. Niederschläge hatten es aus eisenhaltigem Lehm im Boden herausgelöst und ins Grundwasser getragen. In den braunen bis rötlichen Böden entsteht es bei der Zersetzung eisenhaltiger organischer Substanzen. Das soll nun nicht weiter vertieft werden. Wichtig sind die Folgen. Eisenbakterien können dieses biologische Verrosten nur vornehmen, wenn das Wasser, das als Grundwasser oder Sickerwasser aus den Böden kommt, eine gewisse Mindestkonzentration an Eisen hat. Die Anfangsmengen sind gering. Für Trinkwasseranalysen bedeuten sie nicht mehr als den Hinweis auf eine gewisse Eisenhaltigkeit, verbunden mit den genauen Konzentrationsangaben. Für die einfache Reaktion, die zur Verockerung führt, ist dann nur noch Sauerstoff notwendig. Wird die Verockerung stärker und stärker, schwindet dieser entsprechend und verschwindet bei sehr starker Ockerbildung so gut wie vollständig. Das bedeutet das Ende für all die anderen Lebewesen in einem verockerten Gewässer. Die Fische und die größeren Wasserinsekten gehen lange vorher schon zugrunde, weil der klebrig-flockige Ocker die Kiemen verklebt. Sie ersticken. Die organischen Reststoffe, die zu Boden sinken, werden ohne Beteiligung von Sauerstoff (= anaerob) zersetzt. Dabei entsteht giftiger Schwefelwasserstoff. Das Ockergewässer beginnt nach faulen Eiern zu stinken.

Ein uralter, einfacher und letztendlich nicht sonderlich erfolgreicher Lebensvorgang, die Energiegewinnung aus der Verbrennung von Eisen, wird auf diese Weise durch millionen- und abermillionenfache bakterielle Verstärkung für das Gewässer tödlich. In stark verockerten Gräben, Sickergräben und Altwässern lebt bald nichts mehr außer Eisenbakterien. Solche biologischen Verstärkerprozesse waren die Folge der wasserbautechnischen Trennung des Flusses vom Grundwasser. Dieses tritt nicht mehr im Flussbett aus oder an seinen Seiten, sondern abgedämmt davon in der ausgedeichten Aue in den nunmehr im wörtlicheren Sinne zu altem Wasser gewordenen Altwässern. Geschieht dies an größeren Flüssen, können ganze Altwasserketten im Lauf von wenigen Jahren verockern. Manches Gewässer sieht dann aus, als ob ockerrote Farbe aus vielen Tanklastzügen hineingekippt worden wäre. Besonders anfällig für Verockerungen sind Niederungen, deren zufließende Bodenwasserströme aus Schichten von Löss- und Lehmböden der Tertiärzeit kommen, die stark eisenhaltiges Grundwasser ergeben.

Ohne Regulierung mit ihrer teilweisen oder vollständigen Trennung von Grundwasser und Fluss kommt keine Verockerung zustande, weil das fließende Wasser bereits die feinsten Anfangsflöckchen von Ocker mitreißt und fortspült. Hochwasser räumt mehr oder weniger regelmäßig aus. Es wirkt reinigend, auch im Hinblick auf derart natürliche, gleichwohl höchst unerwünschte Vorgänge. Verockerung droht, wo »aus Naturschutzgründen«, nämlich um möglichst viel Auwald zu erhalten, Stauseen kanalartig eng und lang gestreckt gebaut werden. Denn dies bedeutet häufig, dass das Grundwasser über fast die ganze Staustrecke nicht mehr mit dem Fluss kommunizieren kann. Über eine Binnenentwässerung wird es gesammelt und unterhalb von Staumauer und Kraftwerk in den Fluss geleitet. Starke Hochwässer erzeugen in dieser Situation allenfalls Rückstau für die Binnenentwässerung, erzielen aber keine Reinigung mit starker Durchströmung. Der Rückstau verstärkt die Verockerung sogar, weil das von der Binnenentwässerung gesammelte Wasser zurückdrückt auf den Grundwasserkörper. Weil es zum Wasseraustritt außerhalb des Dammes kommt, hat man sogenannte Sickergräben am landseitigen Dammfuß angelegt. Diese sollen zwar auch das anfänglich noch durch den Damm sickernde Wasser aufnehmen, wo der Wasserspiegel über Landniveau liegt, bis dieser kapillar abgedichtet ist. Aber Sickergräben müssen auch die einmündenden Bäche und das austretende Grundwasser aufnehmen und abführen.

Ist das Grundwasser zudem manganhaltig, kommt eine Folgereaktion zustande, bei der das Eisen nach und nach durch Mangan ersetzt wird. Es entsteht der chemisch noch beständigere Braunstein (MnO; Manganoxid). Manche verockernde Gewässer färben dann vom verhältnismäßig hellen Ocker nach Jahren auf Dunkelbraun um. Diese Manganoxidbildung ist nun die tatsächliche Endstufe. Schwarzbraune Beläge in früher üblichen Pumpbrunnen waren ebenfalls häufig von Braunstein gebildet worden. Erdgeschichtlich entstanden auf diese Weise zwar bedeutende Eisen- und Manganerzlager wie die lothringische Minette, aber gegenwärtig sollte das wohl nicht Sinn und Zweck von Bächen oder der Altwässer an Flüssen sein. Die auffälligsten Verockerungen kamen nach dem Bau von Stauseen zustande. Welchen Eingriff in die Flussnatur sie darstellen, soll nun nachfolgend zuerst allgemein und dann am Beispiel der Stauseen am unteren Inn behandelt werden.

# Stausee ist nicht gleich Stausee

Bäche und kleine Flüsse staute man schon vor Jahrtausenden, um Wasser auf die Felder abzuleiten. Auch um Schöpfräder oder Mühlen zu betreiben, wurde gestaut. Das ist bereits ausgeführt worden. Im 19. Jahrhundert kamen zu diesen alten Nutzungsformen von fließendem Wasser jedoch zwei neue hinzu, die im Zusammenhang mit den technischen Entwicklungen, der Industrialisierung und dem Wachsen der Städte nötig wurden. Wasser sollte gespeichert werden, damit es kontinuierlich für den jeweiligen Bedarf als Trink- und Brauchwasser zur Verfügung steht, und mit Wasserkraft wurde elektrischer Strom erzeugt. Aus kleinen Stauweihern, die sich harmonisch in die Landschaften der Bachtäler einfügten, wie bei den Mühlenteichen geschildert, wurden nun seeartige Gebilde, Stau-Seen von ganz anderer Dimension. Fast ohne Übergang und ohne die Folgen über Zwischengrößen auszuprobieren, fertigte der nunmehr mit Beton und Stahl arbeitende Wasserbau riesige Staudämme. Dämme, keine Deiche, wie an der Küste, denn sie hatten undurchlässig für Wasser zu sein, und sie mussten dauerhaftem Druck der Wassermassen standhalten. Mit Stahlbeton und Maschineneinsatz wurde dies möglich.

Die Ära der Stauseen begann um die Wende vom 19. zum 20. Jahrhundert. Anfangs wurde der Fluss noch umgeleitet, damit die Staumauer in Trockenbauweise errichtet werden konnte, oder man leitete dauerhaft den Großteil des Wassers über einen eigenen Kanal zum Kraftwerk. Aber die Bauweise direkt in den Fluss hinein setzte sich durch. Dazu bedurfte es natürlich einer Stelle mit hinreichend festem Untergrund, am besten Fels, um Staumauer und Kraftwerk gesichert installieren zu können. Daher rückten Schluchten und bereits vorhandene Wasserfälle in den Fokus. Denn wo bereits eine feste Felswand das Fließgewässer etwas staute und einen Wasserfall erzwang, lag die technische Imitation von der Natur vorgezeichnet vor.

Da Wasserfälle und Schluchten die landschaftlich reizvollsten Teile von Flüssen darstellen, führte diese Ortswahl von Anfang an zu Konflikten mit anderen Interessen. Die hohe, gegen Ende des 19. Jahrhunderts kulminierende Fortschrittsgläubigkeit obsiegte meistens. Denn die Betreibergesellschaften stellten mit dem Aufstau auch die Zähmung der Hochwässer in Aussicht. Für die Öffentlichkeit wirkte dies überzeugend, weil sie nicht nachrechnete, wie groß die Fassungsvolumina von Stauseen sein müssten, um genau die Hochwässer abzufangen, die

die großen Schäden verursachen. Die Landwirtschaft ließ sich ohnehin leicht ködern mit der Gewinnung von neuem und gutem Ackerland durch Hochwasserfreilegung der Niederungen. Örtliche Widerstände blieben daher gering oder kamen erst gar nicht auf. Die Vorstellung, aus dem ohnehin vorbeifließenden Wasser elektrischen Strom zu erhalten, war verlockend genug. Bedarf war vorhanden, und er stieg stark, weil die Elektrifizierung rascher fortschritt, als Strom erzeugt werden konnte. Der Bau von Stauseen ist in diese allgemeinen wirtschaftlichen und gesellschaftlichen Entwicklungen eingebettet zu sehen.

Naturferner Stausee, in dem keine nennenswerte Selbst-Renaturierung möglich ist.

Doch nun zu den Stauseen selbst. Stausee ist nicht gleich Stausee; nicht nur in Bezug auf das Aussehen, sondern noch weniger in den ökologischen Auswirkungen. Es gibt die unterschiedlichsten Versionen des Grundprinzips. Mit dem Aufstau von Wasser wird potenzielle Energie aufgebaut, die in kinetische umgesetzt wird, wenn es beim Absturz auf das tiefer liegende Niveau Turbinen treibt. Stauseen lassen sich, mit zahlreichen Zwischenformen und Übergängen, in zwei Grundkategorien aufteilen: Talsperren als Speicherseen und Laufstauseen. Speicherseen sind, bezogen auf die zufließende Wassermenge, groß, und die Fallhöhen, über die Strom erzeugt wird, sind entsprechend hoch. Das Gegenstück bilden die Laufstauseen. Ihre Volumina sind gering, wiederum bezogen auf die durchströmende Wassermenge, und die Fallhöhen sind dies ebenfalls.

Welche der beiden Typen effizienter ist, ergibt sich aus der Lage. In Gebirgstälern sind Speicherseen in aller Regel die energiewirtschaftlich bessere Lösung, im Vorland mit geringer Geländeneigung hingegen die Laufstauseen. Diese lassen lediglich die Nutzung der jeweils ankommenden Wassermenge zu. Sie können davon kaum etwas zurückhalten für Zeiten geringer Wasserführung und hohen Strombedarfs. Allenfalls geht dies kurzzeitig im sogenannten Schwellbetrieb mit Speicherung in der Nacht und Stromerzeugung tagsüber zu den Spitzenlastzeiten. Genau dies ist die Stärke der Speicherseen. Ihr Wasser kann ganz nach Strom- oder Wasserbedarf genutzt werden. Wie sich beide Typen quantitativ unterscheiden, mag ein Rechenbeispiel verdeutlichen.

Talsperren speichern das Wasser kleiner Flüsse und bilden damit seenartige Gewässer. Sie sind nicht gleichzusetzen mit Flussstauseen, die großenteils verlanden können.

Gehen wir von einem Stausee aus, der 36 Millionen Kubikmeter Wasser fasst. Dies ist eine realistische Größe, die von einem der anschließend behandelten Innstauseen stammt. Die sommerliche Durchschnittswasserführung des Inns beträgt etwa 2.000 Kubikmeter pro Sekunde. Sie füllt den Staubereich also in 18.000 Sekunden komplett neu auf. Das sind aber lediglich fünf Stunden. Hat der Inn Hochwasser, bringt er die mehr als dreifache Menge. In nur eineinhalb Stunden wäre das Stauvolumen voll. Aber wenn die Hochwasserwelle aufläuft, ist es bereits gefüllt. Weitgehend in der Regel; Speicherkapazität ist kaum vorhanden. Eine ganze Kette solcher Stauseen kann zwar die extremste Spitze des Hochwassers kappen, aber nicht mehr. Die verfügbaren Speicherkapazitäten sind in solchen Laufstauseen gering. Sollten sie tatsächlich Rückhaltung bewirken, müssten die Staue sehr lang und weit ausladend sein. Das wäre nichts anderes als die natürlichen Überschwemmungsflächen des unregulierten Flusses.

Bleiben wir beim Volumen von 36 Millionen Kubikmetern und betrachten damit an einem Gebirgsflüsschen die Alternative, die Talsperre. In so einen Speichersee fließen vielleicht zwei Kubikmeter pro Sekunde. Dieses Tausendstel des obigen Falles bedeutet eine Vertausendfachung der Auffüllzeit, nämlich fünftausend Stunden oder mehr als 200 Tage. Stiege die zuströmende Wassermenge auf das Zehnfache, könnte der Speichersee die Wassermassen immer noch rund drei Wochen lang aufnehmen. Entsprechend kürzere Zeit zwar, wenn er vorher schon ziemlich aufgefüllt war, aber der Füllungsgrad lässt sich durch rechtzeitiges Ablassen von Wasser dem Speicherbedarf anpassen, wenn Starkniederschläge zu erwarten sind.

Dies geschieht zum Beispiel an der oberen Isar. Der Sylvensteinspeicher hält die Gebirgsfluten der Isar zurück und verhindert, dass München überschwemmt wird. Sein Fassungsvolumen ist weit größer als die im Rechenbeispiel angesetzten 36 Millionen Kubikmeter, nämlich 104 Millionen. Außerdem wird von der oberen Isar Wasser zum Walchensee abgeleitet und zum Betrieb des Walchensee-Kochelsee-Kraftwerks genutzt. Die Rechnung zeigt, dass die größere Speicherkapazität des Sylvenstein bei einem Innhochwasser auch nur dreimal länger ausreichen würde. Mit fünf Stunden Wasserrückhaltung wäre nicht viel gewonnen.

Infolgedessen muss bei Talsperren, die als Speicherbecken wirken sollen, zwangsläufig in Kauf genommen werden, dass der Wasserspiegel stark schwankt. Ihn konstant halten zu wollen würde den Sinn und Zweck verfehlen, denn es geht ja um Rückhaltekapazitäten für Wasser. Für Laufstauseen hingegen ist ein sogenanntes Stauziel vorgegeben, das möglichst gehalten werden soll. Es bedeutet, dass für das Kraftwerk eine feste Fallhöhe eingestellt ist, die, was zunächst seltsam klingen mag, bei Hochwasser von »unten her« ansteigt, nämlich direkt unterhalb des Kraftwerks. Denn je mehr Wasser kommt und je mehr davon ungenutzt die Überläufe zu passieren hat, desto stärker steigt der Flusspegel unterhalb der Staumauer. Wird das Hochwasser stärker und stärker, verringert sich der Höhenunterschied vom Unterwasser her, und die Stromerzeugung sinkt. Denn diese ergibt sich aus der Kombination von Wassermenge und Fallhöhe. Aber die Wassermenge bleibt eingeschränkt auf das, was die Turbinen tatsächlich fassen können. Was darüber hinausgeht, wird ungenutzt über die Überläufe abgeführt. Hat eine Turbinenröhre beispielsweise Kapazität für 250 Kubikmeter pro Sekunde und sind fünf solcher Turbinen am Kraftwerk installiert, nutzt es eine Wassermenge von 1000 Kubikmeter pro Sekunde und keinen Liter mehr. Alles, was darüber hinaus ankommt, muss ungenutzt abgeleitet werden.

Laufstauseen sind daher auf »Tageshäufigkeiten« der Wasserführung ausgerichtet. Sie beginnen, um beim Beispiel zu bleiben, mit der einen Turbine, die 250 Kubikmeter pro Sekunde fasst, was dem winterlichen Minimum der Wasserführung entspricht, und reichen über die weitere Zahl von Turbinen bis zu einem Grenzwert, der in einer angemessenen Zahl der Tage im Jahr erreicht bzw. überschritten sein muss, um wirtschaftlich zu sein. Hochwasser kommt zu selten und währt zu kurz, um in Laufstauseen effizient genutzt werden zu können. Genau umgekehrt verhält es sich mit Speicherseen. Für sie ist Hochwasser willkommen, weil es den Speicher auffüllt. Die geringe Menge, die kontinuierlich über eine (möglichst) große Fallhöhe abgegeben wird, erzeugt dann Strom entsprechend nachhaltig.

Sylvenstein, ein randalpiner Speicher mit riesigem, natürlich wachsendem Delta der zufließenden oberen Isar.

In Speicherseen bewegt sich aus diesem Grund der Wasserspiegel auf und ab, und zwar nicht sehr regelmäßig, weil Hochwässer nicht kalendarisch eintreffen wie die Jahresperiodik der Wasserführung eines aus den Alpen kommenden Flusses. Der Inn, der wasserreichste von allen Alpenflüssen, führt jedes Jahr im Juni und Juli, mitunter schon im Mai beginnend und bis in den August hinein, mehr Wasser, als die Turbinen fassen können. Die Überläufe werden geöffnet. Die sommerliche Flut rauscht durch. Dabei steigt der Wasserstand unterhalb des Kraftwerks im Jahresrhythmus um einen Meter und mehr, und das nicht nur bei starkem Hochwasser. Zur nächsten Staumauer hin flacht die Erhöhung aber ab und bewegt sich nur noch im Zentimeterbereich. Ökologisch betrachtet, entspricht dieser Längsanstieg durch Rückstau dem Anstieg der Höhe im Speichersee. Die Wirkungen sind jedoch sehr verschieden. Denn das Pendeln des Wasserstandes im sogenannten Stauwurzelbereich, also jener Zone, in der der Rückstau beginnt wirksam zu werden, erzeugt ähnliche Pulsverhältnisse, wie beim Altwasser und bei Mündungslagunen mit ihrer hohen Produktivität beschrieben. In Talsperren mit Zustrom kleiner Bäche oder eines Flüsschens entsteht kaum etwas, das einem Mündungsdelta entspricht und mit entsprechenden Flächen wirksam wird. Das mag man aus ökologischer Sicht für »schlecht« halten, weil sich wenig Natur entwickeln kann, ist aber »gut«, wenn die Talsperre ein Trinkwasserspeicher sein soll, weil nicht zu viel »Natur« ins Wasser hineinkommt.

Talsperren und Speicherseen sehen schon auf den ersten Blick wie Seen aus. So sehr sogar, dass man den Sylvenstein beispielsweise aus nahezu allen Blickwinkeln der Betrachtung für einen (grandiosen) Gebirgssee halten könnte. Nur an der über 40 Meter hohen Staumauer wird deutlich, dass das kein Natursee, sondern ein Stausee ist. Der genau gegenteilige Eindruck entsteht an Laufstauseen, zumal an solchen, deren Uferseiten so weit verlandet sind, dass Inseln, Anlandungen und Uferbewuchs die flussbegleitenden Dämme abdecken. Dann wähnt man sich an einem Fluss, der zwar im Großteil des Jahres langsam strömt, bei Hochwasser aber mit wilder Kraft vorbeirauscht. Beide Eindrücke sind zutreffend. Denn es hängt tatsächlich vom Ausmaß des Durchflusses ab, ob ein gestauter Bereich die ökologische Wirkung eines Sees annimmt oder Fluss bleibt bzw. zum Flusscharakter zurückkehrt. Dies geschieht durch Auffüllung des Staubeckens. Davon gleich mehr und noch Ausführlicheres beim Beispiel der Innstauseen. Greifen wir hier nochmals zurück auf das Zahlenbeispiel des 36 Millionen Kubikmeter fassenden Stauvolumens. Dass bei Hochwasser kaum nennenswerte Speicherwirkung zustande kommt, wurde schon ausgeführt. Aber wie sieht es bei Niedrigwasser aus? Etwa wenn der Fluss, in unserem Beispiel der Inn, nur noch 250 Kubikmeter pro Sekunde führt.

Bei der winterlichen Niedrigwasserführung nähert sich der Inn (kurz vor dem Zusammenfluss mit der Donau) diesem Wert. Dann dauert es 40 Stunden, bis das gesamte Volumen rechnerisch ausgetauscht ist. Entsprechend stark geht die Fließgeschwindigkeit zurück; im Mittel auf 0,2 Meter pro Sekunde im Hauptlauf, dem »Stromstrich«. Das ist nur ein Zehntel der üblichen sommerlichen Fließgeschwindigkeit. Der Stauraum wirkt in diesem Zustand wie ein See. Es hängt also von der Wasserführung ab, ob der Fluss- oder der Seencharakter überwiegt. Bei den Talsperren bleibt es beim Seencharakter. Das unterscheidet beide Typen tatsächlich sehr stark voneinander. Auch weil dieser ökologische Zustand im Fall des Speichersees über Jahrzehnte oder Jahrhunderte anhält, sich aber beim Flussstausee mehr oder weniger schnell ändert.

Gestaute Gewässer verlanden. Dieses Diktum gilt für Naturseen wie auch für Stauseen jeglicher Ausführungsart. Für das ihnen zuströmende Wasser mit seinen Schwebstoffen und dem Geschiebe wirken sie als Falle. Sie werden zum Ablagerungsraum. Stehende Gewässer »altern« daher, wie bereits mehrfach betont wurde. Fließende erneuern sich, weil sie mit der Kraft ihrer Strömung das von ihnen transportierte Material weiter flussabwärts verfrachten und im Flachland oder letztlich im Meer ablagern. Dieses ist Enddepot für alles, was vom Land abgetragen wird. Stauseen verlanden umso schneller, je mehr Geschiebe und Schwebstoffe der Fluss führt, an dem sie errichtet wurden. Ist das zuströmende Wasser sehr klar und das von der Landschaft vorgegebene Gefälle sehr gering, dauert die Auflandung sehr lange. Und umgekehrt.

Der Inn führt in den Sommermonaten nicht nur viel Wasser, beträchtlich mehr als die Donau am Zusammenfluss beider, sondern er drückt diese in Passau, sehr gut sichtbar, mit milchig grauer Flut regelrecht gegen das jenseitige Ufer. Der Inn führt »Gletschermilch« aus feinstem Gesteinsabrieb. Dieser macht das Innwasser so milchartig trüb. Die Mengen sind enorm: Rund eine Million Tonnen pro Monat im Juni und im Juli. Die Jahresfracht kann mit dem Anstieg der Trübung im Mai und ihrem Ausklingen im August um die drei Millionen Tonnen erreichen. Im gestauten Bereich nehmen Strömung und Tragkraft des Wassers ab. Sie erreichen nahe der Staumauer die geringsten Werte. Folglich setzt sich dort sehr rasch sehr viel von dieser Schwebstofffracht ab. Der Stauraum füllt sich von der Staumauer her auf. Anfangs geht dies schnell, dann immer langsamer, bis nach einer gewissen Zeit, die von der Art des Flusses abhängt, das Ende der Auflandung erreicht ist.

Für die Stauseen am unteren Inn reichte ein Jahrzehnt dafür. Dann war der neue Zustand erreicht. In diesem gleichen sich weitere Ablagerung, Sedimentation, und Abtragung, Erosion, aus. Sie pendeln mit der Stärke der Strömungsgeschwindigkeit. Das hydrologische Gleichgewicht hat sich eingestellt. Sehr starke Hochwässer wirken ausräumend. Doch danach dauert es nur wenige Jahre, bis neue Ablagerungen die Abschwemmungen wieder aufgefüllt haben. Die Auflandung der Innstauseen zeigte sich in der Bildung von Sandbänken und Inseln. Auf diesen entstand neuer Auwald. Dieser entwickelte sich als echter Urwald, weil keinerlei forstliche oder sonstig steuernde Eingriffe seitens der Menschen erfolgten. Auch darüber mehr im nachfolgenden Abschnitt über die Innstauseen. An dieser Stelle ist nochmals zurückzublenden auf den Wechsel zwischen Fluss- und Seencharakter.

Im Rechenbeispiel lagen die Extreme zwischen 40 Stunden Austauschzeit des Wasserkörpers mit seenartigem Zustand und wenigen Stunden bei Hochwasser mit klarem Flusscharakter. Doch die Verlandung füllte in nur einem Jahrzehnt 27 Millionen von den 36 Millionen Kubikmeter Stauvolumen auf. So schnell nach dem Aufstau hatte der Stausee auf Dauer den Zustand eines Fließgewässers angenommen. Insofern waren die Berechnungen zur Möglichkeit, Hochwasser im Laufstausee zu speichern, sehr theoretisch. Nach der Auflandung verringerte sich die Kapazität auf nur noch neun Millionen Kubikmeter. Bei einem starken Hochwasser wäre in einer halben Stunde das gesamte Stauvolumen aufgefüllt. Unter den realen Gegebenheiten des fließenden, nicht »leeren« Flusses geschähe es in wenigen Minuten, weil nur noch Überkapazitäten mit starkem Anstieg des Wassers gleich unterhalb des Kraftwerks gefüllt werden können. Noch mehr als im Ausgangsmodell bedeutet dies, dass die Flut das ursprüngliche Flusstal überschwemmen würde und dies auch tun müsste, ginge es wirklich um die Verminderung großer Hochwasserschäden weiter flussabwärts.

Aber noch etwas sehr Wichtiges ergibt sich aus solchen überschlagsmäßigen Berechnungen. Die Auflandung füllte den Rückstauraum so weit, dass sein Volumen wieder den natürlichen Verhältnissen im unregulierten Fluss entspricht. Sie glich im Staubereich die vorausgegangene Regulierung und Einengung wieder aus. Wäre der Stausee entsprechend großflächig angelegt, käme als Ergebnis zustande: Der gestaute Fluss renaturiert sich selbst. Wie weit dies geht, hängt aber davon ab,

wie viel Raum zur Verfügung steht, also vom Baukonzept, das realisiert werden konnte. Dies soll die spezielle Betrachtung der Stauseen am unteren Inn nun genauer erläutern, auch im Hinblick auf die Natur, auf Auwald, Inseln, Vögel und Fische.

# Flusswelten am unteren Inn

Der Inn ist auf seiner 220 Kilometer langen Unterlaufstrecke vom Alpenrand (Grenze Österreich-Bayern) bis zum Zusammenfluss mit der Donau in Passau lückenlos unterteilt in eine Abfolge von 16 Staustufen. Die erste Stauanlage wurden 1922/24 mit dem Ausleitungskraftwerk Töging gebaut, die letzte 1992 bei Oberaudorf am Alpenrand. Für die nachfolgende Betrachtung werden die vier flächengrößten Stauseen am unteren Inn zwischen den Mündungen der Salzach und der Rott (südlich von Passau) herausgegriffen. Sie erstrecken sich vom Inn-Flusskilometer 18 bis 75, also über gut 55 Kilometer. Erbaut wurden sie 1942, 1944, 1953 und 1961. Die beiden ältesten, die Staustufen Ering-Frauenstein und Egglfing-Obernberg, wurden während des Zweiten Weltkriegs errichtet. Das hatte besondere, vor allem Ering-Frauenstein kennzeichnende Folgen: Für rund zwei Drittel der Staustrecke hatte man das ehedem natürliche Flussufer als Außenbegrenzung gewählt, um den Bau langer und hoher Seitendämme so weit wie möglich zu vermeiden. Diese hätten viel Zeit in Anspruch genommen. Unter den Kriegsverhältnissen ging es darum, möglichst rasch Strom zu erzeugen. Dieser war vornehmlich für das Aluminiumwerk bei Ranshofen vorgesehen. Die Aluminiumherstellung mit Schmelzelektrolyse braucht sehr viel Strom. Da sich das niederbayerische Inntal auf eine Breite von bis zu fünf Kilometern weitet, war es für den nächsten Stau Egglfing-Obernberg und für den später, 1961 in Betrieb genommenen Stau Schärding-Mittich auf der niederbayerischen Seite nicht möglich, die alte Uferkante zu nutzen. Die oberösterreichische Seite war günstiger.

An dieser ließ sich die alte Uferkante wenigstens auf Teilstrecken zur Stauraumbegrenzung nutzen. Bayerischerseits musste jeweils ein langer Damm vom Kraftwerk flussaufwärts bis über die Stauwurzel hinaus gebaut werden, wie es bei Laufstauseen meistens üblich ist.

Da späteiszeitliche Schottermassen den Untergrund bilden, hatte sich der in den Sommermonaten sehr wasserreiche und schnell strömende Inn nach der Begradigung im 19. Jahrhundert mehrere Meter tief eingegraben und im Tal auf fast ganzer Strecke den Kontakt zu den noch vorhandenen Auwäldern verloren. Nur bei sehr starken Hochwässern, wie 1897 und 1940, wurden die Auen überflutet. Nach Einstauung geschah dies weiterhin über den Rückstau auf die einmündenden kleinen Flüsse und Bäche, wie die Rott und die Antiesen im Bereich Schärding. Besonders schwere Überschwemmungen verursachte das derzeit letzte große Hochwasser von Anfang Juni 2013. Die Ausgangslage war für den unteren Inn also gekennzeichnet durch einen um mehrere Meter im Vergleich zum unregulierten Zustand eingetieften, kanalartig begradigten Flusslauf und das Vorhandensein ausgedehnter Auwälder, weil trotz Begradigung immer wieder Hochwässer diese überfluteten.

Auch für die Salzachmündung traf dies zu. Der viel wasserreichere Inn drückte die Salzach gegen das österreichische Hochufer, ähnlich wie gut fünfzig Kilometer weiter flussabwärts die Donau gegen ihr nördliches Ufer. Anders als in den alten Zeiten ohne Regulierungen bestand die Salzachmündung beim Einstau aber nicht mehr aus einer wilden Inselwelt, die sich mit jedem Hochwasser verändern und verlagern konnte. Der Unterlauf der Salzach war von Salzburg bis zum Salzachdurchbruch bei Burghausen begradigt und hatte ebenfalls begonnen, sich in den kiesigen Untergrund einzutiefen. Diese Eintiefung war für die Salzachstadt Burghausen nicht unerwünscht, weil sie stets von Hochwasser bedroht war. Eintiefung und Absenkung des Pegels der Salzach erzeugten wenigstens für die viel häufigeren mittleren Hochwässer Schutz, ohne dass die Bedeutung der Salzach für die Flussschifffahrt geschmälert wurde.

Bis Ende des 19. Jahrhunderts waren Salzach und Inn wichtige Wasserstraßen, auf denen Massengüter aus Italien transportiert wurden.

Der Innhafen von Wasserburg funktionierte als Hafen für München. Von den Anlegestellen in Mühldorf und Neuötting führten die Transportwege weiter über Land nach Landshut und Regensburg. Die Städte am Inn florierten. Die Schifffahrt war über die Jahrhunderte so einträglich, dass es immer wieder Konflikte zwischen den klerikalen Interessen der mächtigen Bistümer Passau und Salzburg und dem Herzogtum Bayern gab. Insbesondere die Salzfrachten hatten immense Bedeutung; daher auch der Flussname Salzach.

Der Inn, von den Kelten *En* und von den Römern *aenus* (der Schäumende) genannt, war alles andere als ein einfacher Fluss. Er brachte seine gewaltigen, mächtig »schäumenden« Wassermassen oft zu Zeiten, in denen das Wetter sehr schön war im südostbayerisch-oberösterreichischen Alpenvorland. Seine Fluten stammen aus dem Quellgebiet im oberen Engadin in den östlichen Schweizer Alpen. Gletscherschmelzwasser strömt ihm zu, stark milchig getrübt durch feinsten Gesteinsabrieb, die »Gletschermilch«, und diese »Milch« floss immer dann besonders stark, wenn sehr warme, regenreiche Luftmassen die Westalpen erreichten.

Das ist nach wie vor so. Daher führt der Inn von Mai bis August trübes Wasser, das recht kalt bleibt und selbst in sehr heißen Sommern kaum mehr als 15 Grad Celsius erreicht. Juni und Juli sind die Monate mit der durchschnittlich höchsten Wasserführung von 2.000 Kubikmeter pro Sekunde und mehr, auch ohne Hochwasser, während von November bis Januar oder Februar oft nur noch ein Zehntel der sommerlichen Menge kommt. Den Inn kennzeichnen damit Kälte des Wassers im Sommer, sehr hohe sommerliche Schwebstofffracht und ein ausgeprägter Jahresgang der Wasserführung mit Maximum im Hochsommer und Minimum im Spätherbst oder Winter. Diese für den Inn spezifischen Charakteristika trafen nun mit dem Aufstau zusammen. Die Begradigung hatte die Strömungsgeschwindigkeit stark erhöht. Nun wurde sie abgebremst; von ein bis zwei Meter pro Sekunde bei normaler Wasserführung auf ein Zehntel davon im Hauptstauraum, den zwei bis drei Kilometern vor der Staumauer mit Krafthaus und den Turbinen.

Die Folge war eine äußerst rasche Auflandung der Staubecken mit jenem Feinmaterial, das dem Inn im Sommer die milchige Trübung verleiht. Wie schon angegeben, beträgt diese Schwebstofffracht (am Pegel Rosenheim, also schon ein gutes Stück außerhalb des Gebirges) mehrere Millionen Tonnen pro Jahr. Besonders viel kommt bei Hochwasser. In der Niedrigwasserphase des Jahres ist der Inn klar und wirkt flaschengrün. Die landläufige Bezeichnung »grüner Inn« als Gegenstück zur »blauen Donau« trifft daher allenfalls für das Winterhalbjahr zu. Aber immerhin beim Inn, denn die Donau ist blau lediglich bei schönem Wetter mit blauem Himmel. Dank der großen Menge an Schwebstoffen füllten sich die Stauräume im Verlauf von zehn bis zwölf Jahren Verlandung. Dann war das Gleichgewicht zwischen weiterer Auflandung und sich verstärkender Abtragung erreicht. Die Auffüllung hatte die Beschleunigung des Flusses durch die Begradigung ausgeglichen. Sie erzeugte eine entsprechende Verengung des Durchflussquerschnittes. Damit stieg die Strömungsgeschwindigkeit wieder. Im Mittel entspricht sie der Fließgeschwindigkeit im ursprünglich unregulierten Zustand, die im betreffenden Flussabschnitt geherrscht hatte.

Sand, vom Hochwasser angeschwemmt, wie Schnee im Winter vom Wind, ist ein bedeutender Speziallebensraum am Fluss.

Verlandung und Rückentwicklung der Fließgeschwindigkeit zum früheren Durchschnittswert verliefen geradezu modellhaft. Dieser entspricht dem Gefälle in der Landschaft. Nach Ende der Auflandung blieben die beschleunigte Strecke direkt unterhalb des Kraftwerks und die abgebremste unmittelbar davor übrig, und zwar auf jeweils rund einem Kilometer Länge. Für eine zehn bis fünfzehn Kilometer lange Staustrecke bedeutet dies die Rückentwicklung zum Normalzustand auf 80 bis 85 Prozent. Genau genommen sogar noch mehr, da es auch im unregulierten Fluss Bereiche gibt, in denen das Wasser schneller als im Durchschnitt strömt, und solche, in denen es sich langsamer oder kaum noch bewegt, bis wieder ein Hochwasser kommt.

Das alles wurde sichtbar und ließ sich mitverfolgen. Im Bereich der Stauwurzel, also jener Zone, in der die Rückstauwirkung das Landniveau erreicht, bildeten sich erste Sandbänke. Die Stauwurzelzone ist ein variabler Abschnitt. Bei hoher Wasserführung rückt sie weiter flussaufwärts vor, bei geringer weicht sie entsprechend zurück. Das kann ein kilometerlanges Gebiet ergeben, je nachdem, wie stark die jährlichen Schwankungen der Wasserführung sind. Jedenfalls tauchen an der Stauwurzel die ersten neuen Ablagerungen auf. Was in der Tiefe näher an der Staumauer geschieht, entzieht sich der direkten Beobachtung, ist aber durch Profilmessungen festgehalten worden, weil die Kraftwerksbetreiber wissen mussten, wie viel Stauraum nach und nach durch die Auffüllung verloren ging. Nun wird die Stauraumstruktur bedeutsam. Umfasste sie aus der Situation heraus eine breitflächige Stauwurzel, entstand rasch ein Binnendelta mit vielen Inseln, Sandbänken, Seitenarmen und Buchten. War sie aber schmal gehalten worden, weil Zwänge der Besiedelung des Tales oder andere Gründe dort keine Ausweitung zuließen, bildeten sich lediglich Anlandungsränder, auf denen schnell Bewuchs hochkam.

Die vier großen Stauseen am unteren Inn zeigen beide Möglichkeiten, die selbstverständlich kein »Entweder-oder« bedeuten, sondern die Enden eines Spektrums. Der Stau Braunau-Simbach reicht mit seiner Wurzel genau hinein in die Mündung der Salzach. Deshalb konnte sich dort auf nahezu der gesamten ursprünglichen Fläche ein neues Delta ausbilden, das weitgehend dem alten im unregulierten Zustand entspricht. Das lässt sich anhand der alten Flusskarten erkennen. Ähnlich breitflächig und nach altem Muster, weil beiderseits die früheren Naturufer des Inns an der Niederterrasse genutzt wurden, entwickelte sich die Inselwelt im Stauraum Ering-Frauenstein. Viel geringer der Fläche nach, aber gestreckter in der Ausdehnung in Richtung Staumauer, verlandeten die beiden flussabwärts folgenden Stauräume Egglfing-Obernberg und Schärding-Mittich. Beide mit bedeutenden Besonderheiten: Der Stauraum Egglfing-Obernberg war recht breitflächig angelegt worden, weil auf seiner österreichischen Seite das ehedem natürliche Ufer großenteils benutzt werden konnte. Zustande kam eine Stauraumbreite von fast einem Kilometer. Das war viel breiter als die gemeinsame Breite der einstigen Flussarme. Daher entstand mitten im Stauraum eine große Insel an fast genau der früheren Stelle, in der es eine solche im unregulierten Fluss gegeben hatte. Sie teilte den Inn in zwei Arme.

Das durfte aus einem gänzlich anderen Grund nicht sein. Die Landesgrenze zwischen Bayern und Österreich war mit der Flussmitte des begradigten Inns festgelegt worden. Die neue Insel an alter Stelle musste daher »verschoben« werden. Man erreichte dies durch den Bau eines Leitdammes gut einen Kilometer weiter flussaufwärts. Dabei entstand eine große Bucht, die sich alsbald mit Inseln und Flachwasserzonen sowie keinen Seitenarmen füllte. Und damit die selbstständige Renaturierung des Inns noch schneller vorantrieb. Mit jedem starken Hochwasser wurde aber die große Insel durch die vom Leitdamm gelenkte Strömung auf die österreichische Seite verschoben. Nunmehr nimmt die alte Grenze wieder weitgehend denselben Verlauf. Die Insel wuchs weiter und wurde vielfältiger. Sie gehört seit Jahrzehnten zu den bedeutendsten Nist- und Rastplätzen für Wasservögel. Für Ornithologen stellt sie das attraktivste Beobachtungsziel am unteren Inn dar.

Am jüngsten der vier hier ausgewählten Stauseen am unteren Inn, dem Stau Schärding-Mittich, waren solche ausgedehnten Selbst-Renaturierungen nicht möglich. Das ging einfach nicht bei der schmalen Bauausführung. Sie sollte, wie auch an anderen Laufstauseen am Inn und an zahlreichen weiteren Flüssen, möglichst wenig Auwald durch den Aufstau vernichten. Genau das Gegenteil trat aber ein. Die ausgegliederten, nunmehr weitgehend bis ganz hochwasserfrei gewordenen und über Binnenentwässerung grundwasserstabilisierten Auwälder wurden gerodet und in Ackerland umgewandelt. Maiswälder wachsen nun alljährlich anstelle der Auwälder auf. Deren einstige Artenvielfalt ist von der extremen Monotonie des Maisanbaus mit seinen enormen Umweltbelastungen ersetzt worden. Der österreichischen Seite blieb dies erspart, weil der Auwald im Stauwurzelbereich in den Stauraum mit einbezogen worden war. Diese Au, die Reichersberger Au, benannt nach dem darüber am Hang thronenden Kloster Reichersberg, ist nun eines der drei bedeutendsten Wasservogel-Brutgebiete Österreichs. Die Auen auf der deutschen Seite wurden hingegen »dank« des Naturschutzes, der sie hatte retten wollen, größtenteils vernichtet. Bewirkt hat dies die immer noch unter vielen Naturschützern verbreitete Meinung, die Stauseen seien der Tod der Flüsse. Die Lebensfülle, die sich rasch entwickelt, wird nicht gern zur Kenntnis genommen; eher und lieber missachtet man sie.

## Artenvielfalt am Stausee

Die rasche Auffüllung der Staubecken schuf jedoch keineswegs nur ähnliche Strukturen wie an unregulierten Flüssen. Vielmehr kam eine Entwicklung in Gang, die biologische Vielfalt auf biologischer Vielfalt weiter aufbaute. Und zwar auf folgende Weise: Mit dem Sand und Schlick setzten sich auch die von der Strömung mitgetragenen organischen Detritusteilchen ab. Sie wurden damit den Kleintieren des Bodenschlammes als Nahrungsquelle zugänglich. Diese vermehrten sich, der Versorgung mit Nahrung entsprechend, stark, weil das Wasser auch kontinuierlich Sauerstoff herantrug. Rasch entwickelte sich eine Biomasse im Bodenschlamm, die mit zwei bis drei Kilogramm Frischgewicht pro

Quadratmeter Maximalwerte in mittleren Tiefen erreichte. Larven von Zuckmücken (Chironomiden) und stellenweise die Schlammröhrenwürmer der Gattung *Tubifex* stellten den größten Teil dieser Schlammfauna. Aber sie enthielt auch Mengen von Kleinmuscheln sowie Großmuscheln in den Seitenbuchten, wie schon beschrieben. Larven von kleinen Eintagsfliegen der Gattung *Caenis* entwickelten sich massenhaft in den Stauseen. Im Frühjahr wurde die enorme Produktivität an der Abdrift von Puppen und schlüpfenden Mücken der Chironomiden sichtbar. Wochen später folgten die kleinen *Caenis*-Eintagsfliegen. Schwalben und Mauersegler nutzten diese Insektenmassen. Sie kamen vor allem bei regnerischem Wetter, also gerade dann, wenn über den Fluren Fluginsekten knapp oder gar nicht zu fangen sind. Auch Möwen und Seeschwalben beteiligten sich intensiv an der Nutzung der aufsteigenden Insektenmassen, die ausnahmslos für Menschen ungefährlich waren. Denn es gab darunter keine Stechmücken.

Die Frühjahrs- und Frühsommerdrift von Insekten verwies auf den Grund. Die Untersuchungen des Bodenschlamms ergaben, dass bei etwa einem Meter Wassertiefe mit etwa einem Kilogramm pro Quadratmeter die größte Häufigkeit der Tierchen des Bodenschlammes ausgebildet war. Das entsprach der Zone der leichten Durchströmung, Mit zunehmender Tiefe und entsprechend steigender Fließgeschwindigkeit ging die Menge deutlich zurück auf um die 100 Gramm pro Quadratmeter. Mit Annäherung an das Ufer nahm sie ebenfalls ab, weil in die flachen Zonen weit weniger Detritus eingeschwemmt wird als in die tieferen. Zudem sind sie in den Bereichen des Binnendeltas, also der Stauwurzel, den mehr oder minder ausgeprägten Schwankungen des Wasserstandes unterworfen. Dazu gehört auch das Trockenfallen während des winterlichen Niedrigwassers.

Diese über insgesamt ein Jahrzehnt durchgeführten Untersuchungen bestätigten zunächst, was die Wasservögel mit ihren Mengen und ihrem Artenspektrum bereits angezeigt hatten: Es lag an den sehr günstigen Ernährungsbedingungen, dass sie zu Zehntausenden die Stauseen am unteren Inn zu den Zugzeiten aufsuchten. Und sich wochen- bis monatelang zur Nahrungssuche darauf aufhielten. Aus den umfangreichen, in Wochenabständen durchgeführten Wasservogelzählungen ließ sich errechnen, dass in den 1970er-Jahren rund eine Viertelmillion Enten und andere Schwimmvögel diese Stauseen aufsuchten. Und zwar verteilt gemäß ihrer ökologischen Fähigkeiten. Die Tauchenten stellten den weitaus größten Teil. Tauchend erreichen sie alle Wassertiefen, die in den Stauseen vorhanden sind. Doch da das Tauchen gegen die Strömung mehrere Meter tief energetisch aufwendig ist, muss die am Grund zu findende Nahrungsmenge den vorab zu leistenden Aufwand mindestens ausgleichen. Aber Ausgeglichenheit gilt nur für Notzeiten, etwa bei länger anhaltender Vereisung. Ansonsten hat das Tauchen ergiebiger zu sein, als es Energie kostet. Aufwandsbedingt kommt eine Tiefenzonierung der ökologischen Einnischung zustande.

Sehr gut tauchfähige Arten, wie die Schellente, erreichen auch die stark durchströmten, typisch flussartigen Tiefen mit positiver Energiebilanz, während Reiherenten *Aythya fuligula* und Tafelente *Aythia ferina* geringere Tiefen mit schwächerer Strömung bevorzugen. An diese schließt landwärts der Bereich an, den gründelnde Enten mit gestrecktem Hals erreichen. Die Stockente *Anas platyrhynchos* ist die typische Art für das Flachwasser, in dem gegründelt wird. Die Spießente *Anas acuta* reicht mit ihrem längeren Hals etwas weiter hinab, die kleine Krickente *Anas crecca* hingegen nutzt das unmittelbare Flachufer. Weitere Arten schieben sich dazwischen, bleiben in der Regel aber viel seltener, weil sie die ihnen zugängliche Tiefenzone nicht optimal nutzen können, wenn diese bereits von den häufigen Entenarten besetzt ist.

Diese Reihung vom Flachwasser in die Tiefe ließ sich in Mengen umsetzen. Zu ermitteln waren die Flächen, die die verschiedenen Tiefenzonen einnehmen. Die Ausdehnung der Tiefenbereiche ergab sich aus den Flussprofilen, die von der Kraftwerksgesellschaft, damals den Innwerken, gemessen worden waren. Anhand der Befunde zur Biomasse der Kleintiere im Bodenschlamm war es einfach, den vorhandenen Nahrungsbestand pro Tiefenzone zu errechnen und dieses »Angebot« mit der Menge der Wasservögel, die es nutzten, in Beziehung zu setzen. Voraussetzung hierzu war, den durchschnittlichen Nahrungsbedarf pro Tag zu kennen. Angaben hierzu gab es zur Genüge.

Aus ihnen geht hervor, dass die tägliche Nahrungsmenge von der Körpermasse des Vogels und von ihrer Qualität, ob pflanzlich oder tierisch, abhängt. Aber nicht ganz so direkt, dass ein doppelt so schwerer auch die doppelte Nahrungsmenge nötig hätte. Der Bedarf pro Kilogramm Körpergewicht geht zurück, je größer der Vogel ist. Das hängt mit dem Verhältnis von Körperoberfläche zu Körpervolumen zusammen. Ist geringe Körpermasse mit großer Oberfläche verbunden, wie bei kleinen Vögeln (oder Säugetieren), wird relativ mehr Nahrung benötigt. Und umgekehrt. Ein großer Schwan mit über zehn Kilogramm Gewicht kann zudem erheblich länger hungern als eine Ente, die nur ein Kilogramm wiegt. Ergebnis: Die Enten nutzten im Herbst, Winter und Frühling rund 85 Prozent der Kleintier-Biomasse des Bodenschlammes, und mit gut 90 Prozent erreichte auch die Nutzung der Wasserpflanzen eine ganz ähnliche Größenordnung.

Wasserpflanzen entwickelten sich in den vor der Hauptströmung mit ihrem trüben Wasser geschützten Buchten. Hauptnutzer waren Höckerschwäne *Cygnus olor*, Blesshühner *Fulica atra* und Schnatterenten *Anas strepera*. Die »Stehende Ernte« an Unterwasserpflanzen ließ sich gegen Ende ihrer Wachstumsperiode im Spätsommer leicht auf Quadratmeterflächen ernten und ihr Gewicht bestimmen. Über weitere Probeflächen wurde mitverfolgt, wie mit der Beweidung durch die Wasservögel die Pflanzenbiomasse abnahm. Gut 90 Prozent nutzten sie. Was übrig blieb, startete im nächsten Frühsommer neues Wachstum. Faulschlamm durch absterbende Pflanzenmassen kam dadurch nicht zustande. Hohe Produktivität war mit hohem Nutzungsgrad kombiniert. Es entstanden Kreisläufe mit wirkungsvollem Recycling. Nicht einmal in solchen Seitenbuchten, die mehrere Jahre ohne Durchströmung geblieben waren und stagnierten, entstand Faulschlamm. Außer die Wasservögel wurden im Herbst und Winter stark gestört oder vertrieben.

Einen ganz erheblichen Vertreibungseffekt verursachte tatsächlich die Jagd. Die Enten verließen vorzeitig das Gebiet und flogen weiter zu ihren südlicheren oder südwestlicheren Winterquartieren. Die organische Produktion des Sommers blieb dann unzureichend genutzt. Es bildete sich Faulschlamm. Dieser tat den Fischen natürlich auch nicht gut. Wo anfänglich im flach überströmten Sand ohne faulende Substanzen die Larven von Neunaugen, Querder genannt, noch zu finden waren, verschwanden sie, wie auch die Jungfische anderer Arten, weil es nun im bodennahen Bereich zu wenig Sauerstoff gab. Nur die stark durchströmte, für Jung- und Kleinfische aber gerade deshalb ungünstige Tiefenzone blieb gut genug mit Sauerstoff versorgt. Ein gemäß der bloßen Zahl der abgeschossenen Enten unbedeutend erscheinender Eingriff erwies sich ökologisch als außerordentlich nachwirkend. Denn die Wasservogeljagd erbeutete nur wenige Prozent der zu Beginn der Jagdzeit Ende des Sommers anwesenden Enten. Ein Vielfaches davon wurde vertrieben. Das zeigte sich dann im Frühjahr. Die Arten, deren Häufigkeit im Herbst verfrüht stark abgenommen hatte, kamen im Frühjahr zwar in größeren Mengen und rasteten für Tage oder einige Wochen, aber sie erzielten bei Weitem nicht mehr den für ein Recycling nötigen hohen Nutzungsgrad. Im Frühjahr wird nicht gejagt. Aber da eilt es den meisten Wasservögeln. Sie rasten auf ihrem Weg in die Brutgebiete nur kurze Zeit. Dank der Unterschutzstellung als international bedeutendes Rast- und Überwinterungsgebiet für Wasservögel gemäß der Ramsar-Konvention wurde nach und nach erreicht, dass die Jagd auf Wasservögel eingestellt wurde. Wegbereiter für den Schutz vor Bejagung waren die Österreicher. In deutschen Vogelschutzgebieten kommt es eher selten zur Einstellung der Jagd. Nicht einmal für Nationalparke ist bei uns selbstverständlich, dass Jagd, wenn es sie im geschützten Raum überhaupt geben sollte, dann nur zur unmittelbaren Umsetzung von Schutzzielen eingesetzt wird. Im Kapitel über die Einwirkungen auf die Gewässer wird diese Problematik zusammen mit der Fischerei und dem Erholungsbetrieb genauer behandelt.

Aus dem Beispiel Entenjagd und ihrer Folgen wird der gewaltige Unterschied in der Betrachtung deutlich, ob es nur um die Bestandsgröße einer Art oder Gruppe geht wie im Fall der Enten oder auch um die ökologischen Wirkungen. Eine für die Erhaltung der Bestände unerheblich erscheinende Abschussquote kann höchst nachhaltige ökologische Wirkungen verursachen. Zwei Begriffe verweisen auf diese, der Vertreibungseffekt als gebietsbezogene Wirkung und die Scheu und ihre Folgen für die davon betroffenen Arten. Jagd erzeugt Scheu. Diese ändert nicht nur das Verhalten der scheu gemachten Tiere, sondern auch ihre ökologischen Wirkungen. An dieser Stelle ist es durchaus angebracht, auf das Reh und seine Scheu hinzuweisen. Denn auf die nicht bejagten Inseln mit ihrem Auwald, der sich darauf entwickelt und ein echter Urwald wird, können sich Rehe während der Jagdzeit zurückziehen. Dennoch schädigen sie den Auwald nicht und nehmen auch nicht »überhand«.

Doch zusätzlich zu den Enten sind weitere Wasservögel zu betrachten. An den unteren Inn kommen Arten aus weiteren Wasservogelfamilien. Sie decken mit ihrer Lebensweise ein viel weiteres Spektrum von Nutzern ab als die Entenvögel allein. In großer Artenvielfalt formen sie ein Netzwerk von Nahrungsketten und ökologischen Nutzungsstufen. Ein solches Netzwerk entsteht überall an Stauseen, sofern es von der Jagd und von anderen Nutzergruppen aus der Menschenwelt zugelassen wird. Es ist keineswegs spezifisch für die Innstauseen. Die dort erarbeiteten Befunde bieten Vergleichsmöglichkeiten, zumal wenn es darum geht, wie ein Stausee gebaut oder renaturiert werden könnte.

Wie schon angedeutet, nutzen bestimmte Wasservögel insbesondere das Flachwasser und die frischen Schlickbänke zur Nahrungssuche. Kiebitz *Vanellus vanellus* und Brachvogel *Numenius arquata* sind bekanntere Vertreter von Vögeln, die als »Limikolen« bezeichnet werden und verschiedene Vogelfamilien umfassen. Limikolen bedeutet »Grenzbewohner«. Gemeint ist der Grenz- bzw. Übergangsbereich vom Wasser zum Land. Zwei artenreiche Gruppierungen heißen Strandläufer und Wasserläufer, andere Regenpfeifer. Die Artenvielfalt ist groß, die Spezialisierungen sind es ebenfalls. Zusammen mit den Enten bilden die Limikolen eine dicht gestaffelte Abfolge von Nutzern. Sie beginnen mit kleinen und mittelgroßen kurzbeinigen Arten, die auf den freien Schlickbänken mit höchstens spärlichem Bewuchs nach Nahrung suchen. Solche mit etwas längeren Beinen und entsprechender Schnabellänge folgen. Diese dringen ins Flachwasser vor. Wird es tiefer, schließen sich langbeinige Limikolen mit langem Schnabel an. Unter diesen schnattern bereits kleine Enten den Schlamm durch. Größere gründeln im tieferen Wasser. Weiter geht es mit Tauchenten, zunächst mit solchen, die wie Reiher- und Tafelente vorzugsweise nur metertief tauchen. Schließlich suchen die besonders gut tauchfähigen Enten wie die Schellente *Bucephala clangula* und sogenannte Meeresenten auch die größeren, stark durchströmten Tiefenbereiche ab. Alle Tiefenzonen haben so ihre speziellen Nutzer.

Dennoch erfasst dieses Spektrum nur denjenigen Teil der Wasservogelarten, die direkt von Kleintieren des Bodenschlammes leben. Eine ähnliche Einnischung gibt es bei den Wasserpflanzen nutzenden und nach diesen gründelnden oder tauchenden Arten sowie bei den Fischjägern, die kleinen oder größeren Fischen nachstellen, aber auch bei den Insektenjäger, die von der Wasseroberfläche bis hoch in den Luftraum zu erbeuten versuchen, was an Insekten aus dem Wasser kommt. Geradezu lehrbuchhaft lässt sich die komplexe Einnischung der Wasservögel an den Stauseen am unteren Inn beobachten. Auch im Jahreslauf, der mit der »Dimension Zeit« das komplexe Gefüge weiter vergrößert. Viele Arten können nicht gleichzeitig die ihnen zugängliche Nahrung nutzen, sondern besser in zeitlich gestaffelter Abfolge. Diese beginnt bereits gegen Ende der Brutzeit, im Hochsommer, und erstreckt sich über den Herbst, die Wintermonate und das Frühjahr bis zum Anfang der nächsten Brutzeit. Zeitliche Einnischung ist in der Natur generell ähnlich bedeutsam wie die räumliche. In unserem Fall setzt sie an bei den Entwicklungs- und Schlüpfzeiten der Wasserinsekten. Diese beeinflusst der Jahresgang der Wasserführung. Die Zeitstruktur pflanzt sich fort zu speziellen Zugzeiten von Wasservögeln und der genauen Einpassung der Nistzeit auf das Schlüpfen der Kleininsekten.

Die Rohrsänger am Ufer sind davon abhängig, die kurzzeitig reiche Verfügbarkeit schlüpfender Kleininsekten aus dem Wasser, insbesondere der Zuckmücken, möglichst präzise zur Versorgung ihrer Jungen zu nutzen. Bei hinreichend genauer zeitlicher Abstimmung auf die schwärmenden Zuckmücken erreichen die Rohrsänger eine für von Kleininsekten lebende Singvögel außerordentlich hohe Siedlungsdichte. Das macht sie wiederum besonders interessant für den Kuckuck *Cuculus canorus*.

Als Brutschmarotzer ist er darauf angewiesen, dass die kleinen Wirtsvögel sein Junges, das ihnen als Kuckucksei ins Nest geschmuggelt worden war, erfolgreich großziehen. Beim hohen Nahrungsbedarf des Jungkuckucks gelingt dies nur, wenn die Wirtseltern entsprechend viele Insekten finden. Der erfolgreich ausfliegende Jungkuckuck war somit verbunden mit den Insektenlarven im Bodenschlamm, deren Häufigkeit vom organischen Detritus abhing. So weitreichend verzweigt sind die nahrungsökologischen Beziehungen und so komplex die Nahrungsketten.

Wie schon in der allgemeinen Einführung zur Natur der Fließgewässer dargelegt, ist zwischen zwei grundverschiedenen Nahrungsketten zu unterscheiden. Die eine, die im Fließgewässer in aller Regel bei Weitem bedeutendste Kette beginnt mit dem organischen Detritus, die andere setzt bei der Primärproduktion grüner Pflanzen an. Direkt im Fluss ist diese zumeist gering ausgebildet bis vernachlässigbar. Nur in strömungsgeschützten Winkeln können Wasserpflanzen aufwachsen. Am besten geht dies in größeren flachen Seitenbuchten der bereits zum Strom angeschwollenen Flüsse. Die sich aufbauende Nahrungskette sieht dann folgendermaßen aus:

Wasserpflanzen → Wasservögel → Greifvögel

Habichte, Großfalken und Seeadler können sich Enten, Blesshühner und ausnahmsweise auch mal einen schwachen Schwan greifen und als Beute verwerten. Dennoch bleibt diese Nahrungskette sehr kurz; sie besteht eigentlich nur in einer Nutzergruppe, den von Wasserpflanzen lebenden Wasservögeln. Was sich die seit nunmehr rund einem Jahrhundert in Europa heimisch gewordene Bisamratte anteilsmäßig holt, ist sehr wenig.

Hingegen wird die auf dem organischen Detritus aufbauende Nahrungskette beträchtlich länger und vielfältiger. Denn schon die Erstverwerter, die Kleintiere des Bodenschlamms (die Makroinvertebraten), sind recht unterschiedlichen Nutzern ausgesetzt: Wasservögeln, wie geschildert, aber auch Kleinfischen und außerhalb des Wassers, wenn die zugehörigen Insekten geschlüpft sind, dem Spektrum der Insekten fangenden Vögel (Rohrsänger, Schwalben, Mauersegler und andere, auch Möwen). Den kleinen Fischen stellen größere und große nach, die sogenannten Raubfische, die wiederum, die ganz großen ausgenommen, von verschiedenen Vögeln und vom Fischotter erbeutet werden. Als Nahrungskette wird diese Abfolge von Nutzungsschritten damit nicht nur um zwei bis drei Glieder länger als bei der Nutzung der Wasserpflanzen. Sie wird auch vernetzter, komplexer.

Nun gilt aber als nahrungsökologisches Grundprinzip, dass mit jedem Nutzungsschritt der größte Teil der aufgenommenen »Masse« und Energie verloren geht. Nicht wirklich verloren, sondern aufgebraucht wird für Atmung, Lebenstätigkeit und Fortpflanzung. Als Faustregel setzt man in der Ökologie an, dass von Stufe zu Stufe jeweils um 90 Prozent Schwund eintreten. Das wurde bei der Anreicherung von Giftstoffen über Nahrungsketten bereits erläutert. Große Greifvögel, wie der Seeadler, und von größeren Fischen lebende Säugetiere, wie der Fischotter, kommen daher von Natur aus selten vor. Sie sind von einer entsprechend breiten Produktionsbasis abhängig. Schrumpft diese, werden die Endnutzer schneller selten als die Erstnutzer.

Bedeutende Unterschiede in der Biologie der Erst- und Zweitnutzer kommen hinzu. Handelt es sich um Vögel oder Säugetiere, wird ein sehr großer Teil der aufgenommenen Nahrung allein dafür benötigt, den Körper zu »heizen«, also ihn auf seiner hohen Temperatur von 38 bis 40 Grad Celsius zu halten. Vorab muss auch die Energie erzeugt werden, die nötig ist, bei der Nahrungssuche im Wasser gegen den Auftrieb anzukämpfen.

Fische hingegen müssen weder heizen noch Auftrieb kompensieren. Sie stellen über die Schwimmblase ihre Gesamtdichte so ein, dass die von ihrem Körper verdrängte Wassermasse ihrem Gewicht entspricht. So können sie die gesamte Bewegungsenergie für den Vortrieb und die Nahrungssuche einsetzen. Bei den Wasservögeln, beim Fischotter und kleinen Arten wie der Wasserspitzmaus *Neomys fodiens* entfällt ein bedeutender Teil des Energieaufwandes auf die Arbeit gegen den Auftrieb. Folglich trifft Verknappung der Nahrung die Wasservögel am meisten und die Fische am wenigsten, wenn weniger organischer Detritus eingeschwemmt wird und die Kleintiere des Bodenschlamms seltener werden. Die Verhältnisse verschieben sich zugunsten der Fische. Äußerlich sichtbar wird dies daran, dass die Mengen der Tauchenten zurückgehen, die Zahl der Fischjäger aber zunimmt, weil die Fischbestände anwachsen. Das Spektrum der Wasservögel verschiebt sich in der Nahrungskette aufwärts, dünnt dann aber sehr rasch aus, wenn auch für die Fische die Nahrung knapp wird. An den ökologischen Gesetzen der Nutzung geht kein Weg vorbei.

Es sei denn, das Gewässer ist klein und die am Angeln oder an Fischertrag Interessierten füllen es künstlich mit Fischen. Dann kommen zwangsläufig hohe Verluste zustande, weil die Nahrungsketten nicht funktionieren. Meistens äußert sich dies im Ausbruch von Seuchen und in der Abnahme der Qualität der einzelnen Fische. In einem ausgewogenen Nutzungssystem sollten die Berufsfischerei und die Angler nicht mehr Fisch entnehmen, als natürlicherweise nachwachsen kann – ohne Dezimierung der Konkurrenten aus der Tierwelt. Doch wer will schon wahrhaben, dass an einem Forellenbach und einem kleineren Fluss mit sauberem Wasser nichts weiter als ein gelegentliches Fliegenfischen ökologisch tragbar ist und keine Fische zum Ausgleich für die Entnahme durch den Fang eingesetzt werden sollten?

### Kormoran

Sein Name ist vom lateinischen *corvus marinus* abgeleitet. Das bedeutet Rabe des Meeres. *Nomen est omen*. So ein Name ist kein gutes Vorzeichen, lässt sich hinzufügen. Denn kaum ein Vogel ist so vielen Menschen so verhasst wie der Kormoran. Teichwirte, Berufsfischer und Angler sind es, die ihn anprangern und am liebsten wieder ausrotten möchten, wie Ende des 19. Jahrhunderts fast schon geschehen. Durch Vernichtung seiner Brutkolonien an Seen und an der Küste wurde der Kormoran in Europa weithin drastisch dezimiert. Regional verschwand er völlig. So an süddeutschen Flüssen und Seen. Als dort in den 1980er-Jahren wieder vermehrt Kormorane hingelangten, erklärten die Angler sie kurzerhand zu Fremdlingen, die an unseren Gewässern nichts zu suchen hätten. Dabei setzten sie selbst Fremdlinge in Massen ein, um ihre Fangerträge zu erhöhen, Regenbogenforellen aus Nordamerika vor allem. Die Kormorane mochten diese auch, zumal wenn sich die Fische, noch nicht vertraut mit den Verhältnissen in den Flüssen, geradezu »ideal dumm« verhielten. Sie werden ja ganz plötzlich aus den Zuchtanstalten in Freiheit gesetzt, in der sie sich erst zurechtfinden müssen.

Kormoran *Phalacrocorax carbo*

Richtig ist, dass die Kormorane ziemlich viel Fisch brauchen. Sie sind auf diese Nahrung spezialisiert. Sogar in ganz besonderer Weise. Ihr Gefieder ist nicht wasserdicht. Beim Tauchen dringt Wasser ein. Das macht sie schwerer; fast so schwer wie die Wassermenge, die sie verdrängen. Der große Vorteil: Sie können nun nahezu die gesamte Energie, die sie beim Tauchen aufwenden müssen, für die Jagd nach den Fischen einsetzen, weil sie nicht mehr gegen den Auftrieb arbeiten müssen. Das macht sie schneller. Aber sie kühlen auch schneller aus als die anderen Tauchvögel, die eine schützende Lufthülle im Gefieder halten. Nach längerem Tauchen trocknen die Kormorane die Flügel häufig halb ausgebreitet. Das macht sie sehr auffällig. Zudem wird durch die Aufwärmung des Bauchbereichs die Verdauung gefördert. Das ist bei kalter Witterung nötig, weil die Fische ganz verschluckt werden. Plötzlich gerät eine kalte Fischmasse von bis zu einem halben Kilogramm in den Magen.

Der Konflikt mit den Anglern und Fischzüchtern entzündete sich an den Mengen; an der Menge der Fische, die ein Kormoran pro Tag verzehrt oder im Winterhalbjahr braucht, das er an den Binnengewässern verbringt, und an der Menge der anwesenden Kormorane. Diese nahm in den 1980er-Jahren stark zu, schwenkte aber ein auf Höhen, die an Flüssen und Seen der natürlichen Umweltkapazität entsprechen. Sie blieb mit geringen Schwankungen auf diesem Niveau, auch nachdem Tausende Kormorane zum Abschuss freigegeben worden waren, um Schäden für die Fischerei zu vermindern. Warum dieser Zustand andauert, stellt ein Lehrstück Ökologie dar. Dazu vorab ein kurzer Blick auf den Kormoran. Er gehört zu den Wasservögeln, wird zwei bis drei Kilogramm schwer, hat eine Flügelspannweite von gut einem Meter und wirkt mit seinem schwarzen Gefieder entsprechend groß im Flug.

Körpergröße und Art der Nahrung besagen viel über den Nahrungsbedarf, aber nicht alles. Fisch ist eine sehr ergiebige Nahrung, deren Vorteilhaftigkeit auch uns Menschen bewusst ist oder in der Ernährungsberatung betont wird. Sind die erbeuteten Fische reich an Öl, sollten etwa 15 Prozent des Körpergewichts des Vogels zur Deckung seines täglichen Bedarfs ausreichen. Das wären etwa 300 Gramm; bei warmem Wetter und hohen Fischbeständen, die den Fang leicht machen, sogar noch weniger. Doch ideale Verhältnisse sind (zu) selten. Wie umfangreiche Forschungen ergaben, sollte mit etwa 500 Gramm pro Kormoran und Tag gerechnet werden. Verbringen nun rund 200 Kormorane die Monate von Oktober bis März an einem 50 Kilometer langen Flussabschnitt, verzehren diese etwa 18.000 Kilogramm Fisch. Eine riesige Menge also. Pro Kormoran 90 Kilogramm. Pro Kilometer Flussstrecke 360 Kilogramm bei halbjähriger Nutzung der 50 Kilometer durch 200 Kormorane. Immer noch eine riesige Menge?

Das hängt davon ab, wie groß der Fischbestand im Fluss tatsächlich ist. Die Vorstellungen dazu sind allerdings mehr als vage. Er kann das Zehn- bis mehr als Hundertfache der von den Kormoranen entnommenen Mengen betragen. Entsprechend gering fallen die Verluste aus. Hinweise vermitteln sehr starke Hochwässer. Wenn nach solchen die Kormoranzahlen nur geringfügig zurückgegangen sind, kann deren Einfluss auf die Fischbestände nicht groß sein. Ein weiterer Hinweis ist die Einstellung der Winterbestände auf ein ähnliches Niveau Jahr für Jahr, wenn die Kormorane nicht gejagt werden. Dann bedeutet dies, dass Bedarf und Fangerfolg ihre Häufigkeit regeln. Der Fangerfolg nimmt mit sinkendem Fischbestand ab.

Dagegen stehen aus Sicht der Angler die Befunde der Teichwirtschaft. Die Schäden können darin beträchtlich ausfallen. Ausnahmegenehmigungen zum Kormoranabschuss sollten die Verluste verringern. In Teichwirtschaften werden die Fische den Kormoranen gleichsam serviert wie auf Futterstellen. Oft sogar in den zum Verzehr idealen Größen. Sie sind also kein Bezugsmaß für die Wirkung der Kormorane und anderer von Fischen lebender Vögel oder des Fischotters auf die Fischbestände in den Flüssen. Hinzu kommt ein Effekt der Bejagung, der in den Auseinandersetzungen um den Kormoran unbeachtet blieb. Im Flug braucht er ein Mehrfaches der Energie, die er in Ruhe und für die Jagd nach Fischen sowie ihre Verdauung aufwenden muss. Bejagung macht scheu. Die Kormorane fliegen entsprechend mehr umher. Die Abgeschossenen vermindern zwar die Zahl, aber die Bejagung steigert den Fischbedarf der anderen. Innerhalb weiter Schwankungsbereiche kommt daher in der Bilanz keine Verbesserung für die Fischerei zustande, häufig nimmt der Fischbedarf der Kormorane sogar zu. Weil sie viel mehr fliegen müssen und ihre Fluchtdistanz zunimmt.

Ganz ähnlich verhält es sich mit den Gänsesägern, Haubentauchern und Reihern. Deren Vorteil ist lediglich, dass sie »schöner« sind und dass sie häufiger einzeln vorkommen, nicht gleich in Schwärmen wie die schwarzen Kormorane. Die beste Lösung wäre ein natürlicher Fischbestand ohne künstliche Besatzmaßnahmen. Aber das wollen die Angler nicht.

Noch ungleich schwieriger gestaltet sich die (angel)fischereiliche Problematik an so großen Gewässern wie den Stauseen. Hier wird sinkender Fischertrag sogleich den Kormoranen, Reihern und anderen von Fischen lebenden Vögeln oder dem Fischotter angelastet, auch wenn der Rückgang die unmittelbare Folge von Änderungen in der Wasserqualität ist. Steigt die Qualität, nehmen die Fischmengen zwangsläufig ab. Von Trinkwasser kann kein Fisch leben. Er wird allenfalls nur kurze Zeit darin überleben und, da ohne Nahrung, eigene Körpermasse abbauen, also gleichsam zurückwachsen. Doch genau diese grundlegende Veränderung geschah im letzten Viertel des 20. Jahrhunderts mit der umfassenden Verbesserung der Wasserqualität. Aus mehr oder minder stark mit organischem Detritus aus (häuslichem) Abwasser verschmutzten Stauseen (und Seen) wurden saubere Gewässer mit einer Wassergüte, die sie unbedenklich zur Nutzung für den Bade- und Erholungsbetrieb machte. Die Fischereierträge sanken; so sehr sogar, dass Bodenseefischer allen Ernstes verlangten, der See müsse im Interesse ihrer Fischerträge wieder gedüngt werden. An den Stauseen am unteren Inn gingen die Fangergebnisse der Angelfischerei genau gegenläufig zum Anstieg der Wasserqualität zurück. Die Entenmengen nahmen ab. Die Zusammensetzung der Wasservogelgemeinschaft verschob sich »aufwärts« in der aus den Ketten gebildeten Nahrungspyramide. Die Artenvielfalt aber blieb hoch. Stets ist mit Überraschungen zu rechnen.

Die Verbesserung der Wasserqualität wirkte nicht allein. Auch die Verlandung trug dazu bei, dass sich große Verschiebungen in der Lebenswelt der Stauseen ergaben. Mit Erreichen der Balance zwischen Sedimentation und Erosion gingen die Flächen mittlerer Wassertiefe ohne stärkere Durchströmung zurück. Der Fluss nahm in den Stauräumen immer mehr an Flusscharakter zu. Die Verlandung ist ein Prozess in der Zeit. Sie verlief, wie ausgeführt, besonders schnell in den Innstauseen, weil der Inn so riesige Mengen Schwebstoffe führt. Daher bildeten sich entsprechend schnell Inseln. Und auf diesen wuchs neuer Auwald heran.

Da niemand etwas pflanzte oder die Auwaldentwicklung zu steuern versuchte, kam Urwald zustande; echter Urwald. Mit erstem Weidengebüsch aus gekeimten Samen von Silberweiden fing die Entwicklung an. Im Verlauf von mehreren Jahrzehnten entstand eine Weichholzaue mit dem für sie typischen Spektrum an Pflanzen- und Tierarten. Seither geht die Auwaldbildung langsamer, aber merklich in die Hartholzaue über. Die ältesten Anlandungen erreichten inzwischen diesen Zustand, weil ihre Neuentwicklung vor einem Dreivierteljahrhundert angefangen hatte. Den Großteil der neuen Auwälder bilden Weichholzbestände mit Silberweiden als dominanter Baumart. Durchsetzt ist dieser Wasserurwald von Schilfbeständen, Rohrkolbengruppen und Rohrglanzgrasufern an flachen Lagunen, die sich gebildet hatten aufgrund der von der Strömung herbeigeschafften Sand- und Schlickmassen. Hufeisenförmig sind die Inseln oft gestaltet, mit dem leicht erhöhten Teil an der Spitze gegen die Strömung gerichtet und lang und flach ausscherenden Schenkeln. In den Hufeisen steht das Wasser ganz flach. Rascher als in den durchströmten Bereichen wird es klar, sodass sich Wasserpflanzen und eine vielfältige Kleinlebewelt entwickeln können. Die Inseln sind dschungelartig dicht bewachsen. Mit schweren Booten aus Holz lassen sich die inneren Lagunen nicht befahren. So stellen sie ideale, weil störungsarme Brutstätten für Wasservögel dar.

An gleicher Stelle wie vor der Flussbegradigung sind an den Stauseen des unteren Inn neue Inselwelten entstanden.

Die Inselentwicklung mit selbsttätiger Renaturierung machte die Innstauseen im Lauf der Jahre zu einem der bedeutendsten Brutgebiete für Wasservögel im nördlichen Alpenvorland. Konflikte mit der Angelfischerei blieben nicht aus. Sie sind großenteils noch immer ungelöst. Aber die Natur arbeitet mit Verlandung und Inselentwicklung gegen die (uneinsichtigen) Angler. Das Angeln in der Nistzeit der Wasservögel gefährdet und vernichtet viele Bruten. Betrachtet man die Inselentwicklung und vergleicht sie mit natürlichen oder einigermaßen naturnahen Auwäldern, so tritt allerdings ein Unterschied zutage, obwohl die Gemeinsamkeiten groß und der Grad der Natürlichkeit auf der Inselwelt in den Stauseen sogar größer als draußen ist, weil überhaupt nicht forstlich oder sonst wie eingegriffen wird. Der Unterschied liegt in der räumlichen Folge der Zonierung. Sie verläuft im Stauraum parallel zum Fluss. Die ältesten Auwaldbestände liegen am weitesten flussaufwärts. Am natürlichen, unregulierten Fluss steht sie senkrecht dazu mit der Weichholzaue direkt am Fluss. Das ist logisch, weil die Hochwässer unterschiedlich weit ins Land reichen. Genauso verhält es sich im Rückstauraum, aber in diesem reichen die Hochwässer unterschiedlich weit flussaufwärts. Also bildet sich die Hartholzaue fern der Staumauer. Die Weichholzaue wächst hinein in den Stausee. Urwald ist sie dennoch.

Nicht zuletzt besonders urwaldhaft, weil die Hochwässer in ihrer unterschiedlichen Stärke ungehindert wirken und die Biber auf den Inseln in den Stauräumen tun und lassen können, was sie wollen. Sie fällen Silberweiden und Pappeln und schaffen Lichtungen, auf denen sich ein besonderer Artenreichtum entwickelt, weil die gleichaltrigen Baumbestände damit Strukturvielfalt erhalten. Zwergmäuse *Micromys minutus* profitieren als seltene Kleinsäugerart davon und eine Vielzahl von Käfern, die im Totholz leben, und von Schmetterlingen, deren Raupen ansonsten rar gewordene Uferpflanzen nutzen. Von den Bäumen gelangt nun jener natürliche Bestandsabfall ins Wasser, der den unregulierten, natürlichen Fluss ernährt. Die Großmuscheln reagieren mit zunehmendem Wachstum und größerer Häufigkeit darauf. Und so fort. Die Biodiversität nimmt im sich entwickelnden Urwald kontinuierlich zu, bis gegen Ende der Serien der alternden Hartholzaue das

Maximum erreicht werden wird. Dass die Inseln mit den neuen dichten Auwäldern günstige Bedingungen zum Nisten von Vögeln bieten, liegt auf der Hand. Betrachten wir nun diese, und zwar wieder aus allgemeiner Sicht, weil es zum Interessenkonflikt am Wasser überall kommt.

## Gefährdete Brutstätten

Ans Wasser zieht es viele Menschen. Im Sommer vor allem werden die Ufer als Freiraum zur Erholung, zum Baden und zum Spielen benutzt. Mit Booten befährt man die Flüsse. Je wilder diese noch oder wieder geworden sind, desto attraktiver. Schifffahrt auf Flüssen findet seit alten Zeiten statt. Zum Spaß allerdings erst seit Kurzem in der Ära der Freizeitgesellschaft. In dieser wurde auch das Angeln Volkssport. Man hat Zeit, und man(n) jagt gern nach Beute. Fischereiprüfung und Erwerb einer Angelkarte stellen keine Hindernisse dar, teure Ausrüstung auch nicht.

Allein in Deutschland gibt es zwischen 1,2 und 1,4 Million in Vereinen organisierte Angler. Schätzungen reichen bis zu 6 Millionen. Damit übertreffen sie zahlenmäßig bei Weitem die Mitglieder von Naturschutzorganisationen. Das macht die Angler zu einem politischen Gewicht. Ihren Interessen wird häufig stattgegeben, weil die Angler (uralte) Fischereirechte geltend machen. Rechte zählen mehr als Wünsche oder wünschenswerte Notwendigkeiten. Rechte lassen sich schwer einschränken. Die besten Absichten hingegen können leicht zurückgewiesen werden, wenn sie sich nicht auf Rechte berufen können. Die Gesetzgebung tut sich bekanntlich besonders schwer, wenn »angestammte, althergebrachte Rechte« eingeschränkt werden sollen, weil das Wohl der Gesellschaft dies erfordern würde. Folglich bekommt das Individualrecht häufig den Vorzug. Dies machen sich viele Naturschützer vorab nicht bewusst, wenn sie sich darum bemühen, am Gewässer ein Naturschutzgebiet ausgewiesen zu bekommen.

Direkt am Ufer nistende Wasservögel sind durch Störungen besonders gefährdet, wie Haubentaucher *Podiceps cristatus* und Enten.

In Deutschland ist dies besonders schwierig. Da fällt nämlich die Freizeitbeschäftigung Angeln in die gleiche Rechtskategorie wie Grund und Boden und das daran gebundene Jagdrecht, also zu den Besitzrechten. Mit dem Ergebnis, dass nicht nur Land- und Forstwirtschaft und die Jagd, sondern auch das Angeln im Rahmen des Fischereirechts zumeist von den Bestimmungen und Beschränkungen des Naturschutzrechts ausgenommen sind. Die einschlägigen Texte in den Schutzverordnungen lauten sinngemäß: »Diese (vorgenannten) Beschränkungen gelten unbeschadet der rechtmäßigen Ausübung von Land- und Forstwirtschaft, Jagd und Fischerei.« Was bedeutet, dass einzig die Naturfreunde eingeschränkt und ausgesperrt werden, weil sie allein keine Rechte geltend machen können. Dass sie als Sachwalter für Tiere und Pflanzen auftreten, trägt ihnen den Zorn der dann meist doch nicht nennenswert Betroffenen ein. Wirkliche Beschränkungen, die der Natur etwas bringen, kommen nach langwierigen, zähen und häufig durch untaugliche Kompromisse gekennzeichnete Verhandlungen nicht zustande. Die Gegner gewinnen immer, zumindest Zeit.

## Boote

Gewiss gehört es zu den besonderen Genüssen, auf einem kleinen Boot, von der Strömung geräuschlos getragen, einen Fluss entlangzugleiten, gelegentlich anzulanden für eine beschauliche Rast und die Ufernatur zu betrachten, die wie ein Zeitlupenfilm vorüberzieht. Nicht alle sehen das so romantisch. Manchen, recht vielen Jugendlichen insbesondere, sagt es mehr zu, lautstark und angeheitert auf überfülltem Schlauchboot oder auf einem Floß mit Musik die »Flussfahrt« zu machen. Das stört andere am Ufer, die selbst nicht merken oder wahrhaben möchten, dass sie bereits mit ihrer bloßen Anwesenheit stören. Weil sie auf Inseln lagern, auf denen Vögel nisten sollten. Raritäten, wie die kleinen Flussregenpfeifer, die allenfalls Kennern auffallen, wenn sie, von ihrem Gelege vertrieben, warnend umherfliegen, oder die noch scheueren Flussuferläufer. Lediglich Flussseeschwalben machen mit lautstarkem Gekreische auf ihre Brutkolonie aufmerksam. Mit geringem Erfolg meistens, weil die Bootsfahrer sie mit ihrem eigenen Lärm übertönen und sich ohnehin nicht um »die blöden Vögel« kümmern wollen.

Hoffnungslos wird die Lage, wenn das Wetter im Frühjahr und Frühsommer viele schöne Wochenenden bringt. Schönes Wetter ist dann tödliches Wetter für die bedrohten Ufervögel, viel schlimmer als Gewitterstürme oder Hochwasser. Steht der Flussabschnitt unter Naturschutz, sollten die Vögel eigentlich mitgeschützt sein. An diese naive Vorstellung glaubt jedoch längst niemand mehr, der jemals im Naturschutz tätig war und Erfahrungen gesammelt hat. Die Lage ist so bizarr geworden, dass militärische Übungsflächen die weitaus besseren Naturschutzgebiete als die offiziell als solche ausgewiesenen sind. Dieser Befund, so niederschmetternd er für die Naturschützer auch ist, enthält aber eine positive Feststellung: Viele Arten, Säugetiere und Vögel insbesondere, können sich dem Lärm und Getriebe dann anpassen, wenn alles auf »festen Bahnen« bleibt. Wie bei den Panzer- und Schießbahnen auf den Truppenübungsplätzen. Oder entlang von Bahnstrecken und

> Autobahnen. Bleiben die Abstände stets gleich und kommt es nicht zu Abweichungen vom »Kurs«, wird der Lärm hingenommen.
>
> Ganz Ähnliches ergaben Untersuchungen zu den Auswirkungen des Bootsbetriebs auf nistende oder Junge führende Ufervögel. Sie lernen rasch, dass die Boote keine Gefahr darstellen. Entscheidend ist, dass sie »auf Kurs« bleiben und nicht anlanden. An stark vom Erholungsbetrieb belasteten Fließgewässern geht es also vornehmlich darum, das Anlanden zu verhindern oder es auf bestimmte, dafür vorgesehene und gekennzeichnete Stellen zu beschränken. Die Voraussetzung, dass dies gelingt, ist eine entsprechende Überwachung. Bloße Vorschriften, über Tafeln verkündet, reichen nicht. Eher machen sie die »gesperrten Stellen« attraktiver. Naturschutz ohne Überwachung funktioniert nicht. Angemessene Strafen sind nötig; bloße Ermahnungen bringen zu wenig. Generell brauchen wir weit mehr Überwachung von Schutzgebieten und dazu begleitende Untersuchungen zu ihrer Wirksamkeit.

Die Gesetze und Verordnungen des Naturschutzes erreichen daher bei Weitem nicht, was sie zu erreichen vorgeben. Im Gegenteil: Sie privilegieren faktisch die Naturnutzer noch stärker als vorher. Die Angler können nun, nach »Betreten verboten« oder »Befahren der Gewässer verboten«, weiterhin, jetzt aber allein, mit Booten ins Naturschutzgebiet hineinfahren, Fische aussetzen und mitten in der Brutzeit der Wasservögel die besonders sensiblen Uferzonen aufsuchen. Die Naturschützer hingegen benötigen auch für wissenschaftliche Untersuchungen nach der Unterschutzstellung Ausnahmegenehmigungen. Diese sind, wie die Erfahrungen belegen, schwer zu bekommen, oder sie werden gar nicht erteilt. Weil damit gegen den Schutzzweck verstoßen werden könnte. Zum Beispiel, wenn am Ufer oder an Inseln seltene, besonders geschützte Wasservögel nisten. Angler können weiterhin per Boot hinfahren und nach Belieben fischen, obwohl sie dadurch massiv stören. Wie stark, das zeigten die wenigen Untersuchungen, die dazu überhaupt möglich waren, von den Stauseen am unteren Inn.

Eine selten günstige Konstellation hatte die Erforschung der Störwirkung des Angelns auf die Brutbestände von Wasservögeln ermöglicht. Dort war am unteren Inn österreichischerseits eine mehr als einen Quadratkilometer große Bucht im Stauwurzelbereich eines der Stauseen zum Wasservogelschutzgebiet ausgewiesen worden. Das Angeln wurde zur Brutzeit der Wasservögel verboten. Das ging, weil das Fischereirecht der Kraftwerksgesellschaft gehörte. Diese entschied sich für den Vogelschutz. Auf der bayerischen Seite war die Lage anders. Die Angler machten alte Rechte an ehemaligen Seitenarmen des Inns erfolgreich geltend, obgleich der größte Teil des Gewässers in früheren Zeiten gar nicht vorhanden, sondern durch den Aufstau neu entstanden war. Eine Beschränkung des Angelns ließ sich nicht erreichen. Damit herrschten bei gleichen ökologischen Verhältnissen beiderseits der Grenze unterschiedliche Zugänglichkeiten.

Die österreichische Seite war zur Brutzeit für niemanden zugänglich, die bayerische aber frei für mehrere Hundert Angler; auch für das Befahren mit Booten. Ähnlich sah es am flussabwärts anschließenden Stausee aus. Die im Auftrag der Naturschutzabteilung der Oberösterreichischen Landesregierung und des Bayerischen Umweltministeriums durchgeführten Untersuchungen zum Brutbestand der Wasservögel ergaben geradezu krasse Unterschiede. Während im geschützten Teil mehr als 30 Wasservogelbruten pro Kilometer Ufer ermittelt wurden, waren es im den Anglern zugänglichen, ansonsten aber allgemein für Betreten der Ufer und Befahren der Wasserflächen gesperrten bayerischen Seite weniger als zehn oder nur noch zwei bis drei Nester pro Uferkilometer. Die Nesterzahl hing davon ab, wie viele Angler während der Brutzeit an den betreffenden Uferzonen fischten. An den stark beangelten Strecken brüteten nur einige wenige Paare der bekanntermaßen störungstoleranten Blesshühner und Höckerschwäne, allenfalls einzelne Stockenten, die sich halbzahm verhielten. Die nur von wenigen Anglern in der Brutzeit benutzten Ufer, einer bis zwei pro Kilometer und Tag, hatten zwar mit um die zehn Nester pro Uferkilometer deutlich mehr, aber es war keine einzige Brut einer seltenen Art darunter. Die Privilegierung der Angler hatte das Schutzgebiet zur Brutzeit entwertet, obwohl es zum Naturschutzgebiet unter der Bezeichnung »Vogelfreistätte Unterer Inn« ausgewiesen worden war. Es gelang auch weiterhin nicht, die Angler dazu zu bewegen, während der Brutzeitmonate nur vom landseitigen Ufer aus zu fischen.

»Die Angler« ist jedoch eine unzutreffende Verallgemeinerung. Etwa 90 Prozent respektierten das Schutzanliegen und verhielten sich in dessen Sinne konform den Notwendigkeiten. Ihre große Mehrheit kam dennoch nicht zur Wirkung, denn die zehn Prozent der Unwilligen bedeuteten Hunderte, die störend in das Schutzgebiet eindrangen und keine Rücksicht nahmen. Eine freiwillige Zurückhaltung reicht nicht, wenn sie nicht geschlossen geübt wird. Diese Erfahrung mussten die Vogelschützer in fast allen Wasservogelschutzgebieten machen. Denn zudem mangelt es an der Überwachung. Eine Naturschutzwacht ohne polizeiliche Befugnisse ist unwirksam. Das zeigt sich nirgends drastischer als an den Gewässern.

Wer amerikanische oder afrikanische Schutzgebiete erlebt, kann nicht verstehen, was in Deutschland unter dieser Bezeichnung geführt wird, insbesondere in den alten Bundesländern. Das ist deshalb zu betonen, weil in den verschiedenen Bundesländern durchaus unterschiedliche Verhältnisse herrschen. Naturschutz ist Ländersache. Das Bundesnaturschutzgesetz gibt den Rahmen. Erst über europäische EU-Gesetzgebung gelang es, zumindest ansatzweise einige Verbesserungen herbeizuführen. Die Widerstände gegen EU-Recht sind aber so groß, dass die Bundesrepublik Deutschland Klagen vor dem Europäischen Gerichtshof und Verurteilung in Kauf nahm, weil die Folgen davon Strafzahlungen sind. Diese werden aus Steuermitteln beglichen. Die eigentlich Betroffenen treffen die Strafen nicht. Wie auch bei der Gewässerbelastung. Die Allgemeinheit hat die Folgen der politischen Privilegierung der Landwirtschaft zu tragen.

Gelegentlich kommt es beim Artenschutz nun zu recht skurrilen Effekten. Etwa wenn ein kleines Vorkommen von Zauneidechsen mit Millionenaufwand »umgesiedelt« wird, weil es einer Baumaßnahme in einem Bereich weichen soll, der vorher als bereits bebautes Gebiet ein Refugium für die kleinen Echsen geworden war. Die gleichen Zauneidechsen *Lacerta agilis*, die genauso »streng« geschützten Blindschleichen *Anguis fragilis* und Schlingnattern *Coronella austriaca* vernichtet man draußen aber hemmungslos mit dem Bau von Radwegen entlang des Flusses oder auf den Dämmen der Stauseen, wo die »Geschützten« dann in großer Zahl totgefahren werden. Am Damm werden, wiederum mit beträchtlichen Kosten, große Steine angebracht, auf denen sich die Reptilien sonnen und unter die sie sich zur Überwinterung zurückziehen können sollen. Aber vorher wird intensiv bis in die letzten Winkel unter das Buschwerk gemäht, weil der Damm gepflegt werden muss. Das vernichtet die geschützten Reptilien. Solche Paradoxien treiben die seltsamsten und ärgerlichsten Blüten. Angler tätigen Fischbesatz nach ihrem Gutdünken. Nach Naturschutzgesetz ist aber das Freisetzen gebietsfremder Arten streng verboten. Unterschiedliche Ansprüche und Vorschriften können in unserem Rechtssystem nicht zu sinnvoller Deckung gebracht werden. Die Beschränkungen treffen überwiegend oder überhaupt nur die Naturfreunde, die keine Nutzungsansprüche mit ihren Schutzbestrebungen verbinden.

So wird weiterhin sogar in den meisten der Ramsar-Gebiete gejagt, die von der Bundesrepublik Deutschland offiziell als solche gemeldet worden sind. Der Zweck des internationalen Netzwerkes von Ramsar-Gebieten besteht darin, die Wasservogelbestände europa- und weltweit zu schützen. Die Wasservögel im offiziell ausgewiesenen Ramsar-Schutzgebiet im Herbst und Winter abschießen zu lassen ist in Deutschland gängige Praxis, sogar in Nationalparken. Nur in einem geringen Teil der Ramsar-Gebiete »ruht« die Jagd. Die großen, politisch potenten Naturschutzverbände haben sich damit offenbar abgefunden. Kaum noch fordern sie, dass wenigstens mit entsprechender Überwachung die Schutzbestimmungen umgesetzt und die Folgen von privilegierten Nutzungen festgestellt werden.

So fahren Stehpaddler zur Brutzeit ungehindert in fraglos zu erkennende Brutkolonien von Wasservögeln, weil es so schön ist, die in Panik auffliegenden Vögel zu erleben. Störungen, die in afrikanischen Schutzgebieten nicht zugelassen würden, sind bei uns Normalität. Dementsprechend gelingt es nicht, den allgemeinen Erholungsdruck an den

Gewässern entsprechend zu lenken. Eine der Folgen der Corona-Krise war, dass vom Frühjahr an die Uferzonen von Erholungssuchenden regelrecht überrannt wurden. Für die Wasservogelbruten war das katastrophal. Wie viel an den Ufern niedergetrampelt wurde, hat man wahrscheinlich nicht erhoben. Dass unter solch neuartigen, bislang gänzlich unbekannten Verhältnissen Naturschützer und Angler gemeinsam klagten, sollte dazu veranlassen, endlich mehr zusammen für die Erhaltung der Natur zu tun und nicht länger auf nicht zu rechtfertigenden Privilegien zu verharren. Gemeinsame Anstrengungen sind jetzt besonders wichtig, weil eine neue Zeit angebrochen ist: Fließgewässer werden wieder zurückgebaut zu einem naturnäheren Zustand.

Zu guter Letzt

## Flussnatur zwischen Renaturierung und widerstreitenden Interessen

# Zurück zur (Fluss-)Natur

Zwei Jahrhunderte lang hat man Ströme, Flüsse und Bäche ausgebaut, hat sie abflussertüchtigt und zu Schnellentsorgern von Wasser und Abwasser gemacht. Das kostete sehr viel Geld. Die Folgen wurden noch teurer. Dreifach bezahlt die Bevölkerung mit ihren Steuermitteln, um dies nochmals nachdrücklich zu betonen: für den Ausbau, für die Kläranlagen und für die immer schwieriger werdende Beschaffung von ordentlichem Trinkwasser. Den gigantischen Summen zum Trotz, die jahrzehntelang in die Abwasserentsorgung und in die Trinkwasserversorgung geflossen sind, wurde keine Trennung von Trink- und Brauchwasser zustande gebracht. Völlig missachtet blieb das vielfach ganz anders gelagerte Interesse der Bevölkerung, die Gewässer und ihre Ufer für die Naherholung zu nutzen. Die Lage war in den 1960er-Jahren katastrophal. Nicht nur der Rhein galt damals als die Hauptkloake Westeuropas, sondern auf vielen Flüssen trieben Schaumberge, schwammen tote Fische, und vom Verzehr gefangener Fische musste dringend abgeraten werden. Die Bestände erholten sich nicht wieder, nachdem über Jahrzehnte intensive Abwasserreinigung betrieben worden war. Und wenn doch, wie der Lachs *Salmo salar* im Rhein oder der Huchen *Hucho hucho* im oberen Stromsystem der Donau, dann blieb es bei viel geringer Häufigkeit als früher.

Erlasse, von denen es im Spätmittelalter mehrere gab, nämlich dass die Dienstboten in den Städten am Rhein nicht alle Tage der Woche mit Lachs abgespeist werden dürfen, klingen heute so absurd, dass man sie für Erfindungen halten möchte. Trotz besser gewordener Wasserqualität gibt es weiterhin wenige Nasen, Äschen und andere typische Flussfische. Als Hauptgrund wird nun die Verbauung der Flüsse angegeben. Sicher spielt diese eine bedeutende Rolle. Das geht aus den Zahlen hervor. In Europas Flüssen gibt es über eine Million Stauwehre und mehr als 21.000 Kraftwerke. Weitere 8.700 Flusskraftwerke sind geplant, so eine Studie des WWF von 2019. Wandernde Fische können solche Hindernisse schwer oder gar nicht überwinden. Eingebaute Fischtreppen erfüllen ihren Zweck oftmals nicht, obgleich sie anfänglich stark angenommen wurden. Aber das war in einer Zeit, in der es noch viele Wanderfische gegeben hatte. Nun aber fehlen die Fische, die Laichplätze, die sie brauchen würden, und Querverbaue versperren dem verbliebenen Rest die Wege flussaufwärts. Also müssen fischtaugliche Bypässe gebaut und die Lebensbedingungen in den Flüssen verbessert werden.

### Lachs und Aal

Flüsse fließen. Das ist ihre Kernnatur. Also müssen die Fische, die darin leben, letztlich mindestens dagegenhalten, um nicht abgetrieben zu werden. Ganz grob bilanziert, entspricht die Menge der Fließenergie eines Flusses der Schwimmleistung seiner Fische. Dass es strömungsgeschützte Winkel gibt, in denen sich das Wasser kaum bewegt und die Fische darin auch nicht unablässig schwimmen müssen, ändert den Zusammenhang nicht wesentlich. Weit darüber hinaus hingegen reicht das Verhalten mehrerer Fischarten, von denen zwei auch in mitteleuropäischen Fließgewässern leben. Denn sie vollführen Wanderungen, die an Kraftanstrengung und Weite durchaus Fernflügen von Zugvögeln gleichkommen. Aber sie sind einander total entgegengerichtet und stehen in keinem unmittelbaren Zusammenhang zueinander. Der eine, der Aal *Anguilla anguilla*, wandert zur Fortpflanzung flussabwärts ins Meer, in den Nordatlantik, und zieht in tiefen Schichten zu dessen großem Zentralwirbel, der Sargassosee. Dort, irgendwo in noch immer reichlich geheimnisvoller Tiefe, laichen die Aale und entwickeln sich ihre völlig anders aussehenden Jungen, die nahezu durchsichtigen Weidenblättern ähneln. Ohne Kenntnis der Übergangszustände zur Aalform ließe sich nicht erahnen, dass diese »Glasaale« nach Jahren die schwärzlichen schlangenartigen Fische werden würden, die die Flüsse hochziehen und mitunter, bei regenfeuchter Witterung, sogar über

Wiesen zu anderen Bächen wechseln. In den Oberläufen der zum Nordatlantik fließenden Flüsse leben die Aale und wachsen heran. Erreichen sie die Fähigkeit zur Fortpflanzung, verlassen sie ihre Wohngewässer und wandern flussabwärts und nach Erreichen des Meeres weiter bis zur Sargassosee.

Aal
*Anguilla anguilla*

Genau das Gegenteil läuft beim anderen großen Wanderfisch, beim Lachs *Salmo salar* ab. Hier sind es die fortpflanzungsfähig gewordenen Lachse, die in die Flüsse einschwimmen und in diesen aufsteigen bis in die quellnahen Bereiche. In diesen sammeln sie sich zu einer Art von Massenfortpflanzung. Die Eier werden in Laichgruben abgesetzt und von den sich dicht an die laichenden Weibchen herandrängenden und oft heftig um die Nahposition kämpfenden Männchen besamt. Ähnlich wie bei den Äschen oder den Barben und anderen Kieslaichern brauchen die Lachseier viel Stauerstoff und sauberes Wasser. Umso seltsamer ist es, dass sich Millionen frisch geschlüpfter und sehr kleiner Junglachse erst in diesen Oberläufen der Flüsse ernähren und heranwachsen müssen, bis sie in der Lage sind, flussabwärts zum Meer zu wandern. In diesem, aber meist küstennah, wachsen sie über die Jahre heran und beginne dann, laichreif geworden, die Rückwanderung zu ihren Geburtsorten. Auf diese sind sie geprägt, und dorthin versuchen sie zur Fortpflanzung zurückzukehren, allen Widrigleiten zum Trotz.

Weit mehr als die Aale beeinträchtigten Wasserbau und Wasserverschmutzung daher den Lachs, weil seine Zukunft von weiterhin geeigneten Laichstätten abhängt. Der Aal verträgt mehr Belastendes in den Fließgewässern, bis hin zur Ansammlung von Schad- und Giftstoffen, die ihn für den menschlichen Verzehr problematisch oder ungeeignet machen. Denn noch scheint die Sargassosee einigermaßen tauglich für die Fortpflanzung. Die Betonung liegt auf »noch«, denn spätestens seit Beginn des 21. Jahrhunderts macht sich ein Rückgang der Mengen Glasaale bemerkbar, die zu den Küsten und Flussmündungen Westeuropas kommen.

Lachs
*Salmo salar*

Warum aber machen Aal und Lachs überhaupt solche Wanderungen, die so aufwendig, gefährlich und, wie man meinen möchte, zudem eher unnötig sind, weil doch viele andere Flussfische mit viel kürzeren Wanderungen offenbar auch gut leben können. Je nach Bedarf ihrer Brut streben sie quellwärts oder meerwärts. Aal und Lachs übertreffen sie bei Weitem. Als Antwort lassen sich nur plausible Vermutungen geben. Die Wanderungen von Aal und Lachs könnten aus der Eiszeit oder noch viel weiter zurückliegenden Erdzeitaltern stammen. Da während der Höhepunkte der Kaltzeiten im Eiszeitalter große Teile Nordwesteuropas unter einem kilometerdicken Eispanzer lagen, boten die Schmelzwässer im Frühsommer zu wenig in der kurzen Zeit ihrer Existenz für die Fischvermehrung. Die kleinen Jungfische taten gut daran, rechtzeitig ins Meer zu wandern und dort heranzuwachsen, nachdem sie sich im – unter den gegebenen Bedingungen der Eiszeit – sehr feindarmen Quellgewässerbereich entwickelt hatten. Mit untrüglicher Sicherheit, vornehmlich wohl über die chemische Signatur der verschiedenen Flüsse, finden sie zurück, wo sie vor Jahren aus dem Ei geschlüpft und als Fischlarve gelebt hatten. Mit dieser Erklärung vereinbar ist die Feststellung, dass viele, wenn nicht die meisten unserer gegenwärtigen Flussfische erst nacheiszeitlich eingewandert sind oder sich aus Refugien weiter im Süden und Südosten wieder ausgebreitet haben.

Für die Aale taugt so eine Erklärung jedoch nicht. Zumindest nicht so direkt. Das Laichen im Schutz der riesigen Tangwälder des Sargassomeeres könnte viele Jahrmillionen zurückreichen in eine Zeit, in der der Nordatlantik noch klein war, weil sich der amerikanische Doppelkontinent noch nicht so weit von Europa und Afrika entfernt hatte. Von den damals ziemlich tropischen Kontinenten, die das Sargassomeer umrahmten, kam Nahrung für die Aallarven, und diese folgten und gelangten dank ihrer Fähigkeit, den Wechsel vom Salz- zum Süßwasser zu tolerieren, in die Flüsse. In diesen wuchsen sie heran bis zur Fortpflanzungsfähigkeit und entgingen dabei dem starken Druck der Fressfeinde im Meer. Die in nordamerikanische Flüsse aufsteigenden Aale passen zu dieser Erklärung, wie auch das natürliche Fehlen des Aals im Stromsystem der Donau. Denn vor dem Einbruch des Mittelmeeres und der Anbindung des Schwarzen Meeres hatte es über Millionen Jahre keinen Kontakt zum Atlantik gegeben. Spekulationen, die interessante Szenarien wachrufen und von neuen Forschungen bekräftigt oder widerlegt werden können. Wie es auch gewesen sein mag mit Aal und Lachs, sie sind höchst faszinierende Fische, die Binnengewässer und Meer verbinden. Und in beiden Wasserwelten leben können, was alles andere als selbstverständlich ist.

Millionen Angler forderten dies EU-weit. Mit Erfolg. Was auf nationaler Ebene nicht so recht in Gang kam, weil zu viele Partikularinteressen dagegenstanden, setzten die Fördermillionen der EU in Gang. Die Fließgewässer sollen in einen ökologisch guten Zustand versetzt werden, so die Vorgabe. Ökologisch gut meint aus der Sicht der (Angel-) Fischerei, aber nicht unbedingt natürlich.

Auch wenn manches Detail zu kritisieren ist, stimmt die Generalrichtung, stark denaturierte Fließgewässer zurückzubauen, wo das möglich ist. Begonnen hatte man damit auf der regionalen Ebene der Bundesländer bereits in den 1970er-Jahren. Anstöße dazu brachte sogar die Wiedereinbürgerung der Biber, die zu einem Prestigevorhaben wurde, nachdem man damit in Bayern schon Mitte der 1970er-Jahre gute Erfolge erzielt hatte. Biber brauchen Weichhölzer als Winternahrung an den Bächen und Flüssen, an denen sie leben sollen. Mancherorts mussten solche erst gepflanzt werden, weil bis an die Bachränder gewirtschaftet und der Uferbewuchs entfernt worden war. Der erstarkende Naturschutz, der mit der Etablierung der Partei »Die Grünen« eine politische Kraft wurde, trug ebenfalls dazu bei. In den 1990er-Jahren war die Zeit reif für ein Umdenken im Wasserbau in Richtung Rückbau. Die EU-Mittel schufen schließlich die finanziellen Möglichkeiten für größere Vorhaben, da diese nun nicht aus den Haushalten der Bundesländer kommen mussten.

München tat sich als Großstadt besonders hervor mit dem großen Wagnis, für das es anfänglich gehalten wurde, die Isar von Süden her bis in das Stadtgebiet hinein zu renaturieren. Uferbefestigungen wurden herausgerissen. Der Fluss bekam den Freiraum, sich selbstständig seinen Lauf zu suchen, Kiesbänke umzulagern und Wildflussdynamik zu entfalten. Sehr hilfreich war, dass man in München davon ausgehen konnte, dass der große Sylvensteinspeicher am Alpenrand ein Katastrophenhochwasser der Isar im Stadtgebiet verhindern würde. Sicher genug wusste man dies erst nach dem »Pfingsthochwasser« 1998 und nach den beiden ähnlich großen 2002 und 2005. Diese »Jahrhundertfluten« bestätigten, dass der Wildfluss sogar besser geeignet ist, solche Wassermassen zu bewältigen, als der kanalisierte. München erhielt durch die Isarrenaturierung so etwas wie ein Alleinstellungsmerkmal und das bei Weitem attraktivste Erholungsgebiet in der Stadt. Das Sommerleben an der renaturierten Isar wurde schnell legendär. Das Winterleben auch, in dem sich die Menschen den Wildfluss mit vielen Wasservögeln teilen, die offenbar auch Kiesbänke und Inseln attraktiver finden als betonierte Uferpromenaden. Wer aufmerksam beobachtet oder, besser noch, bestimmte Szenerien an der renaturierten Isar über Jahre hinweg immer wieder fotografiert, kann nun die Dynamik eines Wildflusses dokumentieren.

Was südlich von München mit viel Aufwand und bestem Erfolg geschah, wiederholt sich in Deutschland und in anderen EU-Ländern an vielen Stellen in kleinerem Rahmen und mit hauptsächlicher Ausrichtung auf das Wasser und die Fische. Zwei aktuelle Beispiele liefert wiederum der untere Inn. Sie sollen für zahlreiche andere zum Ausdruck bringen, was gemacht wird. So erhielt ein trockener, nur bei starkem Hochwasser durchfluteter ehemaliger Seitenarm im Auwald am südostbayerischen Inn eine dauerhaft durchströmte Wasserzufuhr. Über diese können Fische von unterhalb des Innkraftwerks das Stauwehr umschwimmen, wo dieser Bypass mündet, und mehr als einen Kilometer flussaufwärts in den Inn zurückkehren. Wie gut der Bypass angenommen wird, wird gegenwärtig von Wissenschaftlern der Technischen Universität München untersucht. Diese Dauerumströmung verbessert das frühere, bei Bau der Staustufe vorgeschlagene Konzept der Überlaufarme, die bei jedem Hochwasser durchflossen werden sollten, ganz erheblich. Dieses war an Widerständen des Wasserwirtschaftsamtes gescheitert und mit der alten Standardversion erheblich verteuert worden. Jeder Kubikmeter Wasser, der mehr kommt, als die Kraftwerksturbinen fassen, musste abgelassen werden über in das Kraftwerk mit eingebaute Überläufe, anstatt wie früher in den alten Seitenarmen durch die Aue fließen zu dürfen. Nur wenige ganze starke Hochwässer nahmen nach dem Kraftwerksbau diesen Seitenweg, aber das war zu wenig, um die Verlandung der ehemaligen Nebenarme zu verhindern. Nach wie vor muss Wasser über die Überläufe am Kraftwerk abfließen, anstatt durch die Aue strömen zu dürfen. An dieser Festlegung änderte sich auch nach der Dauerausleitung von Wasser in den Bypass nichts. Renaturierung ja, aber nur so viel, wie unbedingt notwendig ist, scheint die weiterhin dominierende Haltung zu sein.

Von ungleich größerer Dimension, nämlich ein Mehrmillionenunternehmen, war die Schaffung eines Fischaufstieges am Innkraftwerk Ering-Frauenstein, der wie oben beschriebenen ältesten der Staustufen am unteren Inn. Dort wurde direkt unterhalb des Kraftwerks eine große Insel neu geschaffen, die alten örtlichen Gegebenheiten entspricht. Neben ihr entstand neues Flachwasser mit Buchten und Nischen, bestens geeignet für Flussfische und anderes Wassergetier. Auch an anderen Stellen entfernte man die Uferbefestigungen. Die Wassermassen des Inns können dort wieder arbeiten mit Seitenerosion. Die Vorhaben zeigen exemplarisch, was möglich ist. Sogar an einem so extrem wilden und bei Spitzenhochwässern so gewaltigen Fluss wie dem Inn. Wenn das Gelände der Kraftwerksgesellschaft gehört, muss jedoch mit Nachdruck betont werden.

Langsam kommt überdies der Rückbau verrohrter Gräben und Bäche in Gang. Mitunter mag man sich fragen, ob nun neue Berge gebaut werden müssen mit all den Granitsteinen, die dabei entnommen werden. Es gibt noch sehr viel zu tun an den Kleingewässern. Mit einem bitteren Beigeschmack werden sich ältere Naturschützer an die 1960er- und 1970er-Jahre zurückerinnern, in denen der Ausbau der Gewässer III. Ordnung so massiv vorangetrieben worden war. Ihre Widerstände hatten nichts erreicht. Nun muss die Gesellschaft erneut zahlen für den Rückbau. Vom Ideal, einmal überflüssig zu sein bis auf kleine Reparaturen, weil die Flüsse wieder naturnah genug geworden sind, ist der Wasserbau noch sehr weit entfernt. Das Wasser fließt weiter, wo es kann. Aber die Ansprüche an dieses Fließen haben sich geändert. Partikularinteressen bestimmen nicht länger allein. Der Einsatz öffentlicher Mittel für private Interessen wird zunehmend problematischer. Die Gesellschaft lässt sich nicht mehr alles gefallen.

## Flussnationalpark Untere Oder

Die genaue Bezeichnung lautet »Nationalpark Unteres Odertal«. 1995 wurde das gut 100 Quadratkilometer große Gebiet als Auennationalpark begründet. Vorausgegangen war ein vom WWF Deutschland initiierter Besuch von Prinz Philip, damals Präsident des World Wide Fund for Nature (WWF International). Es handelt sich um ein die Oder auf rund 60 Kilometer Länge begleitendes, weitgehend offenes Auengebiet, das auch auf der polnischen Seite als »Landschaftsschutzpark unteres Odertal« unter Schutz gestellt ist. Die Oder fließt träge, wie bei Strömen im Tiefland üblich. Die Wasserstände wechseln nicht schnell, aber Hochwasser kann dennoch weite Flächen im Schutzgebiet fluten. Beweidung mit großen Weidetieren, auch Wasserbüffeln, soll das Zuwachsen verhindern.

In den mehr als 25 Jahren seines Bestehens kann dieser Nationalpark auf einige Erfolge zurückblicken, musste aber, wie stets im Naturschutz, auch Rückschläge hinnehmen. Das öffentliche Interesse hält sich »in Grenzen« mit nur bis zu 20.000 Besuchern pro Jahr. Es fehlt an landschaftlich Spektakulärem. Aber muss ein Großschutzgebiet vom Rang eines Nationalparks das bieten? Sind nicht die Brutvorkommen so seltener Vogelarten, wie Trauer- *Chlidonias niger*, Weißflügel- *C. leucopterus* und Weißbartseeschwalbe *C. hybrida*, sind nicht Zigtausende von Gänsen, Kranichen und Seeadler, die Lieder der Aunachtigallen, die Rufe des nahezu gesamten mitteleuropäischen Artenspektrums der Frösche und eine zur betreffenden Jahreszeit phantastisch blühende Feuchtgebietsflora Qualität genug für einen Nationalpark?

Wer sich an die Zeit erinnern kann, in der die Grenze zur damaligen DDR die schlimmste in Europa war und die DDR auch gegen Polen stark abgeschottet gehalten wurde, wird die Errungenschaft so eines gemeinsamen Großschutzgebietes besonders schätzen. An den Stauseen am unteren Inn war die Grenze zu Österreich nie ein Problem. Für die im Grenzbereich lebenden Menschen war sie nicht einmal lästig. Man konnte frei hin- und herwechseln. Doch für manche Vögel war es vor der Einstellung der Jagd in den beiderseitigen Schutzgebieten sehr wohl eine Frage, wo sie besser nicht landeten. Mit den angrenzenden, nicht geschützten Bereichen verhält es sich immer noch so. Bei unserer gewohnten Freiheit bedenken wir nicht, wie sehr für die Natur Grenzen gesetzt sind.

Nationalparke, insbesondere solche an Gewässern, führen uns vor Augen, wie sehr das »Übliche« tatsächlich eingreift in das Geschehen in der Natur. Sie zeigen, wie bitter nötig es ist, dass zuerst und umfassend im eigenen Bereich ordentliche Verhältnisse geschaffen werden. Allzu oft und meistens unzutreffend strapazieren wir den Begriff »Vorbildcharakter«. Angeblich wollen wir »Vorreiter« sein im Umgang mit der Natur, obwohl wir in vielen Bereichen des Naturschutzes lediglich zu den Nachzüglern zählen.

# Vielfältige Herausforderungen

Wasser speichern, Rückhaltebecken, Wiedervernässung, Vorsorge gegen Dürren und Hochwasser, Entgiftung der Abflüsse aus der Landwirtschaft mit Verminderung des Eintrags von Düngestoffen in die Fließgewässer sind die hauptsächlichen Herausforderungen unserer Zeit. Neue Formen der Wasserkraftnutzung sollten die alten mit massiver Staumauer ersetzen und es nach und nach erlauben, vorhandene Querverbauungen zu entfernen. Wenn auch in Deutschland kaum noch, so gibt es allerdings in Südosteuropa, in den »Schluchten des Balkans«, viele neue Projekte nach altem Baustil. Es ist zu befürchten, dass dabei die gleichen Fehler gemacht werden wie vor hundert Jahren.

Nach wie vor werden die Maßnahmen zur Erzeugung erneuerbarer Energien mit Versprechungen zum Hochwasserschutz und mit der Schaffung attraktiver Urlaubsgebiete verbunden. Sogar in Deutschland bestimmte die Aussicht auf neue Erholungsgebiete die Planungen von Hochwasser-Rückhaltebecken. Den Kommunen wurden sie damit schmackhaft gemacht. Das war nötig, weil sie Flächen in Anspruch nahmen, die vielleicht der landwirtschaftlichen Nutzung entzogen wurden. Für diesen Erholungszweck wurde die falsche Variante realisiert, eine Birnenform des Speicherbeckens. Bei dieser liegt die breiteste Stelle kurz oberhalb der Staumauer. So kommt eine Wassertiefe zustande, die Segeln und Surfen erlaubt. Die ökologisch weitaus günstigere Form wäre die Umdrehung der Birne gewesen mit der größten Weitung, wo der Bach oder der Fluss eintritt. Dabei hätte sich von selbst ein Binnendelta mit reicher Struktur am und im Gewässer gebildet. Flachwasser nimmt in diesem Modell den größten Teil der Fläche ein. Schlamm und das bei Starkregen von den Maisfeldern abgewaschene Erdreich mit all den Düngestoffen und Giften kann sich nur im durchlassnahen tiefen Teil absetzen und dosiert mit dem nächsten Hochwasser ausgeschwemmt werden, ohne dass sich das Becken auffüllt. Die Düsenwirkung erzeugt den dafür nötigen Saugeffekt.

Das zeitweilige Trockenfallen von Flusslagunen gehört zur Flussnatur, genau wie Hochwasser.

Wir brauchen Wasser, viel Wasser. Aber aus der Leitung kommt ebenso wenig von selbst wie der elektrische Strom aus der Steckdose. Das mag banal klingen, aber unser Umgang mit Wasser ist tatsächlich alles andere als sorgsam und vorsorgend. Viel Zeit verstrich, bis wirksame Kläranlagen gebaut und damit die Einleitungen ungeklärter und giftiger Abwässer in Bäche und Flüsse beendet wurden. Doch die gute häusliche, kommunale und industrielle Abwasserreinigung reicht nicht; bei Weitem nicht.

Ein Mehrfaches der häuslichen Abwässer unserer mehr als 80 Millionen Menschen umfassenden Bevölkerung flutet als ungereinigte Gülle das Land. Ihre Inhaltsstoffe dringen ein ins Grundwasser, beeinträchtigen dieses für den Gebrauch als Trinkwasser und gelangen über den Oberflächenabfluss und aus dem Grundwasser in die Bäche und Flüsse. Diese (über)düngen und verschmutzen Nord- und Ostsee, global die Meere. Großstädte wie Stuttgart und München müssen einen Großteil ihres Wasserbedarfes von weit her importieren, vom Bodensee und vom Alpenrand. Bei München ist dies besonders absurd, befindet sich doch unter der Münchner Schotterebene einer der größten Grundwasserspeicher Mitteleuropas. Die Widerstände der Landwirtschaft gegen die Ausweisung von Trinkwasserschutzgebieten beweisen hinlänglich, dass sie die Hauptquelle der Grundwasserbelastungen ist.

Aber die Städte haben auch nicht vorgesorgt. Bei der Ausweisung neuer Baugebiete wird nach wie vor kein Wasserkreislauf angestrebt, sondern lediglich, wie gehabt, die Kanalisation zur Ableitung des Wassers angelegt. Die überfällige Trennung von Trink- und Brauchwasser kommt nicht voran. Dass Autowaschanlagen und Bewässerung städtischer Anlagen Trinkwasser verwenden müssen, drückt aus, wie weit Anspruch und Wirklichkeit in Deutschland auseinanderklaffen.

Vorreiter im globalen Klima- und Ressourcenschutz wollen wir sein. Unmengen Geld setzt Deutschland international ein, ohne dass wenigstens von Zeit zu Zeit kritisch bewertet wird, ob die Mittel wirksam sind. Geld global auszugeben verschleiert, dass wir nicht in der Lage sind, im eigenen Land das Notwendige oder gar Vorbildliches zu leisten. Umfassende Vorsorge, die uns abpuffert gegen die unkalkulierbaren Schwankungen und Risiken, würde international weitaus überzeugender wirken als all die Konferenzen, »Abmachungen« und moralischen Appelle. Doch hierzulande gelingt es nicht einmal, die Landwirtschaft dazu zu zwingen, durch entsprechende Maßnahmen zu verhindern, dass bei Starkregen Boden abgeschwemmt und in die Gewässer gelangt. Bodenfruchtbarkeit geht verloren.

Das an sich gut nachvollziehbare Verursacherprinzip gilt beim Wasser nicht. Sollte nicht, wer durch zu schnelle Ableitung von Wasser andernorts Überschwemmungen verursacht, auch für die Schäden aufkommen müssen? Die Einschwemmung von Gift- und Düngestoffen in die Bäche, Seen und ins Grundwasser muss den Verursachern angelastet werden. Die Wasserentnahme muss ihren Preis haben, für Industrie und Landwirtschaft den gleichen wie für den häuslichen Wasserverbrauch. Nur wenn alle gleichermaßen zahlen müssen, wird es gelingen, zum sparsamen und pfleglichen Umgang mit Wasser zu kommen. Die Erfahrungen aus den vergangenen Jahrzehnten wecken allerdings wenig Hoffnung. Unsere freien Gesellschaften reagieren erst, wenn die Zwänge zu groß geworden und massive Schäden bereits eingetreten sind. Weil der Privategoismus über den Gemeinsinn dominiert. Und dies auch weiterhin so bleiben wird, da sich die Privatinteressen politisch und allzu oft auch rechtlich klar durchsetzen. Genannt wird dies sozial, obgleich es gegen das Interesse der Gemeinschaft gerichtet ist.

Widerstände müssen sich daher von der Basis her formieren. Lokale Aktionen, die zu nachhaltigen Verbesserungen führen, müssen beispielgebend werden. Würde wie früher jedes Dorf, jeder Bauernhof aus eigenen Brunnen Wasser zu schöpfen haben, würde sorgsamer mit Trinkwasser umgegangen werden. Denn auf die eigenen Brunnen würde ungleich mehr geachtet als auf fern gelegene Stellen der Wassergewinnung, deren genaue Lage und Umstände vielen Nutzern des Wassers nicht einmal bekannt sind. Die Fernversorgung hat zur Trennung der Beteiligten geführt. Auch die Entsorgung irgendwohin entzieht die Folgen der direkten Erfahrung. Das »Kommunale« verlor durch eine Vielzahl solcher Entwicklungen ihren ursprünglichen Inhalt, nämlich Gemeinschaftsaufgabe und Gemeinschaftswerk zu sein. Gänzlich aus den Augen verschwand, dass für die Fließgewässer das Wasser in gleicher Menge wieder zurückkommen muss, um langfristig »in Fluss« zu bleiben. Um den Bedürfnissen zu entsprechen, sind Reserven und Speicherkapazitäten nötig. Nur dann lassen sich die naturbedingten Schwankungen der Niederschläge ausgleichen.

Zuletzt rücken Ansprüche von Naherholung und Naturschutz am Wasser verstärkt ins Zentrum. Die jüngsten Regulierungsversuche des Befahrens der Isar mit Booten südlich von München drücken das Kommende aus. Die Isar-Renaturierung war ein so großer Erfolg, dass dieser dabei ist, sich selbst zu gefährden durch den Rummel am und auf dem Wasser. An Frühsommer- und Sommerwochenenden mit schönem Wetter treiben solche Mengen von Schlauchbooten die Isar hinab in Richtung München, dass der Fluss einer Hauptverkehrsstraße im Stoßverkehr gleicht. Die Strecke führt durch eines der größten und am besten erhaltenen Fluss-Naturschutzgebiete. Das verschärft den Konflikt zwischen Naturerhaltung und Naherholung aus der Millionenstadt. Wie immer pflegt das Pendel vom alten Extrem in ein neues auszuschlagen. Die Mitte zu halten gelingt so gut wie nie, auch wenn sich alle prinzipiell darin einig sind, dass sie der beste Zustand wäre. In dieser Hinsicht gleichen sich die Flüsse und das Verhalten der Menschen. Sie wechseln von einem Extrem ins andere.

# Resümee

Die im einleitenden Teil kurz geschilderten Szenerien sollten Schlaglichter auf die Flussnatur werfen und Situationen schildern, die wir gegenwärtig antreffen. Sie griffen Aspekte auf, die sich auf die vielfältigen Nutzungsansprüche und auf frühere Eingriffe in die Fließgewässer beziehen. Die Renaturierung der Isar entlang des Abschnittes, in dem sie nach München hineinfließt, gehört sicherlich zu den sehr hoffnungsvoll stimmenden Beispielen für ein Umdenken und einen anderen Umgang mit unseren Flüssen. Die Isar zeigt auch, dass sich am Fluss viel wildes Leben erhalten oder wieder einfinden kann, selbst wenn die Ufer und das Wasser einem intensiven Nutzungsdruck durch Erholungssuchende ausgesetzt sind. Dass bei den Menschenmengen und den vielen frei laufenden Hunden Raritäten der Vogelwelt wie Flussregenpfeifer *Charadrius dubius* und Flussuferläufer *Actitis hypoleucos* am Fluss nisten und erfolgreich ihre Jungen großziehen können sollten, ist schlicht unmöglich.

Sehr wohl möglich sein sollte dies aber weiter flussaufwärts im Naturschutzgebiet, weil nicht jedes Stück Ufer und jede Kiesbank von Sonnenhungrigen oder Feierlustigen belagert werden muss. In diesem Bereich sind Einschränkungen im Betretungs- und Anlandungsverbot umsetzbar, wie auch in anderen Naturschutzgebieten am Wasser. Die Schutzgebiete sind nicht dazu da, Ersatz für die Adriaküsten zu bieten, wenn man nicht ans Mittelmeer fahren kann, aus welchen Gründen auch immer, und sie dürfen auch kein freies Betätigungsfeld für Angler sein. Denn Angeln ist Freizeitbeschäftigung und gewiss keine notwendige Erwerbstätigkeit. Ohnehin ist es fraglich, welcher geangelte Fisch gegessen werden sollte. Zu viele Schadstoffe, insbesondere Abschwemmungen aus der Landwirtschaft, geraten in die Fließgewässer und damit in die Fische. Die Elbe ist zwar ungleich sauberer als damals bei den »Elbe-Bibern«, aber die Art der chemischen Verschmutzung hat sich verlagert. Den Bibern schadete beides nicht annähernd so sehr wie die direkte Verfolgung. Ihr Comeback zeugt davon, dass durchaus große Tiere in der Menschenwelt leben können, wenn man sie leben lässt. Das würde auch für den Fischotter gelten.

Der Blick auf die Stauseen am unteren Inn sollte, repräsentativ für zahlreiche andere Stauseen, die aus ähnlichen Gründen unter Naturschutz gestellt worden sind, verdeutlichen, dass die Schwarz-Weiß-Malerei, die nach wie vor in Bezug auf Stauseen von Naturschutzverbänden vertreten wird, schlicht falsch ist. Das ergibt das Urteil der Tiere und Pflanzen. Es hängt vom Ausgangszustand des Flusses und von der Bauausführung ab, wie sich ein Stausee auswirkt. An begradigten, de facto kanalisierten Flüssen, die sich stark eingetieft haben und an denen aufgrund der zwischenzeitlich getätigten Besiedlung des Tales keine Renaturierung zum Wildfluss mehr möglich ist, kann ein gut gemachter Stausee mehr Natur bringen als die weitere Erhaltung des naturfernen Zustandes. Für Verbesserungen ist Fläche nötig; je mehr, desto besser. Auen auszugliedern, um sie zu retten, gibt sie meistens der Vernichtung preis. Das Beispiel der Innstauseen zeigt auch, dass unter günstigen Bedingungen dennoch keine vollständige Renaturierung möglich ist. Zwei Drittel und etwas darüber sind zweifellos sehr gute Werte, aber eben keine hundert Prozent. Wo diese »100 Prozent Natur« noch vorhanden sind, der Fluss also nicht reguliert ist, sollte mit allen Mitteln versucht werden, ihn in diesem Zustand zu erhalten.

Jeder Wildfluss ist, auf die gleiche Streckenlänge bezogen, besser als der bestgelungene Stausee. Zu welchem Endzustand sich ein solcher entwickelt und wie lange dies dauert, ergibt sich, auch ein Resultat der Betrachtung der Innstauseen, aus der Verlandungsgeschwindigkeit. Flüsse, die viel Geschiebe und Schwebstoffe führen, verlanden einen Stau viel schneller als solche mit Klarwasser. Wie lange es dauert und wo und wie sich die Auflandungen vollziehen, können die Wasserbauer sehr zuverlässig vorausberechnen. Doch in der Bewertung und in den Genehmigungsverfahren spielt dies immer noch so gut wie keine Rolle.

Jedes Hochwasserrückhaltebecken wird verlanden. Es lässt sich nicht für alle Zukunft errichten. In den öffentlichen Diskussionen, die zudem häufig wenig Sachkenntnis erkennen lassen, steht nur die unmittelbare Veränderung im Fokus. Vielen, wenn nicht den meisten Gegnern kommt es auf die »Bildstörung« an, die sie durch die Baumaßnahme erleiden, und nicht um die mittel- oder gar langfristigen Auswirkungen auf die Natur. Das schöne Bachtal mit Mühlen ist ein Musterbeispiel dafür, wie sehr wir geneigt sind, gewohnte Anblicke als Bildeindrücke festzuhalten und bewahren zu wollen. Wer an einem begradigten, schnell strömenden Fluss aufwächst, wird unbewusst auf dieses Bild geprägt. Eine geänderte Form bedarf sowohl der Akzeptanz als auch der längerfristigen Einstellung darauf, bis sie zum gewohnten Bild geworden ist. Es wirkt das Prinzip »die Zeit heilt«. Aufgrund dieser »konservativen Einstellung« versucht man Altstädte zu erhalten und neue Stadtteile zu verhindern.

Jahrzehnte lang hielt ich Vorlesungen über Gewässerökologie an der Technischen Universität München. Dabei standen neben der Vermittlung von grundlegendem Lehrbuchwissen meine persönlichen Erfahrungen mit Fließgewässern im Zentrum, insbesondere die eigenen Forschungen am Inn und an der Isar. Sie erstrecken sich über mehr als ein halbes Jahrhundert. Was ich zur Entwicklung der Natur dieser Flüsse erlebte, relativierte manche Konzepte, die zur gängigen Lehre gehörten oder zentraler Inhalt von Bestrebungen im Naturschutz waren und zum Teil immer noch sind.

Nichts in der Natur vermittelt so anschaulich wie die Fließgewässer, dass »alles fließt« ganz im Sinne des alten *panta rhei*. Flüsse haben keinen von Natur aus festgelegten Zustand, keinen »Sollwert«. Dem Wasser ist es »egal«, um es salopp auszudrücken, wohin es fließt, wie es fließt oder ob es überhaupt fließt. Wie Fließgewässer sein sollen, ergibt sich aus unseren Ansprüchen und Zielsetzungen. Das häufig benutzte »um zu« als Begründung kommt von uns, nicht von der Natur. An diesem »um zu« sind sehr viele beteiligt, nicht bloß einige wenige Nutzer von Wasser, die für sich Privilegien in Anspruch nehmen (wollen). Die meisten Diskussionen um die Gewässer greifen daher viel zu kurz. Viel zu oft wird eine Naturnotwendigkeit vorgeschoben, die es gar nicht gibt. Die Ansprüche aus allen Teilen der Gesellschaft anzuerkennen und fair zu gewichten ist die Zukunftsaufgabe für unseren Umgang mit dem Wasser. Es gehört allen und niemandem allein.

# Ein kurzer Dank

… ist zum Abschluss angebracht. Ich hatte das Glück, im niederbayerischen Inntal ganz nahe am Inn, diesem wasserreichsten Alpenfluss, aufzuwachsen. Über Jahrzehnte konnte ich dort, in den Innauen und an den Stauseen forschen. Die frühen wissenschaftlichen Arbeiten finanzierten die Deutsche Forschungsgemeinschaft und anschließend das Bayerische Umweltministerium. Nachdem diese Forschungsaufträge abgeschlossen waren, ermöglichte es mir die Zoologische Staatssammlung, am Inn weiterzuarbeiten und zum Vergleich auch an der Isar zu forschen.

Besonders dankbar bin ich meinem Doktorvater Prof. Dr. Wolfgang Engelhardt (†), dessen Buch *Was lebt in Tümpel, Bach und Weiher* mir über Jahrzehnte *der* Naturführer zu den Gewässern war, und dem früheren Direktor der Zoologischen Staatssammlung, dem Limnologen Prof. Dr. Ernst Josef Fittkau (†), sowie einer Reihe von Kollegen, die verschiedenste Arten von Gewässertieren für mich bestimmten. Die Wechselwirkung mit den Studierenden, die meine Vorlesungen über Gewässerökologie an der Technischen Universität München besuchten und diese mit ihren Fragen und Diskussionsbeiträgen enorm bereicherten, gehört zu den prägenden Erfahrungen. Zahlreiche Diplom- und Doktorarbeiten kamen zustande. Viele Flüsse konnte ich kennenlernen – in Europa, insbesondere aber in Südamerika, vom Amazonas bis zum Paraná und Paraguay, sowie in Afrika. Der Vergleich mit Flüssen im Naturzustand relativiert Vorstellungen, wie Fließgewässer hier in Mitteleuropa »sein sollen«. Meine Ausführungen in der *Flussnatur* entsprechen daher sicher nicht immer den Erwartungen mancher Naturschützer. Kritik habe ich zu akzeptieren. So sie fachlich gehalten ist, bringt sie uns voran.

Dass das Buch in dieser Form und Version erscheinen konnte, ist dem Engagement von Dr. Christoph Hirsch im oekom verlag und dem Einsatz des Literaturagenten Dr. Martin Brinkmann zu verdanken. Die

Zusammenarbeit mit Christoph Hirsch verlief höchst angenehm und problemlos. Er nahm auch weitgehend Bildsuche und -auswahl vor. Zum Inn erhielt ich viele Daten und Zählergebnisse von Amateurforschern, die über die Jahre und Jahrzehnte zu Freunden wurden. Ihnen allen, und es sind deren viele, fühle ich mich sehr verbunden.

Ganz besonders danke ich meiner Frau Miki Sakamoto-Reichholf. Sie hat meine Arbeiten an der Isar und danach die Wiederaufnahme der ökologischen Forschungen am Inn umfassend begleitet.

どうもありがとうございました. Dōmo arigatōgozaimashita!

Josef H. Reichholf, Juli 2021

# Über den Autor

Josef H. Reichholf ist einem breiten Publikum als Verfasser zahlreicher Sachbücher bekannt, von denen viele den Status von Long- und Bestsellern erreichten. Zuletzt von ihm erschienen sind *Der Hund und sein Mensch* sowie *Das Leben der Eichhörnchen*.

An der Technischen Universität München lehrte er 30 Jahre lang Gewässerökologie und Naturschutz. Reichholf war umfangreich im nationalen und internationalen Naturschutz tätig und führte langjährige Forschungen an Inn und Isar durch. Der mehrfach ausgezeichnete Wissenschaftler und Autor zählt laut Cicero-Ranking zu den 40 prominentesten Naturwissenschaftlern Deutschlands.

# Literaturhinweise

Über die Fließgewässer speziell und die Gewässer ganz allgemein gibt es eine riesige, längst nicht mehr überblickbare Fachliteratur. Sie bleibt hier weitgehend unberücksichtigt, weil es sich um kein Lehrbuch handelt, das zu einem vertieften Quellenstudium anregen soll. Deshalb gebe ich nachfolgend eine persönliche Auswahl von Buchtiteln. Damit möchte ich meine Verbundenheit mit den Autoren und die hohe Wertschätzung der »alten« Literatur auszudrücken. Aus diesen Werken habe ich viel gelernt. Weitaus mehr lehrte mich jedoch die Flussnatur unmittelbar. Daher der Rat an alle, die sich für (Fließ-)Gewässer ernsthaft interessieren, direkt an Bach und Fluss, an Stausee oder am See zu beginnen und diese Gewässer im Jahreslauf und über die Jahre hinweg in ihren Veränderungen mitzuverfolgen. Das geht auch an innerstädtischen Gewässern.

Da ich am Inn aufgewachsen bin, im Inn schwimmen lernte und am Inn und seinen Auwäldern meine ökologischen Forschungen angefangen habe, konzentrierte sich mein Studium der gewässerökologischen Fachliteratur auf Flüsse dieser Größenklasse und speziell auch auf Stauseen. Dies spiegelt sich im Text des Buches sowie in der Auswahl für das Literaturverzeichnis. Die Bücher, insbesondere die älteren, halte ich für sehr gut geschrieben und nach wie vor sehr lesenswert, auch wenn sie nicht »auf dem neuesten Stand« sind. Dieser zeichnet sich weit mehr durch Details und kurzfristige Änderungen als durch die Darlegung der Grundlagen aus. Manches Werk, das schon hundert Jahre alt ist, eröffnet einen vielleicht packenderen Zugang zur Natur der Fließgewässer als neue Texte voller Computerszenarien. Diese haben ihre Stärken, zumal in überprüfbaren Prognosen von Veränderungen, und ihre Berechtigung, auch wenn sich die Folgerungen als falsch herausstellen. Die alten Schaubilder von Beziehungen im Naturhaushalt der Gewässer waren die Vorläufer der quantifizierten Computermodelle. Die Forschung schreitet voran mit neuen Methoden und besseren Analysen. Was sie ermittelt, sind Annäherungen an die Wirklichkeit. In diesem Sinne sollte die nachfolgende, sehr persönliche Literaturauflistung verstanden werden. Wer Details sucht, wird ohnehin im Internet rascher fündig als in jedem Literaturverzeichnis. Aber ein Werk möchte ich zum Schluss doch hervorheben und auf das Intensivste empfehlen: Wolfram Mausers *Wie lange reicht die Ressource Wasser?*

Bayerische Akademie der Wissenschaften (Hrsg.): Katastrophe oder Chance? Hochwasser und Ökologie. Rundgespräche der Kommission für Ökologie 24. München 2002.

Bayerische Akademie für Naturschutz und Landschaftspflege (ANL; Hrsg.): Natur- und Kulturraum Inn-Salzach. Nachhaltige Nutzung. Laufener Seminarbeiträge 5/99.

Burgis, Mary J. & Pat Morris: The Natural History of Lakes. Cambridge 1987.

Cooper, Simon: Life of a Chalkstream. London 2014.

Engelhardt, Wolfgang: Was lebt in Tümpel, Bach und Weiher? Stuttgart 1985.

Gepp, Johannes: Auengewässer als Ökozellen. Bundesministerium für Gesundheit und Umweltschutz. Wien 1985.

Gerken, Bernd: Auen – verborgene Lebensadern der Natur. Freiburg 1988.

Görner, Martin (Hrsg.): Die Gewässer Thüringens. Jena 2011.

Holmes, Nigel & Paul Raven: Rivers. London 2014.

Hynes, H. B. N. The Biology of Polluted Waters. Liverpool 1960.

Illies, Joachim: Die Lebensgemeinschaft des Bergbaches. Neue Brehm-Bücherei 289, Wittenberg 1961.

Kinzelbach, Ragnar (Hrsg.): Biologie des Rheins. Stuttgart 1990.

Kinzelbach, Ragnar (Hrsg.): Biologie der Donau. Stuttgart 1994.

Konold, Werner (Bearb.): Historische Wasserwirtschaft im Alpenraum. Deutscher Verband für Wasserwirtschaft und Kulturbau e. V. Stuttgart 1994.

Kuntze, Herbert: Verockerungen. Diagnose und Therapie. Hamburg 1978.

Lampert, Kurt: Das Leben der Binnengewässer. Leipzig 1910.

Lampert, Winfried & Ulrich Sommer: Limnoökologie. Stuttgart 1993.

Leidel, Gerhard & Monika Ruth Franz: Altbayerische Flusslandschaften. Bayerisches Staatsarchiv (Ausstellungskatalog). München 1998.

Liebmann, Hans: Biologie und Chemie des ungestauten und gestauten Stromes. Münchner Beiträge zur Abwasser-, Fischerei- und Flussbiologie. München 1954.

Liepolt, Reinhard (Hrsg.): Limnologie der Donau. Stuttgart 1967.

Macan, T. T.: Freshwater Ecology. London 1974.

Mauser, Wolfram: Wie lange reicht die Ressource Wasser? Vom Umgang mit dem blauen Gold. Forum für Verantwortung. Frankfurt a. M. 2007.

Mittlere Donau Kraftwerke AG: Ein Wasserkraftwerk entsteht. München 1984.

Moss, Brian: Ecology of Fresh Waters. Oxford 1980.

Muhar, Susanne, Andreas Muhar, Gregory Egger & Dominik Siegrist (Hrsg.): Flüsse der Alpen. Vielfalt in Natur und Kultur. Bern 2019.

Naturforschende Gesellschaft in Zürich (Hrsg.): Der Rhein – Lebensader einer Region. Zürich 2005.

Naturwissenschaftlicher Verein für Schwaben e. V.: Der Nördliche Lech. Lebensraum zwischen Augsburg und Donau. Augsburg 2001.

Pfeuffer, Eberhard Hrsg.: Der ungebändigte Lech. Eine verlorene Landschaft in Bildern. Augsburg 2012.

Pfeuffer, Eberhard: Am Lech. Lebensräume für Schmetterlinge. Augsburg 2015.

Reichholf, Josef H.: Feuchtgebiete. München 1988.

Reichholf, Josef H.: Comeback der Biber. München 1993.

Reichholf, Josef H.: Die Zukunft der Arten. München 2005.

Reichholf, Josef H.: Stabile Ungleichgewichte. Frankfurt a. M. 2008.

Reichholf, Josef H.: Mein Leben für die Natur. Frankfurt a. M. 2015.

Ruttner, Franz: Grundriss der Limnologie. Berlin 1940/1962.

Stadthallen GmbH Rosenheim (Hrsg.): Der Inn. Vom Engadin ins Donautal. Von der Urzeit bis heute. Rosenheim 1989.

Thienemann, August: Die Binnengewässer in Natur und Kultur. Berlin 1955.

Uhlmann, Dietrich & Wolfgang Horn: Hydrobiologie der Binnengewässer. Stuttgart 2001.

Wöss, Emmy (Wiss. Red.): Süßwasserwelten. Linz 2014.

Beispielhaft hinweisen möchte ich abschließend auf die »Jahrbücher des Nationalparks Unteres Odertal«, weil sie Aufschluss geben über die Vielfalt der Forschungen im Großschutzgebiet an einem Fluss des nördlichen Tieflandes. Für die meisten größeren Flüsse in Mitteleuropa gibt es umfangreiche Veröffentlichungen, die auch Verknüpfungen zum literarischen Bereich herstellen, wie zu Rhein und Donau. Denn die Flüsse wirken auch tief hinein in die Kultur.

# Bildnachweis

**Bilder (s/w):**
adobe stock: Christian Schwier: Seite 16, Adamus: 19, Roman: 34, traveldia: 55, Rostislav: 63, Mickis Fotowelt: 68, Markus Hentschel: 83, NokHoOk-Noi: 88, Gina Sanders: 100, djoronimo: 112, Werner: 140, bennytrapp: 178, Composer: 202, Martina Berg: 226, David Klein: 239, dk-fotowelt: 240, Vladimir Wrangel: 263, Wolfgang Kruck: 270, PIXATERRA: 281, Jakub Rutkiewicz: 282 – alamy: allOver images: 143, Hans Blossey: 177, AGAMI Photo Agency: 209, Tor Eigeland: 216 – Privat: Lothar Röttenbacher: 28, Josef H. Reichholf: 30, 65, 165, 172, 220, 243, 250, 289; Thomas Pumberger: 95, Raimund Mascha: 267 – wikipedia: SimonWaldherr: 22, Rainerlein83: 134, Alfred: 149, Hartmut Schmidt: 160, RI: 183, Herzi Pinki: 230.

**Schaubilder:**
Bernd Wiedemann (www.buchillustration.de): 71, 159.

**Farbbogen:**
adobe stock: karl.mock: IV oben, mirkograul: IV unten, Piotr Krzeslak: V o., Rostislav: X o. l. (Forelle), Composer: X o. l. (Wels), prochym: X o. r., Starsphinx: XIV u., etfoto: XV u. l., dreamer82: XVI – alamy: Prisma by Dukas Presseagentur GmbH: VI o., imageBROKER: IX o., ian west: XI o., Lillian Tveit: XII o., Raimund Linke: XII u. , Zoonar GmbH: XIV o. – Privat: Jana Hirsch: I o., Maximilian Mitterbacher: VI u., Josef H. Reichholf: I u., II, III, VII o., VII u. l., VIII, IX u., X u., XI u., XIII, XV o., XV u. r., Lother Röttenbacher: V u. – wikipedia: H. Zell: VII u. r.

# Von der Kostbarkeit des Wassers

Torsten Schäfer

**Wasserpfade**
**Streifzüge an heimischen Ufern**

288 Seiten, Hardcover, mit zahlreichen Illustrationen, 24 Euro
ISBN: 978-3-96238-226-1
Erscheinungstermin: 09.02.2021
Auch als E-Book erhältlich

»*Torsten Schäfer hat mit diesem Buch ein hervorragendes Stück Nature Writing geschaffen.*«
Andreas Weber

Torsten Schäfer beobachtet, taucht ein und erzählt: von vergessenen Quellen, von Biber und Eisvogel und von »seinem« Fluss, dem er von der Quelle bis zur Mündung folgt. Mit sprachlicher Eleganz zeichnet er ein einfühlsames Bild des Wassers in Zeiten der Klimakrise.

oekom.de   DIE GUTEN SEITEN DER ZUKUNFT         **oekom**

# Nichts existiert für sich allein

Josef H. Reichholf
**Das Rätsel der grünen Rose**
und andere Überraschungen aus dem Leben der Pflanzen und Tiere

338 Seiten, Hardcover mit Schutzumschlag, 19,95 Euro
ISBN: 978-3-86581-194-3
Erscheinungstermin: 26.09.2011
Auch als E-Book erhältlich

»Ein exzellentes, ebenso elegant wie anschaulich geschriebenes Buch.«
Frank Ufen, Spektrum

Josef H. Reichholf erzählt von den verborgenen Beziehungen in der Natur, denn dort lebt nichts für sich alleine. Er macht bekannt mit dem Kosmos unserer Wild- und Kulturpflanzen und lädt zu einer faszinierenden Entdeckungsreise in Auwälder und Heide ein.

oekom.de  DIE GUTEN SEITEN DER ZUKUNFT